▶ 高等院校软件工程学科系列教材

软件工程
理论、技术及实践

江颉　董天阳　王婷　◎　编著

机械工业出版社

CHINA MACHINE PRESS

图书在版编目（CIP）数据

软件工程：理论、技术及实践 / 江颉，董天阳，王婷编著. —北京：机械工业出版社，2022.7

高等院校软件工程学科系列教材

ISBN 978-7-111-70999-2

Ⅰ.①软…　Ⅱ.①江…②董…③王…　Ⅲ.①软件工程 – 高等学校 – 教材　Ⅳ.①TP311.5

中国版本图书馆 CIP 数据核字（2022）第 103224 号

机械工业出版社（北京市百万庄大街 22 号　邮政编码 100037）
策划编辑：姚　蕾　　　　　　责任编辑：姚　蕾
责任校对：薄萌钰　　张　薇　　责任印制：李　昂
河北鹏盛贤印刷有限公司印刷
2023 年 5 月第 1 版第 1 次印刷
185mm×260mm · 16 印张 · 405 千字
标准书号：ISBN 978-7-111-70999-2
定价：59.00 元

电话服务　　　　　　　　　网络服务

客服电话：010-88361066　　机 工 官 网：www.cmpbook.com
　　　　　010-88379833　　机 工 官 博：weibo.com/cmp1952
　　　　　010-68326294　　金 书 网：www.golden-book.com
封底无防伪标均为盗版　　机工教育服务网：www.cmpedu.com

前　言

软件是新一代信息技术产业的"灵魂"，"软件定义"是信息革命的新标志和新特征。软件和信息服务业是引领科技创新、驱动经济社会转型发展的核心力量，是建设制造强国和网络强国的核心支撑。如今，世界产业格局正在发生深刻变化，发达国家在工业互联网、智能制造、人工智能、大数据等领域加速战略布局，抢占未来发展主导权，给我国软件和信息技术服务业的跨越发展带来了深刻影响。党的二十大报告"构建新一代信息技术、人工智能"等一批新的增长引擎的需求、《中国制造 2025》的发布，"一带一路"的提出，"互联网＋"行动计划、数字中国、军民融合发展战略的推进实施，国家网络安全保障的战略需求，乃至第二个百年奋斗目标的要求，赋予了我国软件和信息技术服务业新的使命和任务。

以互联网、大数据为代表的数字革命正在深刻改变着经济形态和人们的生活方式。计算、网络和数据无所不在，软件是支撑计算、网络和数据的基础，是承载数字要素信息的有效载体。但由于软件固有的复杂性、抽象性、不可见性等特性，软件开发周期长、代价高和质量低的问题依然存在，软件危机还无法从根本上消除。软件工程的诞生和发展大大提高了软件开发的效率和软件质量，越来越显示出重要的作用。软件工程已成为信息社会高技术竞争的关键领域之一。

软件工程课程是一门综合性和实践性比较强的课程，在高等学校计算机相关专业的教学中有着重要的作用，其学习效果直接影响到学生毕业后在软件开发和项目管理相关工作中的竞争力。软件工程是软件工程专业、计算机科学与技术专业的必修课程，也是软件分析和设计人员、软件开发人员、软件测试人员、软件管理人员、软件售前和售后工程师、软件高层决策者必须学习的专业课程。

一本好的软件工程教材应具备科学性、先进性、工程性和实用性，更贴近高校师生的实际需求，更能体现软件企业目前的真实应用，从而帮助学生快速掌握软件的理论、技术和方法。出于这样的认识，在编写本书的过程中我们认真总结了多年的教学经验，并融入了部分软件工程领域的新发展，希望本书能给读者带来一些收获。

在编写过程中，我们力求反映三大特色：一是内容全面，本书不仅覆盖软件工程领域的基本概念和思想，同时突出软件工程研究和实践的新进展，希望能够使读者对软件工程有较为全面的理解；二是注重实践，本书从实用角度介绍软件工程技术方法，并配以丰富且贴切的实例，每章设置若干有启发性的练习和讨论题目，希望能够对读者开展实际的软件工程活动有所帮助；三是价值引领，本书全面落实党的二十大报告关于"实施科教兴国战略，强化现代化建设人才支撑"，着力培养担当民族复兴大任的时代新人，在介绍知识的同时注重融入职业道德、科技创新、家国情怀等思政元素，希望能够促进师生达成课程思政的教育目标。

由于精力和水平有限，且计算机软件技术的发展日新月异，因此书中难免存在不足之处，诚恳欢迎各位读者提出宝贵的意见和建议，以便我们及时修正。

教学建议

本书可作为各类理工科大学计算机相关专业软件工程课程的教材，也可作为 IT 企业软件工程师的参考书。作为大学教材时，教学内容应涵盖全部章节，建议开设 3 学分、48 学时的课程。

建议先修课程：数据结构、面向对象程序设计、数据库原理与应用等。

第 1 章　理解软件工程（2～4 学时）

本章介绍软件工程的基础知识，包括软件的发展、软件的特性、软件的分类、软件工程的起源、软件质量、软件团队、软件工程的知识领域和软件工程师的职业道德。本章旨在使读者建立对软件工程的整体认识，教师应注重引导学生完成学习目标并激发学生的学习兴趣。

第 2 章　软件工程发展（2～4 学时）

本章介绍软件工程的发展历程、软件工程中新技术的影响、软件工程中人的因素以及软件工程的未来发展。软件工程的发展历程包括传统的、面向对象的、基于构件的、面向服务的软件工程等，目前最为流行的是面向对象的方法。本章还分析了云计算、大数据、移动应用等新技术对软件工程的影响。本章旨在使读者认识到软件工程的理论和方法在不断发展，也意识到人的因素对软件开发的重要作用，教师可启发学生开展自主探究式学习，引导学生发现现象并总结规律。

第 3 章　软件过程（4～6 学时）

本章介绍软件生命周期模型，包括瀑布模型、快速原型模型、增量模型、螺旋模型、喷泉模型。现代的软件过程模型包括统一过程、敏捷开发、开源软件的过程模型等。本章最后介绍了 CMM、IDEAL、PSP 等软件过程改进模型。本章侧重使读者掌握 Scrum 等方法，体会软件过程改进的重要性，教师应注重各种模型之间的联系与区别。

第 4 章　理解需求（2～4 学时）

本章介绍需求工程的基本知识和方法，并以智慧教室系统开发为例，详细分析了需求获取、通过用例和场景进行需求建模以及利用用户故事地图建立项目需求的方法。本章旨在使读者掌握需求工程的基本方法，高度重视需求工程对软件开发的重要意义，教师可运用案例进行分析讨论。

第 5 章　需求分析（6～8 学时）

本章介绍结构化分析、面向对象分析和形式化分析三种需求分析方法，并继续讨论智慧教室系统开发案例。本章旨在使读者扎实掌握基本的需求分析方法，教师应引导学生理论结合实践，重点掌握数据流图、数据字典、实体关系模型、UML、形式化分析等工具及方法。

第 6 章　软件设计（6～8 学时）

本章介绍软件设计的基本概念，继续以智慧教室系统开发为例详细讲解结构化设计方法和面向对象设计方法，并介绍用户界面设计的规则。本章旨在使读者扎实掌握软件设计的基本方法，教师应引导学生理论结合实践，重点掌握面向对象设计的相关方法等。

第 7 章　软件实现与测试（4～6 学时）

本章介绍软件质量、代码规范、软件测试等基本概念和方法，并介绍测试驱动开发和持续集成等技术。本章旨在使读者理解软件实现和软件测试的相关概念和规范，体会遵循统一规范对团队开发的重要意义，掌握基本的软件测试方法，教师应把握重点，使学生扎实掌握代码规范、黑盒测试和玻璃盒测试等方法。

第 8 章　软件维护与演化（2～4 学时）

本章介绍软件维护与更新、软件部署、软件配置管理等内容。本章旨在使读者掌握软件维护的基本流程，以及软件部署和软件配置管理工具的使用方法，并理解软件维护的重要性，教师可根据教学安排的实际情况做适当取舍。

第 9 章　软件项目组织与管理（2～4 学时）

本章介绍软件工程项目管理、计划与估算、软件项目团队管理等相关内容。本章旨在使读者熟悉需求变更管理、计划与估算、软件项目风险管理等方法，掌握制订软件项目管理计划的方法，教师应注重结合实践案例进行分析，教学内容可根据教学安排的实际情况做适当取舍。

第 10 章　软件创新（2～4 学时）

本章介绍软件产品的更新与迭代、软件开发创新相关原则等内容，并通过智慧城市软件系统、云课堂系统、虚实融合的舞台演艺系统三个案例进行说明。本章旨在使读者熟悉软件创新思维与基本原则，体会新技术对软件创新开发的影响，教师可运用案例启发学生开展自主探究式学习，引导学生发现和总结规律。

第 11 章　软件工程与社会（2～4 学时）

本章介绍计算机安全以及软件工程与法律、道德、经济的关系。本章旨在激发读者深度思考软件工程与社会的关系，对自身的职业道德和社会责任等方面提出更高的要求，教师可运用丰富的案例引导学生通过交流研讨来提升认知。

第 12 章　软件相关的国家标准和国际标准（2 学时）

本章介绍软件工程相关的国家标准和国际标准。本章旨在使读者了解软件工程标准的分类和意义，增强软件工程项目的标准化意识，教师可根据需要指导学生进行课后阅读。

目 录

第 1 章

理解软件工程

学习目标

- 了解软件的发展
- 理解软件的特性
- 讨论影响软件工程发展的各种因素
- 认识软件工程学科
- 理解软件工程对软件发展所起的作用
- 了解软件产业的发展现状

每年高校到了毕业季，很多毕业班的学生需要处置自己的自行车。一辆自行车被使用了4年，已经半新不旧。如果要离开就读的城市，很多学生会选择将车留给学弟、学妹继续使用。某个学生协会向学校申请项目资助，负责接收这项捐赠，并维持其在校园里的运行。他们统一给车子刷上标识性油漆，去掉车锁，允许学生在校园内免费使用。为了便于管理，项目组中一位计算机学院的学生还编写了一个程序来记录捐赠自行车的来源、捐赠时间，给每辆自行车分配唯一的编号便于定期人工检查，并输入检查结果，以便定期统计可以使用的车子数量。该学生协会的其他同学帮助录入已有自行车的相关数据，于是校园内的"小黄 Y"自行车服务就诞生了。一个学期后，因为缺少专人维护，车子使用的情况变差，可正常使用的自行车数量也减少了。协会商量后决定还是对自行车加锁，开展免费的租用服务，并且允许学生将租借的自行车骑出校门。于是，原来编程的同学又改写程序，加入了借还和车辆维护记录功能。租借的时候需要出示证件（学生证、校园卡或者身份证）。协会在两个校区都安装了该程序，允许异地的租借。但是很快校区间的自行车分布就不均衡了（原因是学生骑自行车到达另一个校区，却坐校车返回）。协会没有经费可以用于两校区间的自行车搬运，只好改写程序限制部分学生的借还服务：在程序中设置一个阈值，当校区自行车数量低于该值时，就拒绝学生的异地还车。对此，学生很有意见。为了解决这个矛盾，协会将程序改写成网络版，重新开发了基于 Web 的校园自行车免费租借服务，同时加入了校园地图指示服务，设置多个租借点，显示每个租借点的车辆数。这项服务发布在校园网上（学校的校园网信息管理中心同意了自行车免费租用服务的安装、使用请求，并提供了学生身份的验证接口）。项目运行两年后，申请的经费所剩无几，原来负责开发、管理的学生也退出了这个协会，但是协会还是用自己的活动经费来支持这项工作。有学生在论坛上建议把租车信息服务发布到校网服务移动端。负责这项新工作的学生重新阅读了源代码（没有文档），按照原有服务的模式编写了支持移动端的代码。随着共享单车在城市的普及，购置单车的同学逐渐变少，"小黄Y"服务是否需要继续坚持下去，协会陷入了沉思，谁来支付自行车维修的费用，谁来维护这个功能愈见增多的代码呢？

这个学生协会组织维护的代码可以被称为软件吗？可以称这样的开发和维护工作为一个软件工程项目吗？它与现在的城市共享单车系统有哪些差别呢？

要回答这些问题，需要学习本章的相关内容。

1.1 软件的发展

1958年，贝尔实验室的数学家和统计学家 John Wilder Tukey 首次在论文中用到软件（software）一词，以区别于"硬件"。

软件的传统定义为计算机系统中与硬件相互依存的一部分，包括程序、数据及其相关文档。程序是指为满足功能和性能需求设计的一组计算机能识别和执行的指令序列；数据是使程序能够正确地处理信息的数据结构；文档是指与分析、设计、开发、维护、使用等一系列活动相关的资料。

在结构化程序设计阶段，程序与数据分离。计算机程序主要由算法和数据结构组成。数据结构指的是数据与数据之间的逻辑关系，算法指的是解决特定问题的步骤和方法。在进入面向对象程序设计时代，程序在类中封装了数据及其相关指令。通常认为软件是由程序、所有使程序正确运行所需要的相关文档及配置信息等构成。

计算机软件的发展与数字计算机的发展息息相关，软件发展源于计算需求和相关技术的发展。很多文献和著作讨论了软件和软件工程发展的历史。

20世纪30年代，没有现在定义上的软件。随着第二次世界大战的爆发，对密码破译、弹道等高速计算的需要，数字计算机和相关软件逐渐出现，大量新型模拟计算机被应用于海军重炮控制、投弹瞄准器等军事目的。计算机除了进行快速的数学计算，已经可以帮助解决复杂的逻辑问题。但是由于硬件和存储空间的限制，大型程序并没有出现，并且机器语言以汇编语言和宏汇编语言为主。

1947年9月，美国计算机协会（Association for Computing Machinery，ACM）在美国纽约哥伦比亚大学成立。该协会是计算机领域的专业性学术组织。

20世纪50年代，计算机软件已经进入商业应用领域和日常生活，改变了保险、股票、金融等劳动密集型服务行业的工作方式，也出现了专业化外包行业和软件相关的管理咨询行业等。但是由于生产软件的方式和对计算机应用的较高期望，复杂的软件系统生产出现了困难。例如，1964年IBM成功研制IBM System/360，它被设计成在需要时可以扩展能力和容量的计算机系列产品，将当时计算机商业模式从一次性租赁或购买转为了长期性的循环收入。System/360的软件部分由 Fred Brooks 负责，这是IBM第一个拥有多达100万行代码和大约1万个功能点的操作系统。但是他将当时的软件开发比喻为"焦油坑"。大量的软件项目甚至要推迟几年才能完成，比预期的费用高、不可靠且难以维护。历史上称之为"软件危机"。1968 年北大西洋公约组织（North Atlantic Treaty Organization，NATO）在德国召开的北约会议上首次正式提出并使用"软件工程"这个词语，试图将工程化的方法应用于软件开发。

进入 20 世纪 70 年代，软件行业开始细分，垂直市场开始出现，例如商业软件、通信软件、数据库软件、安全软件、嵌入式软件、游戏和娱乐软件、社交软件、开源软件等。一些国际著名的计算机企业建立起来，并开始创造和积累财富。

1981 年 PC 的到来将计算机和软件从商用工具变成复杂的个人工具，实现满足个人业务需要。"商用现货"（Commercial Off-The-Shelf，COTS）软件开始取代定制软件（商用现货是为"市场"开发的，在软件可以购买之前，没有特定的客户或用户，现在 COTS 软件通常可以通过网络下载）。PDA（Personal Digital Assistant）、万维网络随之出现，并成立了大量的 IT 公司。计算机和软件引发了新型工业革命：大型公司与政府机构、传统制造业和企业几乎普遍采用软件来开展关键业务工作，这使得管理、经营、通信和知识分享方式发生了巨大变化。

20 世纪 90 年代，互联网和万维网迅速发展。通信和电子商务在全球范围内发展，出现了网上银行、远程购物等新模式，计算机游戏在数量和复杂性方面也得到了迅速提升。千年虫问题的出现（大量软件资源由原来用两位数保存日期转为用四位数保存日期），使得人们更重视维护问题。旧版应用系统的维护问题在软件工作中占了主导地位。能力成熟度模型（Capability Maturity Model，CMM）达到三级以上的公司开始出现，统一过程（Rational Unified Process，RUP）软件方法得以发展。

2001 年 2 月《敏捷宣言》发布，Scrum 和极限编程（Extreme Programming，XP）等敏捷方法、团队软件过程（Team Software Process，TSP）和个人软件过程（Personal Software Process，PSP）等也逐渐普及。社交 App 相继上线，成为新的社会交往方式。2004 年，业界推出面向服务的软件体系架构（Service-Oriented Architecture，SOA）。随着 Web 服务的盛行，SOA 逐渐成为主要的软件工程实践方法。2008 年手机软件开始进入一个高速发展期。2009 年云服务器、云技术飞速发展使得软件的开发对开发组织的成本要求降低，软件架构也受到深远影响，服务化和组件化成为主流的构建软件模式。

软件行业作为国家基础性、战略性产业，在促进国民经济和社会发展中具有重要作用。随着中国经济与科技实力快速提升，不管是在工业生产还是在日常生活中，软件产业得到了广泛普及和推广。近年来，随着软件产业的发展与互联网技术的广泛普及，我国软件行业在国民经济中的占比逐年上升。随着云计算、移动互联网、物联网技术的不断进步与创新，人工智能和大数据时代的到来给软件行业带来了深刻的变革，未来软件行业技术将呈现网络化、服务化、智能化、平台化以及融合化的发展趋势。

1.2　软件的特性和分类

在软件开发和维护中遇到的很多问题与软件的特性有关，软件的外部行为表现和内部结构也受到这些特性的影响和制约。

1.2.1　软件的特性

软件的特性是软件区别于其他事物的独有特性，是软件本质的反映。在本书中，我们把软件的特性归纳为以下几点。

（1）无形性

与制造、建筑等传统行业不同，软件是无形的，不可见的。它是一个逻辑实体，没有物理形态，只能通过运行状况来了解其功能、特性。我们可以看到源代码本身，但源代码并不是软件本身，计算机软件的无形性主要表现在软件只有固定在存储介质上才可被应用。

（2）智能性

软件凝聚了大量的人类脑力劳动。无论是替代传统工程中的业务处理（例如用计算机实现原来人工票务处理），还是创建出一种新的业务（例如微信），软件都是人类思维逻辑的产物，它满足某种需求，帮助人们解决复杂的计算、分析、判断和决策等问题。

（3）抽象性

软件属于逻辑实体而非物理实体，具有抽象性。软件作为逻辑实体的抽象性是指软件在运行中通过输入、输出界面与外部环境进行交流；界面只是表现软件功能和作用的一种外在形式，而软件内涵包含在系统内部。软件的智能性使得软件更加难以被理解。软件开发的抽象性是指在软件生产过程中，需要进行调研和分析，对软件进行逻辑设计和组织，其中会大量运用到抽象性思维和抽象方法。软件的抽象性增加了人们理解、设计和开发软件的难度。

（4）系统性

软件是由多种要素组成的有机整体，具有显著的系统特征。软件有明确的目标、功能、结构和环境等。软件所服务的业务领域和运行的软硬件平台是软件的环境，环境约束并影响着软件的功能和性能。软件的系统性还体现在需要用系统方法来看待软件本身及软件开发。

（5）复杂性

软件可以服务于各种行业领域。随着软件的发展，在科学计算、事务处理、社会管理、商业服务、智能决策等方面都要用到软件。软件对领域中的知识、信息等进行处理，人们在开发软件时需要把所服务的领域知识、过程、业务、方法、技术、信息等内容结合到软件中。因此，开发软件不仅要考虑生产软件本身的问题，更多需要考虑软件所服务领域的诸多问题。与领域知识的渗透和融合情况决定了软件的复杂性和软件生产的难度。

（6）可复制性

由于软件存储在光、电、磁等介质上，所以软件可以复制。一个软件可以被大量复制而对原软件本身没有任何影响。软件的可复制性决定了软件开发成本主要体现在软件的首次开发过程中，软件一旦开发出来，复制和传播的费用一般较低。

（7）演化性

软件在使用过程中不存在损耗和老化现象，只要硬件环境不发生故障和变化，软件可以一直使用。但是软件投入运行之后，其功能、性能、界面、硬件环境都处于不断变化之中，我们把软件在生存周期中不断变化的特性称为软件的演化性，也称为软件的易变性。软件的演化性是因为软件所处的问题域环境不断变化、人们对软件的需求不断变化、计算机技术也在不断变化。因此，软件需要随着环境、需求和技术的变化而变化。软件的演化性也决定了软件在整个生存周期中要不断地改进和完善，我们也称之为软件的维护特性。

软件本身所具有的智能性和可复制性使得许多人试图直接无偿使用他人的软件成果。如果对计算机软件不给予必要保护，势必会损害软件开发者的利益，挫伤其投资开发新产品的积极性，更可能妨碍了软件产业的发展。目前，计算机软件主要有两种基本的保护形式：技术保护和法律保护。前者主要是软件开发者通过加密、设置序列码等方法从技术上限制软件的复制。后者由国家通过法律手段对软件产品给予必要的知识产权保护，既保护开发者对其技术成果享有一定期限的权利，又要求其履行相应义务，推动社会应用。

软件保护的法律形式包括著作权法、专利法、商标法、合同法、反不正当竞争法等。例如，计算机程序作为一种技术作品可以取得著作权法保护；计算机程序作为技术合同的标的，可以通过合同法保护；计算机程序作为一种产品的组成部分，可以寻求专利保护；计算机软件作为企业非公知的核心机密可获得商业秘密的保护。用著作权法和专利法来保护计算机软件是目前主流保护方法，两者相比，专利审查程序烦琐、时间长，同时计算机软件必须要符合新颖性、创造性、实用性三性要求才能授予专利，而著作权保护具有保护期长、手续简单等优势。我国针对计算机软件著作权的保护立法主要是《著作权法》及《计算机软件保护条例》。

软件特征规范并影响了软件学科的其他内容。例如，软件的开发方式独特、开发过程智力投入多、开发方法多样难以统一、开发过程不易组织管理、软件质量难以控制、软件的修改变化频繁等反映在软件工程中的诸多问题，实际上都根源于软件的特性。因此，了解软件特性将有助于对整个软件学科以及学科其他内容的理解。

1.2.2　软件的分类

软件对个人和社会产生了深远的影响。目前还没有形成统一的、严格的分类标准。

1. 按照软件的作用分类

（1）系统软件

系统软件（system software）是一组为其他程序服务的程序。一些系统软件（如编译器、编辑器和文件管理程序）处理复杂但确定的信息。其他的系统应用（如操作系统、驱动程序和通信进程等）则处理大量非确定的数据。系统软件具有以下特点：与计算机硬件频繁交互，需要多用户支持、精细调度、资源共享及灵活的进程管理的并发操作，复杂的数据结构，多种外部接口。

（2）应用软件

应用软件（application software）是在系统软件支持下，为满足用户不同领域、不同问题的应用需求而提供的那部分软件。应用软件是为解决特定业务需要的独立的应用程序，可以拓宽计算机系统的应用领域，放大硬件功能。例如传统的商业数据处理软件、工程与科学计算软件、系统仿真、人工智能应用软件等。

（3）支撑软件

支撑软件（supporting software）是在系统软件和应用软件之间，提供应用软件设计、开发、测试、评估、运行检测等辅助功能的软件。支撑软件也称为工具软件，包括帮助开发软件产品的工具，也包括管理控制开发进行的工具。例如软件开发环境、中间件等可看成现代支撑软件的代表。

（4）可复用软件

在软件开发中，由于不同的环境和功能要求，可以通过对以往成熟软件系统的局部修改和重组，来保持软件的整体稳定性，以适应新要求，这样的软件称为可复用软件（reusable software）。可复用的范围已经从最初的代码复用（例如标准函数库、算法）发展到体系结构、开发过程、设计模式等的复用。

2. 按照版权保护标准分类

（1）商业软件

商业软件（commercial software）是指用于商业目的，需获得软件权利人的许可才能使用的软件。大多数是从软件发售商等途径购买的软件，但用户实际只获得该软件的使用许可，而不是真正拥有它。商业软件可以包括银行和金融交易软件、个人事务软件、航班和旅馆预订软件、保险处理软件等。

（2）公共软件

公共软件（public domain software）是指已进入公共领域，权利人放弃法律保护或已超过保护期限的软件。

（3）共享软件

共享软件（shareware）是以"先使用后付费"方式销售的享有版权的软件。用户可以从多种渠道免费得到它的副本，也可以自由传播它。用户可以使用这些共享软件，但是一旦用户决定长期使用，就必须向软件所有者支付费用以获得完整的软件。

（4）自由软件

自由软件（free software）是相对于商业软件和共享软件而言的。其中"自由"包括四个层次：

- 使用该软件的自由。
- 为研究程序运行机制，并根据使用者的需求修改该软件的自由。
- 为重新分发复制，以使其他人能够共享软件的自由。
- 为改进程序，使他人受益而散发该软件的自由。

自由软件权利人并不放弃软件的版权，可以通过 GNU 通用公共许可证（General Public License，GPL）的方式将程序源代码全部公开，并且赋予用户运行、复制、扩散、修改等权利。

1.3 软件工程的起源

1.3.1 软件危机

20 世纪 60 年代，软件不再局限于军事和科学，而是逐渐进入人类生活的诸多方面。商用计算机和商业软件在规模和能力上都有了爆炸式增长。数据库技术迅速发展，银行、金融行业纷纷建设数据中心，其他如汽车、石油业、电信、飞机制造业也发展迅速。这些发展迅速的产业需要大量计算机和软件工作人员，进一步促进了软件行业的发展。软件、应用程序的规模和数量增长十分迅速。但是由于软件本身具有的特性、软件开发方法以及软件需求描述等多种因素，相当数量的软件产品出现了延期交付、超出预算等问题，并且存在错误、维护困难，可以描述为以下几个方面：

- 开发者与用户沟通存在障碍，缺少交流方法以及表达需求的描述工具，不能准确地收集使用者的操作习惯，满足其操作需求，导致软件的功能不能很好地契合用户的使用标准。
- 随着软件规模逐渐增加，相应的软件复杂性也呈指数级升高。
- 缺乏有效的经验和数据积累以及估算工具来制订有效的计划。对软件开发成本和进度的估计很不准确。
- 项目内部缺乏管理经验，在软件开发中不能进行合理的协调管理，保证开发进度有条不紊地持续下去。软件开发生产率提高速度低于硬件发展速度，软件开发成本在计算机系统总成本比例逐年上升。
- 软件产品的质量低下，软件可靠性和质量保证的确切定量概念刚出现，软件质量保证技术没有贯彻到软件开发过程中。缺少有效的软件测试手段，提交给用户的软件中残存错误过多，在运行中暴露出大量的问题，影响系统的正常使用，甚至造成重大的损失。
- 软件通常没有文档资料，或者文档资料不够完备，或者不能实时更新，给软件的维护带来许多严重的困扰。

通常，把计算机软件开发和维护过程中所遇到的这一系列严重问题称为"软件危机"。如今软件开发技术已经有了很大的进步，但是随着软件规模的不断扩大，软件需要解决的问题越来越复杂，"软件危机"依旧存在。考虑到"软件危机"的周期长且难以预测，一些人将"软件危机"称为"软件萧条"。

1.3.2 软件工程的定义

为了解决软件危机，许多科学家尝试把其他领域中行之有效的工程学知识和方法运用到软件开发和生产过程中，由此"软件工程"的概念被提出。

在 1968 年北大西洋公约组织（NATO）的会议上，软件工程首次被定义为"建立和使用一套合理的工程原则，以便经济地获得可靠的、可以在实际机器上高效运行的软件"。

1983 年，电气和电子工程师协会（Institute of Electrical and Electronics Engineers，IEEE）定义："软件工程是开发、运行、维护和修复软件的系统方法"。

1990 年，IEEE 将软件工程定义为："1）应用系统化的、规范化的、可量化的方法，来开发、运行和维护软件，即将工程化方法应用于软件。2）对第 1 点中各种方法的研究"。

2004 年，IEEE/ACM 联合发布的 CCSE 2004 报告强调了软件工程的新定义："软件工程是以系统的、学科的、定量的途径，把工程应用于软件的开发、运营和维护，同时开展对上述过程中各种方法和途径的研究。"

2006 年，我国国家标准 GBT 11457—2006《信息技术软件工程术语》中把软件工程定义为"应用计算机科学理论和技术以及工程管理原则和方法，按预算和进度，实现满足用户要求的软件产品的定义、开发、发布和维护的工程或进行研究的学科"。

可以从两个方面来理解软件工程的定义。

（1）工程

通常人们把创造性地运用科学原理，设计和实现建筑、机器、装置或生产过程，或者是在实践中使用的一个或多个上述实体，或者是实现这些实体的过程的活动称为工程。

人们试图将其他工程领域中行之有效的工程学知识运用到软件开发工作中，按工程化的原则和方法来组织软件生产，试图摆脱软件危机。在这个定义中，工程人员是主要的因素。他们要在特定的情况下恰当选择并应用理论、方法和工具，寻求解决问题的方法。因此，软件工程和人的行为以及社会的需求紧密相关。

（2）软件生产的各个方面

软件工程不仅涉及软件开发的技术过程，也涉及诸如软件项目管理、支持软件生产的工具、方法和理论研究等活动。软件工程的范畴十分广，涉及数学、计算机科学、经济学、管理学、社会学、法律等多个范畴。因此，软件工程是一个交叉性学科，它和许多工程领域以及管理等学科有很大联系，并且有其自身的工程理论、质量控制等原理。

在国内的教材中通常这样定义：软件工程是指导软件开发和维护的工程性学科，它以计算机科学理论和其他相关学科的理论为指导，采用工程化的概念、原理、技术和方法进行软件的开发和维护，把经过时间考验而证明是正确的管理技术和当前能够得到的最好的技术方法结合起来，以较少的代价获得高质量的软件并维护它。

1.3.3　软件过程

软件过程是指生产软件产品的一组活动、动作、任务的集合。活动主要是实现宽泛的目标，动作包含了主要工作制品生产过程中的一系列任务，任务则关注小而明确的目标，能够产生实际的制品。

软件过程构成了软件项目管理控制的基础，并且创建了一个便于技术方法采用、工作制品（模型、文档、报告、表格等）产生、里程碑创建、质量保证、正常变更管理的环境。

通常可以将软件过程分为三类：基本过程类、支持过程类和组织过程类。基本过程类包括获取过程、供应过程、开发过程、运作过程、维护过程和管理过程。支持过程类包括文档过程、配置管理过程、质量保证过程、验证过程、确认过程、联合评审过程、审计过程以及问题解决过程。组织过程类包括基础设施过程、改进过程以及培训过程。目前，对软件过程研究主要侧重于软件生产和管理。为了获得满足工程目标的软件，不仅涉及工程开发，而且还涉及工程支持和工程管理。

对于一个特定的项目，可以通过裁剪过程定义所需的活动和任务，并可使活动并发执行。软件过程不是对如何构建计算机软件产品的严格规定，而是一种可适应调整。与软件有关的企业，可以根据需求和目标，采用不同的生产和管理过程。

软件过程框架定义了若干个框架活动，这些活动可以应用于所有软件开发项目。一个通用的软件过程框架通常包含沟通、策划、建模、构建和部署五个通用框架活动，对几乎所有的软件项目都适用，并且对很多项目来说，这些框架活动可以不断重复出现于项目的进展中。除了过程框架活动外，还有一些普适性的活动，典型的有软件项目跟踪和控制、风险管理、软件质量保证、软件配置管理、各种测试和技术评审等。通用的框架活动和普适性的活动构成了软件工程工作的架构框架。

例如，可以定义一个最基本的软件过程，包括需求定义、架构定义、实现和验收测试。如图 1-1 所示，可以将软件开发的项目管理和过程开发准则结合后形成一个包含一系列阶段、里程碑、评审等内容的基础框架。在需求定义阶段，有软件需求评审；在架构定义阶段，有概要设计评审和关键设计评审；在实现阶段，有测试准备评审；在验收测试阶段，有功能配置审核、物理配置审核和部署准备评审。随着软件规模的不断扩大，软件复杂性和成本的提高，以及项目管理方法的提升，这一概念性软件过程框架也会发生改变。

软件开发						
需求 定义	架构定义		实现			验收测试
	概要	详细	编码和测试	集成	产品测试	
评审和审核	过程定义	过程设计	过程实现		资格	
SRR	PDR	CDR			TRR	FCA	PCA	DRR

SRR：软件需求评审　　　　　　　FCA：功能配置审核
PDR：概要设计评审　　　　　　　PCA：物理配置审核
CDR：关键设计评审　　　　　　　DRR：部署准备评审
TRR：测试准备评审

图 1-1　概念性软件开发框架

1.4　软件质量

通常提到软件质量，人们马上会想到软件的正确性，即软件能否正确地给出想要的结果。正确性的确是首要考虑的因素，但只是运行正确的软件并不一定就是高质量的软件。软件可能运行速度很慢，占用了过多内存，甚至软件架构很糟糕，无法正常维护等。由此可见，正确性只是反映软件质量的一个因素而已。

总体来说，软件质量是"反映软件满足明确和隐含的需求的能力的特性总和"。具体来说，软件质量是软件符合明确叙述的功能和性能需求、文档中明确描述的开发标准以及所有专业开发的软件都应具有的和隐含特征相一致的程度。为了解软件质量是否满足要求，必须从软件质量属性出发，通过考察软件质量属性来评价软件质量，并依此给出提高软件质量的方法。

软件质量属性的分类方式有很多。从管理角度对软件质量进行度量，可将软件质量属性划分为三类，分别反映用户在使用软件产品时的三种观点：
- 产品运行：正确性、健壮性、性能、易用性、可用性、可靠性、安全性、完整性等；
- 产品修改：可理解性、可扩展性、灵活性、可测试性等；
- 产品转移：可移植性、可重用性、兼容性。
下面简单介绍部分常见的质量属性。

（1）正确性

正确性是指软件按照用户需求正确执行任务的能力。正确性无疑是最基本的软件质量属性。如果软件运行不正确，将会给用户造成不便甚至带来重大损失。不论是软件评审还是测试，首要检查的就是工作成果的正确性。然而，实现 100% 的正确性几乎是不可能达到的，即使是进行充分的测试也无法保证。从需求分析、系统设计到实现，任何一个环节出现差错都会降低正确性，因此任何开发者在开发软件的时候都必须为正确性竭尽全力。

（2）健壮性

健壮性又称鲁棒性，是指软件对于规范要求以外的各种输入的处理能力。健壮的系统对于这类输入能够判断出输入异常，并能采用合理的处理方式来应对这种情况。正确性与健壮性的区别是：前者描述软件在需求范围之内的行为，而后者描述软件在需求范围之外的行为。软件的健壮性包括其容错能力和恢复能力。容错是指发生异常情况时系统仍能保证不间断提供服务的能力，对于应用于航空航天、军事、金融等领域中的高风险系统，容错性设计尤其重要。恢复能力是指软件发生错误后重新运行时，能否恢复到没有发生错误前的状态的能力。

（3）可靠性

软件可靠性是指软件产品在规定的条件下和规定的时间区间完成规定功能的能力，即系统不发生故障的概率。在一些关键的应用领域，如航空、航天等，对软件可靠性提出了很高的要求；在银行、保险等服务性行业，软件系统的可靠性也直接关系到企业声誉和生存发展竞争能力。在许多项目开发过程中，对可靠性没有提出明确的要求，开发者往往只注重运行速度、结果的正确性和用户界面的友好性等，而忽略了可靠性。由于软件在运行时并不会发生物理上的变化，人们常认为如果软件的某个功能当前是正确的，那么它永远都是正确的。然而我们无法根除软件中潜在的错误，例如内存泄露、误差累积问题等，上述问题均会影响软件的可靠性。软件可靠性不但与软件存在的缺陷有关，而且与系统输入和系统使用有关。随着软件系统规模的扩大和复杂度的增高，影响软件可靠性的因素也会越来越多。

（4）性能

软件性能是软件在运行过程中表现出来的时间和空间效率与用户需求之间的吻合程度。人们总希望软件的运行速度快，占用资源少。程序员可以通过优化数据结构、算法和代码来提高软件的性能。常见的性能指标有响应时间、吞吐量、并发用户数、资源利用率等。响应时间是指系统对请求做出响应的时间。吞吐量是指系统在单位时间内处理请求的数量。并发用户数是指系统可以同时承载的正常使用系统功能的用户数量。资源利用率是指在一段时间内资源（CPU、内存等）平均被占用的情况。

（5）易用性

易用性是指用户使用软件的容易程度，体现的是这个程序是否好用。人们通常不会花大量时间成本去学习一个软件的使用。无论一个软件的设计与实现是多么精致和优雅，如果它的易用性差，人们还是会趋于不使用它。导致软件易用性差的根本原因往往是开发者认为只要自己使用起来方便，用户也一定会满意，而忽略了软件的易用性必须要让用户来评价。

（6）可理解性

软件可理解性意味着工作成果易读、易理解。代码的可理解性主要是针对程序员而言。一个软件的外部特性的好坏取决于其内部特性的好坏。内部代码如果能被更好地理解，才可能被更好地优化，从而实现优质代码。可理解的代码通常是简洁的。一个原始问题可能很复杂，但高水平的软件设计人员能够把系统设计得简洁易懂。如果一个软件系统设计得臃肿不堪、难以理解，会带来很多意想不到的问题。所以简洁是开发者对承担的工作进行反复思考、整理并且精益求精的结果。

（7）安全性

软件的安全性是指防止系统被非法入侵的能力，是使软件所控制的系统始终处于不危及人们的生命财产和生态环境的安全状态。保障安全性既属于技术问题，又属于管理问题。几乎不存在绝对安全的系统。一般来说，如果黑客为非法入侵花费的代价（时间、费用、风险等因素）高于得到的利益，那么可以认为这样的系统是安全的。为保障软件的安全性，政府机构采取法律与管理措施，制定了一系列的规范和标准。例如第十二届全国人民代表大会常务委员会第二十四次会议于 2016 年 11 月 7 日通过了《中华人民共和国网络安全法》（自

2017 年 6 月 1 日起施行）。

（8）可扩展性

可扩展性反映软件适应变化的能力。在增加功能时，对于设计良好的系统，很容易将新代码添加到适当的位置。倘若一个规模庞大的复杂软件的可扩展性不好，引入或者改变一个现有模块的功能，都会给软件带来无法估量的后果。可扩展性是软件设计的原则之一，它以是否易于添加新功能或修改完善现有功能来考虑软件的未来成长。通过使用软件框架、软件设计模式等方法可以提高软件的可扩展性，例如动态加载的插件、具有抽象接口的类层次结构、回调函数构造以及可塑性很强的代码结构等。

（9）兼容性

兼容性是指硬件之间、软件之间或软硬件结合的系统之间相互协调工作的程度。软件的兼容性有多种含义。对于单个软件来说，通常是指这个软件能稳定地工作在若干个操作系统之中，不会出现意外退出等问题。在多任务操作系统中，可能同时运行的多个软件，如果它们都能稳定工作，不频繁出现异常，则称它们之间的兼容性良好。在软件共享范畴，如果几个软件之间无须复杂的转换，就能方便地共享相互间的数据，也称之为兼容。

（10）可移植性

可移植性是指软件运行于不同软硬件环境的能力。良好的可移植性可以提高软件的生命周期。可移植性并不是指所写的程序不做修改就可以在任何计算机上运行，而是指当条件有变化时，程序仅做少量修改即可运行。为获得较高的可移植性，在设计中常采用通用的程序设计语言和运行支撑环境，尽量不用与系统底层相关性强的语言。例如 C 语言程序比汇编程序的可移植性好。"一次编译，到处运行"的 Java 语言程序也具有较强的可移植性。

对客户而言，质量无疑是他们最关心的问题。软件开发者必须满足客户对质量的要求，不论是已明确写在软件开发合同上的质量要求，还是在行业内已经约定俗成的质量要求，否则会影响与客户的关系以及未来的发展。

对于企业而言，开发产品的主要目的是获得利润。为了使利润最大化，人们希望软件开发可以"提高质量、提高生产率并且降低成本"。也就是说，在保障质量的同时，企业期望能够有较高的软件生产率以及较低的成本支出。有人认为，追求高质量必然会导致软件开发时间的延长，因而在一定程度上降低了生产率。从短期效益看，追求高质量确实有可能导致这种情况发生。但是，一味追求效率而影响了质量并不可取。如果软件质量差，软件产品会没有市场，即使已经销售出去了，也要承担后面因质量问题引起的赔偿责任。在这种情况下高生产率就变得毫无意义。因此高生产率必须以质量合格为前提。对于成本而言，追求高质量不一定会导致高成本。经验表明，如果在开发起始阶段不考虑如何保证软件质量，而是依靠开发后期发现问题进行修补，往往会导致高成本和低生产率。

从长期来看，追求高质量将使软件开发过程更加成熟和规范化。当企业开发过程成熟到一定阶段，将高质量内建于开发过程之中，必将大大降低软件测试和纠错的代价，缩短产品的开发周期，实质上是提高了生产率，降低了成本，同时又获得客户的信任。所以软件质量、软件生产率以及软件成本之间存在相辅相成的关系，软件企业应当关注软件产品的质量。

1.5　软件团队

Frederick P. Brooks 在他的著作 [37] 中解释过编程系统产品的演进，如图 1-2 所示。将程序转变成通用的编程产品，要符合编程风格，并且经过测试、配备完备的文档等。将程序转变成编程系统中的一个构件时，要按照要求统一接口，满足资源限制并与其他构件进行组合测试等。他认为只有到达右下部分演进的编程系统产品才是真正有用的产品，是大多数系统开发的目标。

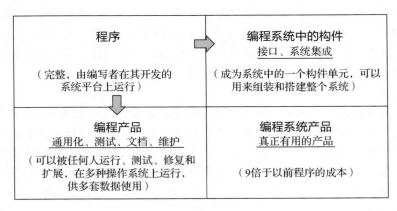

图 1-2　编程系统产品的演进

　　虽然不同程序员的生产率存在很大的差异，但是 Brooks 认为开发成本的主要组成部分是相互沟通和交流，以及更正沟通不当所引起的不良结果，因此需要协作沟通的人员数量将影响开发成本。当 OS/360 项目进入高峰期时，有超过 1000 人参与项目，包括程序员、文档编制人员、操作人员、职员、秘书、管理人员、支持小组等。如果这项工作让一个更小而精干的 200 人队伍来完成，那么需要 25 年时间，这是大型系统在人力和时间上的矛盾之处。

　　Harlan Mills 提议："建议大型项目的每一个部分由一个团队解决，并且该队伍以类似进行外科手术的方式组建，即由一个人来完成问题的分解，其他人给予他所需要的支持，以提高效率和生产力。"对于此提议，Brooks 认为相应完成 5000 个人年的项目，可以在这种方式的基础上进行扩建，但是要依赖于一个事实——项目每个部分的概念完整性得到彻底的提高。Brooks 在成员管理上认为，向一个已经延期的软件项目增加人员会使该项目完成得更晚。

　　如何组织有效的软件团队是软件在面临大型软件项目时需要考虑的一个重要问题。

　　软件开发小组的组织结构取决于组织的管理风格、组里的人员数目及他们的技术水平和软件项目需要解决问题的难易程度。Mantei 给出了考虑采用何种软件工程小组的结构时应该考虑的项目相关的七个问题。

- 项目待解决问题的困难程度。
- 项目要产生的程序的规模，以代码行或者功能点来衡量。
- 小组成员需要一起工作的时间（小组生命期）。
- 需要解决的问题能够被模块化的程度。
- 待建造系统所要求的质量和可靠性。
- 交付日期的严格程度。
- 项目所需要的社交性（通信）的程度。

从历史角度看，主要包括以下几种软件小组组织方式。

（1）民主小组

民主小组是一种非集中式的结构，1971 年，Weinberg 在其著作 *The Psychology of Computer*

Programming 中首次描述了这种组织方式。其基本理念是无我编程，解决了程序员过于看重自己的代码，而不愿意查找自己代码中的错误等问题，鼓励小组成员在别人的代码中找寻错误，对待错误有积极的态度，把错误看成一个正常并且可以接受的事实。民主小组是为一个共同的目标而工作的团体，没有单独的领导，它注重小组的群体特征和相互尊重，特别适用于解决难的问题，这种组织方式往往在有研究经验的计算机专家之间自然形成，不能从外界强加，有经验的人也反感新手的评价。

（2）主程序员小组

主程序员小组是一种集中式结构。这种结构由 Harlan Mills 首先提出，并由 Baker 描述出来，如图 1-3 所示。其结构最初由主程序员、后备程序员、编程秘书和 1～3 名程序员组成。主程序员既是管理者又是高水平程序员，负责计划、协调和复审小组的所有技术活动并完成系统结构化设计以及代码中的关键和复杂部分。其他程序员在主程序员领导下进行具体的设计和编程工作。后备程序员支持主程序员的活动，例如进行黑盒测试的用例规划和其他与设计过程独立的任务等，最重要的是在项目进行过程中，在需要的时候以最小的代价取代主程序员的工作。

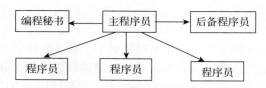

图 1-3　主程序员小组组织结构

编程秘书为小组服务，完成以下工作：维护和控制所有软件配置，帮助收集和格式化软件生产数据，分类和索引可复用软件模块，辅助小组进行研究、评估及文档准备。

主程序员胜任与否是决定项目成功的主要因素，但是这样的优秀人才比较难找，同时后备程序员处于替补位置，优秀人才也不愿意承担。编程秘书在软件专业人员中也很难找寻。

IBM 在自动处理《纽约时报》的编辑文件项目中采用了主程序员小组形式，取得了巨大成功。但是由于主程序小组组织方式存在的各种问题，后面一些成功项目采用了主程序员小组变种。

（3）现代程序员小组

现代程序员小组将主程序员小组中主程序员技术和管理职能进行分解，分设技术和管理的负责人，如图 1-4 所示。

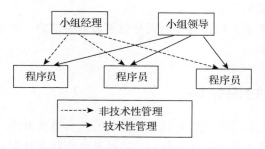

图 1-4　现代程序员小组组织结构

例如对代码的审查工作由技术负责人开展，而管理负责人处理非技术性工作，如财务或者法律层面的工作。可以在工作之前就明确划分各负责人的管理权限，但有时也会出现职责不清的事务。解决这类问题的办法是由比小组更高层的管理人员对此制定处理方案。

当软件项目规模较大，可以由多个软件小组来构成分层的组织结构。

（4）同步－稳定小组

1997 年 Microsoft 公司使用了同步－稳定小组。同步－稳定小组的项目可以分成并行开发的构件，每 3～4 个连续构件由小的并行小组完成。这样的并行小组由管理者带领 3～8 名开发人员和测试者一对一结对组成。每个小组成员可以根据自己的意图设计完成分配给小组任务中自己部分的工作。每天对完成的组件进行测试和调试，保证个人的组件总是可以协同工作的。同步－稳定模型鼓励创造性，确保大量开发者为共同目标工作。

（5）敏捷过程小组

敏捷过程小组是由结对的程序员组成小组完成所有代码编写工作。结对的程序员首先给出任务的测试用例，然后才实现任务代码。程序员不测试自己的代码。当有程序员离开时，另一个程序员完全可以继续相同部分的软件开发，不会造成重大的损失。此外，经验欠缺的程序员可以向其他人学习，提高自身能力。所有结对小组在一个大工作空间办公，提高了代码的小组所有权，提倡无我编程。

（6）开源编程小组

开源的软件项目开发一般采用开源生命周期模型。通常由核心人员建立一个初始版本并免费发布。在下载并使用代码后，会有志愿者加入对项目进行合作开发和使用。实现开源项目的软件小组组织一般由非雇佣关系的志愿者组成，成员之间通常异地（网上）交流，没有小组会议和管理者。开源编程小组已在一些开源项目上获得了成功。

Constantine 概括了软件工程小组的四种"组织范型"。

- 封闭式范型：按照传统的权利层次来组织小组。这种小组在开发与过去已经做过的产品类似的软件时十分有效，但在这种封闭式范型下难以进行创新式的工作。
- 随机式范型：松散地组织小组，并依赖于小组成员个人的主动性。当需要创新或技术上的突破时，按照这种随机式范型组织的小组很有优势。但当需要"有次序地执行"才能完成工作时，这种小组组织范型就会陷入困境。
- 开放式范型：以一种既具有封闭式范型的控制性，又包含随机式范型的创新性的方式来组织小组。工作的执行结合了大量的通信和基于小组一致意见的决策。开放式范型小组结构特别适于解决复杂问题，但可能不像其他类型小组那么效率高。
- 同步式范型：依赖于问题的自然划分，组织小组成员各自解决问题的片段，他们之间没有主动的通信需要。

对于任何软件项目来说，承担项目的人员总是最为关键的，必须合理组织项目组，使得项目组产生较高的生产率。

1.6 软件工程的知识领域

从本质上讲，计算机科学研究的是构成计算机和软件系统基础的有关理论和方法，而软件工程则更注重研究软件生产中的实际问题。虽然软件工程和计算机科学的某些领域还是会有一些交叉，但是软件工程已经从计算机科学与技术中脱离出来，成为一门独立的学科。

1993 年，IEEE 计算机协会和 ACM 联合建立的软件工程协同委员会，加拿大魁北克大学以及美国 MITRE 公司共同承担了 ISO/ICE/JTCI "SWEBOK（Software Engineering Body of Knowledge）指南"项目。该项目希望促进世界范围内对软件工程形成一致观点；阐明软件工程相对于其他学科（如计算机科学、项目管理、计算机工程和数学等）的位置，并确立它们的分界；刻画软件工程学科的内容；提供使用知识体系的主题；为开发课程和个人认证与许可材料提供基础。

SWEBOK 项目分成 3 个阶段：稻草人阶段（1994 年～1996 年）、石头人阶段（1998 年～2001 年）和铁人阶段（2003 年、2004 年），先后在 2001 年推出了 SWEBOK 第 1 版和相应的软件工程师认证（Certified Software Development Professional，CSDP），2004 年推出了 SWEBOK 第 2 版，2008 年推出了面向大学应届毕业生的初级软件工程师认证（Certified Software Development Associate，CSDA）。SWEBOK 的建立推动了软件工程理论研究、工程实践和教育的发展，国内大多数软件工程专业在制定本科培养方案时也都参考了 SWEBOK。

2014 年 IEEE 公布的 SWEBOK 3.0 中提到了软件工程的 15 个知识领域（Knowledge Area，KA），其中包括 11 个软件工程实践知识域——软件需求、软件设计、软件构造、软件测试、软件维护、软件配置管理、软件工程管理、软件工程过程、软件工程模型和方法、软件质量、软件工程职业实践，以及 4 个软件工程教育基础知识域——软件工程经济学、计算基础、数学基础和工程基础，如表 1-1 所示。

表 1-1 SWEBOK 3.0 的知识域（2014 版）

	知识域	包含的子域
软件工程实践	软件需求	软件需求基础，需求过程，需求获取，需求分析，需求规格说明，需求确认，实践考虑，软件需求工具
	软件设计	软件设计基础，软件设计中的关键问题，软件结构和体系结构，用户界面设计，软件设计质量分析和评估，软件设计符号，软件设计策略和方法，软件设计工具
	软件构造	软件构造基础，构造管理，实践考虑，构造技术，软件构造工具
	软件测试	软件测试基础，测试级别，相关测试措施，测试过程，软件测试工具
	软件维护	软件维护基础，软件维护中的关键问题，维护过程，维护技术，维护工具
	软件配置管理	软件配置管理过程的管理，软件配置标识，软件配置控制，软件配置状态统计，软件配置审查，软件版本管理和交付，软件配置管理工具
	软件工程管理	开始和范围定义，软件项目计划，软件项目制定，评审和评价，项目终止，软件工程度量，软件工程管理工具
	软件工程过程	软件过程定义，软件生命周期，软件过程评估和改进，软件度量，软件工程过程工具
	软件工程模型和方法	建模，模型类型，模型分析，软件工程方法
	软件质量	软件质量基础，软件质量管理过程，实践考虑，软件质量工具
	软件工程职业实践	职业化，团体动力和心理，沟通技巧
软件工程教育基础	软件工程经济学	软件工程经济学基础，生命周期经济学，风险和不确定性，经济学分析方法，实践考虑
	计算基础	问题解决技术，抽象，编程基础，编程语言基础，调试工具和技术，数据结构和表达，算法和复杂性，系统基本概念，计算机组织，编译基础，操作系统基础，数据库基础和数据管理，网络通信基础，并行和分布式计算，基本的用户人为因素，基本的开发者人为因素，安全软件开发和维护
	数学基础	集合、关系和函数，基本的逻辑，证明的技术，基本的计数，图和树，离散概率，有限状态机，数值精度，准确性和误差，数论，代数结构
	工程基础	经验方法和实验技术，统计分析，测量，工程设计，建模、仿真和原型，标准，根本原因分析

1.7　软件工程师的职业道德

1993 年 5 月，IEEE 计算机协会的管理委员会设立指导委员会，其目的是为确立软件工程作为一个职业而进行评估、计划和协调各种活动。同年，ACM 理事会也同意设立一个关于软件工程的委员会。到 1994 年 1 月，两个协会共同成立了一个联合指导委员会，负责为软件工程职业实践制定一组适当标准，以此作为工业决策、职业认证和教学课程的基础。

随后 IEEE 计算机协会和 ACM 联合指导委员会的软件工程道德和职业实践专题组制定了《软件工程师道德规范》。在往后的几年里，IEEE 一直根据该准则的要求不断致力于推动软件工程行业化和规范化的发展，成立专门评审机构对软件开发从业人员进行证书认证。同时，为了符合发展的需要，IEEE 与 ACM 也对《软件工程师道德规范》进行了补充与更新。现在所使用的版本是 5.2 版。《软件工程师道德规范》的条款主要包括两部分内容，8 个主要方面。第一部分：把条款高度浓缩，提取成 8 个提纲，从高层次指出成为软件工程师所应具有的抱负和愿望，这一部分也称为简明版。第二部分：展开阐述上面 8 个方面的抱负和愿望，并将其转化成工作上相应的具体准则，这一部分也称为完整版。简明版以摘要形式归纳了规范的主要意见，包括以下内容。

软件工程师应履行其实践承诺，使软件的需求分析、规格说明、设计、开发、测试和维护成为一项有益和受人尊敬的职业。

- 公众——软件工程师应当始终如一地以符合公众利益为目标。
- 客户和雇主——在保持与公众利益一致的原则下，软件工程师应满足客户和雇主的最高利益。
- 产品——软件工程师应当确保他们的产品和相关的改进符合可能达到的最高专业标准。
- 判断——软件工程师在进行相关的专业判断时，应该坚持正直、诚实和独立的原则。
- 管理——软件工程的管理和领导人员在软件开发和维护的过程中，应自觉遵守、应用并推动合乎道德规范的管理方法。
- 专业——软件工程师应当自觉推动本行业所提倡的诚实、正直的道德规范，并自觉维护本行业的声誉，使软件行业更好地为公众利益所服务。
- 同僚——软件工程师对其同僚应持平等互助和支持的态度。
- 自身——软件工程师应终生不断地学习和实践其专业知识，并在学习和实践的过程中不断提高自身的道德规范素养。

上述八项基本原则，针对包括软件工程行业的从业者、教育者、管理者、监督者、政策制定者、接受培训者和学生在内的职业软件工程人员。

练习和讨论

1. 根据引例，实现一个简单的校园"小黄 Y"程序，并在此基础上扩展如下功能，同时讨论这些扩展功能带来的影响。
   1）支持英文。
   2）支持自行车挂失登记。
   3）支持统计功能，能统计每个学期的借出数。

4）支持对寒暑期借出数的统计。

2. 调研所在城市"共享单车"项目的实施情况，讨论背后的商业模式和目前的主要挑战。

3. 查阅文献资料并完成一份报告，通过列举中国软件发展的重要事件，总结中国的软件发展史，并谈谈自己的看法。

4. 查阅文献，了解某一个国际化软件企业的发展、商业模式、所拥有的主要软件知识产权、产品和技术等。

5. 了解保护计算机软件的相关法律，并回答：如果将一个用 C++ 语言编写的软件用 Java 语言实现和发布，是否侵犯版权？

6. 了解常用的开源软件社区和它们的主要软件。

7. 找到一种软件分类方法，分别描述类别的定义和主要软件，并讨论这种分类方法对软件领域的覆盖率。

8. 团队作业：组织 4～6 人的项目小组，一起协商并选定项目主题，完成项目的领域知识调研，给出预采纳的软件小组方式。

第 2 章

软件工程发展

学习目标

- 了解软件工程的发展历程
- 了解云计算及其对软件工程的影响
- 了解大数据及其对软件工程的影响
- 了解移动应用开发的特点
- 明确软件开发中人的因素
- 思考软件工程的未来发展趋势

当社会需要某一种科学或技术时，这种需要就会变成一种强大的推动力量。"软件危机"的产生使软件专家认识到软件开发必须以新的方法作为指导，必须改变原有的软件开发方法。迄今为止，软件工程领域的专家已经提出了一系列理论和方法，开发出了多种语言和工具，解决了软件开发过程中的若干问题。

由于软件固有的复杂性、演化性和无形性等特性，软件开发周期长、代价高和质量低的问题依然存在。虽然目前还无法从根本上消除"软件危机"，但软件工程的诞生和发展已然大大减少了软件开发成本并提高了软件质量。我国当前正处于大规模基础信息系统的建设和发展阶段，例如电力、金融、交通、保险、医疗等行业的信息系统建设都对软件有着大量的需求，软件工程技术在其中起到了举足轻重的作用。

从外部环境来看，近几年云计算、大数据、人工智能等技术以及移动应用的爆炸式发展意味着计算机行业已经翻开了崭新的篇章。在计算机行业发展的过程中，必须要重视这些新技术，因为这些新技术不仅给传统工业带来了新的机遇和挑战，对于软件工程来说，基于这些新技术的软件工程应用也受到了极大影响。与此同时，软件系统的开发方法、过程、工具等也需要进行相应的创新和变革。

从软件工程内部来看，不论其采用何种方法，都不能脱离"人"这个因素。随着软件工程理论的逐渐丰富，出现了各种各样的方法。软件团队不仅要有意识地提高软件开发管理水平，也要注意理论联系实际，不能生搬硬套。需要认识到人是所有创造和实现的根源，很多问题的发生就是因为没有充分考虑到人的因素。不论采用何种软件工程方法，都需要人在原本的框架上做出调整和优化。

2.1 软件工程发展历程

"软件危机"的出现迫使人们不得不研究改变软件开发的技术手段和管理方法。软件进入软件工程时期的主要特点是：硬件已向巨型化、微型化、网络化和智能化四个方向发展，数据库技术已成熟并广泛应用，第三代、第四代语言相继出现。

软件工程为解决"软件危机"而提出的在软件开发生命周期全过程中使用的一整套技术方法的集合，称为方法学，包含三个要素：

- 方法，完成软件开发各种任务的技术方法。
- 工具，为运用方法而提供的自动或半自动的软件支撑环境。
- 过程，为了获得高质量的软件所需要完成的一系列任务的框架，它规定了完成各项任务的工作步骤。

软件工程方法为构建软件提供技术上的解决方法，包括沟通、需求分析、设计建模、编程、测试和支持等多个方面。软件工程方法中最初被广泛使用的是传统方法学，目前最为流行的是面向对象方法学。此外，基于构件的软件工程和面向服务的软件工程也有长足的发展。

2.1.1 传统软件工程

在传统软件工程时期，该领域的研究大致上是沿着两个方向同时进行的。

软件工程研究的一个方向是从管理的角度，希望实现软件开发过程的工程化。20 世纪 60 年代末"软件危机"后出现了第一个生命周期模型——"瀑布式"生命周期模型，其主要过程为分析、设计、编码、测试、维护。瀑布模型给开发人员提供了一种规范化的方法，要求每个阶段的产品都经过审核验证。但是瀑布模型过于依赖书面的规格说明，导致开发结果可能偏离用户的真正需求。针对该模型的不足，人们进一步提出了快速原型法、螺旋模型、喷泉模型、敏捷过程等对瀑布模型进行补充。这方面的研究同时让人们认识到了文档的标准以及开发者与用户之间、开发者之间的交流方式的重要性。因此，人们确定了一些重要文档格式的标准，包括变量、符号的命名规则以及原代码的规范式等。

软件工程发展的第二个方向侧重于对软件开发过程中的分析、设计方法的研究。这方面的重要成果之一是在 20 世纪 70 年代风靡一时的结构化开发方法，即面向过程的开发以及结构化的分析、设计和相应的测试方法。

随后在 20 世纪 80 年代初，计算机辅助软件工程（Computer Aided Software Engineering，CASE）应运而生。CASE 是集图形处理技术、程序生成技术、关系数据库技术和各类开发工具于一体的开发技术，简而言之就是软件工具与开发方法的集成化工具系统。CASE 为方法的运用提供自动的或半自动的软件支持环境。

结构化方法的出现是因为随着人们对于软件需求的逐渐提升，程序的可维护性、可读性、清晰性等方面的要求进一步提升，需要对基本的语句、结构等进行规范，将程序设计的重点从过分追求编程技巧转化到软件的实用功能上。结构化程序设计的精髓是当面对一个复杂问题的时候，可以将问题按照自上而下、逐层细化的原则进行分解，将整体步骤分解为结构化程序框图，将复杂问题简单化，每一层的基本构造都固化。这样程序的可读性、清晰度可以得到显著提升。

结构化方法把软件生命周期的全过程依次划分为若干个阶段，然后有序地完成每个阶段的任务。每个阶段的任务均比较明确且相对独立、复杂性低，便于不同人员分工协作，有利于进度管理与控制，从而降低了整个软件开发过程的难度，提升了程序的可扩展性。同时在软件开发过程的每个阶段都要进行技术评审验证，审查通过之后才能开始下一阶段的工作，从而有效保证了软件开发的质量，提高了软件的可维护性。但是该设计方法存在开发周期长、难以适应需求变化等缺陷。

在面向对象方法出现之前，传统方法一直是使用最广泛的软件工程方法，它克服了软件自身的某些弊端，在软件有序开发中扮演着重要角色。但是该方法不能适应需求变化，且结构化方法要么面向行为，要么面向数据，缺乏使两者有机结合的机制。众所周知，软件系统在本质上是一个信息处理系统，数据和对它的操作是密不可分的，将数据和操作人为地分离成两个独立的部分，既不能有效地建造软件，又不符合自然界事物的组成规律。

2.1.2 面向对象的软件工程

1980 年左右，面向对象的软件开发技术横空出世，促进了软件工程技术的进一步发展。面向对象的设计方法将对象作为基本设计单元，将程序与数据封装在里面，提升了软件的灵活性与扩展性。因此面向对象的程序设计方法迅速发展普及并成为主流设计方法。

面向对象的软件工程方法包括面向对象的分析（Object-Oriented Analysis，OOA）、面向对象的设计（Object-Oriented Design，OOD）、面向对象的编程（Object-Oriented Programming，OOP）、面向对象的测试（Object-Oriented Test，OOT）和面向对象的软件维护（Object-Oriented Software Maintenance，OOSM）等主要内容。面向对象的分析和设计建模技术是面向对象软件工程方法的重要组成部分。

面向对象的出发点和基本原则是尽可能地模拟人类惯有的思维方式，使开发软件的方法、过程尽可能地接近人类认识世界和解决问题的方法与过程，从而使描述问题的问题空间与其解空间在结构上尽可能一致。面向对象方法将程序看成互相独立的对象的集合，而不是一系列的过程或函数的集合。面向对象方法与传统方法的一个重要区别是，在面向对象方法中数据和行为是同等重要的，将数据和对数据的操作紧密结合起来。

用面向对象方法开发软件的过程是多次反复迭代的演化过程，其在概念和表示方法上的一致性保证了各项开发活动之间的平滑过渡，因此对于大型、复杂及交互性比较强的系统，使用面向对象方法更有优势。

20 世纪 80 年代中期到 90 年代中期的十年间，出现了许许多多的面向对象方法，可以说是形成了百家争鸣的局面。其中最引人注目的是 Booch、Jacobson 和 Rumbaugh 为代表的三种面向对象方法。1996 年专家把这三种方法融合在一起，取长补短，组成了统一建模语言（Unified Modeling Language，UML），UML 也成为面向对象技术的标准建模语言。

面向对象方法的出现使传统的开发方法发生了翻天覆地的变化。与之相应的是从工程管理的角度提出的软件过程管理，其对成本、人员、进度、质量、风险、文档等进行分析管理和控制，使软件项目能够按照预定的成本、进度、质量顺利完成。即关注于软件生存周期中所实施的一系列活动并通过过程度量、过程评价和过程改进等涉及对所建立的软件过程及其实例进行不断优化的活动使得软件过程循环往复、螺旋上升式地发展。其中最著名的软件过程成熟度模型是美国卡内基·梅隆大学软件工程研究所（Software Engineering Institute，SEI）建立的能力成熟度模型（Capability Maturity Model，CMM），其提供了一整套较为完善的软件研发项目管理的方法，使软件开发更加科学化、标准化，使企业能够更好地实现商业目标。

为使软件获得更高的生产效率，品质得到更大的提升，软件的研发逐步进入一个新的历史时期，此时的人们已经清晰地了解应该从软件使用寿命的总消耗费用以及它所产生的价值两个角度进行软件的研发，软件研发过程也逐步由目的管理转变为过程的管理。

2.1.3　基于构件的软件工程

在 1990 年之后，软件技术的研究主体转变为网络计算以及能够支持多媒体的万维网，资源的共享、团队合作的需求日益加大。为满足这一需求就必须要研发更多的分布式处理系统。此时软件工程的任务不只是要提升个体的生产效率，还要打破时空的限制，通过团队协调共同完成任务，提升团队的工作效率。但由于整体性的软件改变难度大，适应程度低，因此主张以构件为基础的研发方式为基础。

如何更好地实现软件重用一直是软件工程的重要研究课题。面向对象技术的出现是软件开发技术的巨大进步，但怎样实现大粒度的重用以提高软件的可维护性和可扩展性仍是一个难题，基于构件的软件工程（Component Based Software Engineering，CBSE）的发展从根本上缓解了这一问题。构件（component）是可用来构成软件系统的即插即用的软件成分，是可以独立制造、分发、销售、装配的二进制软件单元。CBSE 是指用装配可重用软件构件的方法来构造应用程序，它包含了以构件方法为核心的系统分析、构造、维护和扩展的各个方面。COM/DCOM、JavaBeans/EJB 等构件标准的出现使得 CBSE 趋向实用化。

CBSE 的主要目的是对软件开发提供支持，这种开发将系统作为构件集成体，将构件作为可重用实体来看待，通过定制和更换构件来实现维护和更新。未来的软件开发过程将会更多地以 CBSE 为基础，这一观点已经得到工业界和学术界的普遍认可。

2.1.4　面向服务的软件工程

市场需求的快速变化，要求企业系统具有敏捷服务、快速重构、资源重用及自由扩充等特点，由此面向服务的架构（Service Oriented Architecture，SOA）应运而生。它定义了构成系统的服务，通过描述服务之间的交互提供特定的功能特性，并且将服务映射为具体的某种实现技术。SOA 的核心概念是服务，即把软件的某些功能独立出来，使之能独立运行，并且在逻辑关系上和运行的应用系统成为一个层次。一个服务是服务提供者为实现服务请求而执行的一个工作单元，也就是说，一个服务实现了一个应用的功能，它是一个粗粒度的、可发现的软件实体，通过一组松散耦合和基于消息的模型与其他的应用或服务进行交互。它接受来自所有授权对象的请求，使得服务可以同时为多个应用程序提供相同的功能，极大地增加了软件的复用程度，减少了开发和维护成本。

SOA 是在计算环境下设计、开发、应用、管理分散的逻辑（服务）单元的一种规范，这就决定了 SOA 的广泛性。SOA 要求开发者从服务集成的角度来设计应用软件，即使这么做的利益不会马上显现。SOA 也要求开发者考虑复用现有的服务，或者检查如何让服务被重复利用。

SOA 被认作传统的紧耦合面向对象模型的替代者，例如通用对象代理架构（Common

Object Request Broker Architecture，CORBA）和分布式组件对象模型（Distribute Component Object Model，DCOM）。与传统架构相比，SOA 具有更多优势：基于标准、松散耦合、共享服务、粗粒度和联合控制。SOA 与大多数通用的客户端 / 服务器模型的不同之处在于它着重强调软件组件的松散耦合，并使用独立的标准接口。SOA 并不排斥面向对象，系统的总体设计是面向服务的，但是具体到某个服务的实现，则可以是基于面向对象设计的。SOA 和面向对象的区别主要在于接口，面向对象的接口是给其他对象使用的，而 SOA 的接口是给从构件到系统的不同组件来使用的。SOA 的接口一般使用 Web 服务、EJB（Enterprise Java Beans）、CORBA 等分布式技术来实现。

2.2　软件工程中新技术的影响

在软件工程发展的过程中，新技术的新特点使得软件工程也产生了变化。接下来介绍新技术给软件工程带来的影响。

2.2.1　云计算与软件工程

21 世纪初，崛起的 Web 2.0 让互联网的发展迎来了新的高峰。软件系统需要处理的业务数据量快速增长，例如视频在线播放或照片共享网站等，都需要存储和处理大量的数据。这类系统所面临的重要问题是，如何在用户量快速增长的情况下扩展原有系统。随着移动终端的智能化以及移动宽带网络的普及，越来越多的移动终端设备接入互联网，这意味着与移动终端相关的系统将会承受更多的负载压力，而对提供数据服务的企业来讲，则需要处理更多的数据量。由于资源的有限性，企业的电力成本、空间成本、各种设施的维护成本快速上升，直接导致数据中心的成本上升，如何有效地利用资源成为核心问题。

云计算的出现，把互联网上闲置的计算机资源进行共享，使得网络资源更好地被利用，极大降低了数据处理的成本。追溯云计算的根源，它的产生和发展与并行计算、分布式计算等技术密切相关。随着高速网络连接和高性能存储技术的诞生与发展，拥有大量计算机的数据中心，具备了快速为大量用户处理复杂问题的能力。服务器整合需求的不断升温，推动了虚拟化技术的进步、Web 2.0 的实现、SaaS（Software as a Service）观念的普及、多核技术的广泛应用等，所有这些技术为云计算的产生与发展提供了无限可能。云计算的发展不仅顺应了当前计算模型的需求，也为企业带来了效率和成本方面的诸多变革。

云计算是一种按使用量付费的模式，这种模式提供可用的、便捷的、按需的网络访问，进入可配置的计算资源共享池（资源包括网络、服务器、存储、应用软件、服务），只需投入少量的管理工作，或与服务供应商进行很少的交互，即可快速获取这些资源。由于在后端拥有规模庞大、高自动化和高可靠性的云计算中心，使得人们只要接入互联网，就能非常方便地访问各种基于云的应用和信息，并免除了安装和维护等烦琐操作，同时，企业和个人也能以低廉的价格来使用这些由云计算中心提供的服务。

云计算涉及了很多产品与技术，下面给出一个通用的云计算框架，可分为服务和管理两个部分，如图 2-1 所示。其中，服务方面共包含三个服务模式，三种模式针对不同的使用领域提供不同方向和层面的服务。

- 软件即服务（Software as a Service，SaaS），提供给客户的服务是运营商运行在云计算基础设施上的应用程序，用户可以在各种设备上通过客户端进行界面访问，比如

Web 页面。用户不需要管理或控制任何云计算基础设施，包括网络、服务器、操作系统、存储等。

- 平台即服务（Platform as a Service，PaaS），提供给消费者的服务是把客户采用提供的开发语言和工具（例如 Java、Python 和 .Net 等）开发的或收购的应用程序，部署到供应商的云计算基础设施上。客户不需要管理或控制底层的云基础设施，包括网络、服务器、操作系统、存储等，但客户能控制部署的应用程序，也可能控制运行应用程序的托管环境配置。
- 基础架构即服务（Infrastructure as a Service，IaaS），提供给消费者的服务是对所有计算基础设施的利用，包括处理 CPU、内存、存储、网络和其他基本的计算资源，用户能够部署和运行任意软件，包括操作系统和应用程序。消费者不管理或控制任何云计算基础设施，但能控制操作系统的选择、存储空间、部署的应用。

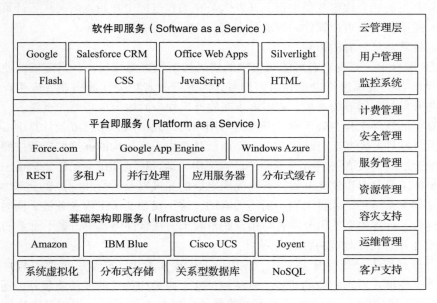

图 2-1　云计算的框架

从消费者的角度来看，这三层服务之间的关系是相互独立的，因为它们所提供的服务是完全不同的，而且面对的用户也不尽相同。从技术的角度来看，这三层之间的关系并不是独立的，而是有一定依赖关系，比如一个 SaaS 层的产品和服务不仅需要用到 SaaS 层本身的技术，而且还依赖 PaaS 层所提供的开发和部署平台，或者直接部署于 IaaS 层所提供的计算资源上，同时，PaaS 层的产品和服务也很有可能构建于 IaaS 层的服务之上。

云计算会影响软件开发的模式、开发工具以及开发者等。使用云计算技术不仅可以促进软件开发的发展，同时云计算技术自身也在不断进行完善，云计算技术的发展对于软件开发的影响也将越来越大。

（1）云计算对开发模式的影响

传统的开发模式一般是在本地机器上单独开发，单机版在使用的过程中存在很大的局限性。一般情况下，开发过程的资源利用效率较低，极容易受到阻碍，即便是在使用相应资源的过程中，也会存在一定的局限性。云计算技术打破了传统软件开发存在的局限，创新了常规的软件开发模式，使得单机开发变为基于云端开发，很大程度上提高了资源的利用率。云计算环境下，传统软件开发的环境、工作模式也将发生变化。尽管软件工程理论不会发生根本性的变革，但基于云平台的开发为敏捷开发、项目组内协同、异地开发等带来便利。软件开发项目组内可以利用云平台，实现在线开发，并通过云实现知识积累、软件复用。

（2）云计算对开发工具的影响

在软件工具本身研发的过程中，云计算技术也带来了重要影响。云计算技术在应用的过程中，需要大量辅助软件。完整、稳定、成熟的开发工具是软件开发的灵魂，需要持续对开发工具进行更新，从而充分保证云计算软件开发工具能够满足开发者和用户的需要。在过去很长的一段时间内，开发人员在进行编码过程中，要充分考虑到软件开发的安全性与完整性，需要关注软件的性能和内存。但是在应用云计算技术开发时，使用的大多数是互联网语言（例如 ECMAScript），这使得软件开发与互联网联系变得更加密切，语言的应用变得更加先进，软件开发的综合性也变得更强。开发人员在编程过程中开始逐渐关注云计算中的资源分布情况，而不仅仅只重视软件的性能和内存。

（3）云计算对开发者的影响

在 PaaS 平台中，开发者有可能写很少的代码甚至不需要写代码，只需按照业务流程对平台中提供的各类资源进行设计和组织即可，因此开发者更关注面向业务应用。这种模式下，需求与开发具有同等的语境，同时需求在软件工程中的地位也将更加重要。

云计算下的软件工程打破了软件开发商与用户的二元格局，第三方云计算中心的作用显得更加重要。软件开发和运行环境基本上是由云计算中心来架构的，这些资源按照开发者的要求进行配置。在开发者一端省去了硬件设施架构、运行环境调试等工作，只需一个浏览器和一些简单的工具就可以实施开发。开发完成之后的测试以及运行和维护也全部由云计算中心负责。这种关系是传统软件工程中所不曾有的，这不仅改变了工程业务链，同时也改变了商业价值链。云计算中心使得开发者与用户联系起来，在软件体系中占据了重要的位置。

（4）云计算对软件测试的影响

在云计算环境下，软件开发工具、环境、工作模式发生了转变，也要求软件测试的工具、环境、工作模式发生相应的转变。软件测试除了应关注传统的软件质量外，还应该关注基于云计算环境所提出的新的质量要求，例如软件动态适应能力、用户量支持能力、兼容性、安全性等。软件测试工具应工作于云平台之上，而不再是传统的本地模式。软件测试的环境也可移植到云平台上，通过云搭建测试环境；软件测试也可以通过云平台实现协同、知识共享、测试复用。针对软件表现形式的变化，要求软件测试可以对不同表现形式的产品进行测试，如互联网应用的测试、Web Services 的测试、移动智能终端内软件的测试等。

云计算技术的出现让软件开发的开放程度与抽象程度逐步提高，软件开发从封闭的计算机平台转向互联、互通、合作的计算机平台，环境软件开发的地位日渐提高。云计算要做到真正的普及和应用，还需要各方做出更多的努力。技术能力、社会认可，甚至是社会管理制度等都应做出相应的改变，才能使云计算真正普及。

2.2.2　大数据与软件工程

近年来，随着云时代的来临，大数据（big data）也吸引了越来越多的关注。大数据通常指的是那些数量巨大、难于收集、处理、分析的数据集，亦指那些在传统基础设施中长期保存的数据。大数据分析常和云计算联系到一起，因为实时的大型数据集分析无法用单个计算机进行处理，必须采用分布式架构。对海量数据进行分布式数据挖掘，必须依托云计算的分布式处理、分布式数据库和云存储、虚拟化技术等。大数据技术可归纳为以下四大类。

- 大数据采集。大数据采集是指从传感器、智能设备、企业在线或离线系统、社交网络和互联网平台等获取数据的过程。大数据可分为线上行为数据与内容数据两大类。线上行为数据包括页面数据、交互数据、表单数据、会话数据等，内容数据包括应用日志、电子文档、机器数据、语音数据、社交媒体数据等。大数据采集过程中的挑战主要有数据源多样、数据量大、数据更新快，以及如何保证数据采集的可靠性和性能、如何保证数据质量等。

- 大数据存储。数据经过采集、转换后需要将其存储，供以后进行分析和处理。当前存储大数据的方法是采用分布式文件系统和分布式数据库，把数据分布到多个存储节点上，同时还需制定备份、安全、访问接口及协议等机制。

- 大数据计算技术。大数据的处理无法由单台计算机完成，只能由多台计算机共同承担计算任务。在分布式环境中进行大数据处理，除了与存储系统打交道外，还涉及计算任务的分工、计算负荷的分配、计算机之间的数据迁移等工作，并且要考虑计算机或网络发生故障时的数据安全，情况十分复杂。大数据计算技术涵盖数据处理的各个方面，同时也是大数据技术的核心。例如最早出现的 Hadoop 开源平台主要提供针对海量数据的离线存储和批处理的方式，用于互联网用户的行为建模、建立海量搜索日志的索引等。源自加州大学伯克利分校的 Spark 实时交互式系统在近几年取得多家 IT 巨头的支持。Twitter 开源的 Storm 平台则提供流式的数据处理模式，能够分析当前热点话题，进行实时精准的广告推送，并及时发现金融交易中的欺诈行为等。

- 大数据挖掘。大数据挖掘主要是根据现有数据使用各种算法进行计算，从而达到预测的效果，满足一些高级别数据分析的需求。数据挖掘的算法主要包括神经网络法、决策树法、遗传算法、粗糙集法、模糊集法、关联规则法等。

大数据时代，软件工程有了新的问题，软件工程大数据这一概念应运而生。

因为开发活动的需要，近年来软件项目广泛使用版本控制系统、缺陷追踪系统、邮件列表和论坛等工具，这些工具记录了整个开发过程，产生了海量数据。软件开发活动累积的大数据已经成为现实。如何有效地收集、组织和运用这些数据，采用新的视角和分析方法重新审视软件工程的基本问题，突破原有的认知瓶颈，并在新条件下探索新的开发模式和规律，进而改进互联网时代的软件开发并辅助商业决策等，已成为大数据背景下软件工程所需的新思维。例如，GitHub 上的代码仓库数量已经超过 1 亿个。海量软件开发数据分散存储在互联网上的多个地方，每分每秒都在不断地产生和消亡，因此采集、存储和整理是首要面对的问题。经验软件工程（empirical software engineering）、挖掘软件库（mining software repositories）以及商业智能等都是学术界和产业界的一些尝试。采用数据驱动方法来解释软件的生产过程，并利用这些数据度量开发效率、计算成本并预测软件质量，为许多实践作业和业务决策提供了很大的帮助。

综上，软件工程中的大数据是由众多软件开发和使用过程中的工具自然产生和记录的软件演化及参与者活动的日志，散布在互联网的软件仓库、软件公司以及个体的各种环境中。软件项目样本多，产生的日志数据种类和格式多（结构化数据和非结构化数据），总体规模巨大且时刻变化。基于大数据的软件工程需要在获取和组织大规模数据的基础上，采用新的分析方法和视角：一是要重新审视软件工程的基本问题，突破原有的认知瓶颈；二是要在新的历史条件下探究新的开发模式，探寻新的软件开发过程，从而丰富人们对软件本身和软件开发复杂性的认识，建立与时俱进的软件理论和方法。

2.2.3 移动应用与软件工程

早在 2019 年，4G 的普及工作并没有完成很久，5G 的推广就已经如火如荼地开展了。5G 并不是独立的、全新的无线接入技术，而是对现有无线接入技术（包括 2G、3G、4G 和 Wi-Fi）的演进，以及对一些新增的补充性无线接入技术集成后的解决方案的总称。从某种程度上讲，5G 将是一个真正意义上的融合网络，以融合和统一的标准，提供人与人、人与物以及物与物之间高速、安全和自由的联通。可以预见的是，全景视频、自动驾驶、人工智能、虚拟现实等将会是 5G 的典型应用。我国于 2016 年已经启动 5G 的标准研究，2019 年 6 月 6 日工信部正式向中国电信、中国移动、中国联通、中国广电发放 5G 商用牌照，我国正式进入 5G 商用元年。

移动通信、网络等技术的高速发展也带动了智能终端的蓬勃发展，尤其是移动智能终端，包括手机、笔记本计算机、平板计算机甚至包括车载计算机。移动终端伴随移动通信发展已有数十年的历史。自 2007 年开始，智能化引发了移动终端产业的变革和跨界融合，移动智能终端行业成为信息通信技术领域发展的核心驱动力之一。移动智能终端引发的颠覆性变革揭开了移动互联网产业发展的序幕，开启了一个新的技术产业周期。快速的产品技术迭代和高强度的市场竞争使移动智能终端市场逐步成熟，以智能手机、平板计算机为代表的移动智能终端产品迅速普及，广泛渗透人类社会生活的方方面面，成为推动产业发展的重要动力。

形影不离的智能终端也使得应用市场风起云涌。2014 年是移动互联网跨越式发展的一年，中国移动互联网市场规模已达 2134.8 亿元，同比增长 115.5%。到 2018 年的时候，移动互联网市场规模高达 11.39 万亿元。移动互联网和移动应用的飞速发展已经深入公众生产生活的方方面面，推动着经济社会各领域不断改革创新。新闻、娱乐、卫生医疗、环境保护、公共安全等各种形式的民生服务都逐渐在手机上实现，移动 App 的世界可谓"百花齐放，百家争鸣"。例如，移动互联网打造的智慧交通模式给公共交通带来了极大的便利。基于移动互联网技术的手机打车 App 在交通行业有了创新智能应用。移动互联网技术为消费者和服务接入者（供需双方）提供直接、精准、及时的信息交流与交易，大幅提高了打车效率。现如今的各种手机打车软件，实现了对传统汽车服务业和原有消费模式的颠覆。

移动应用本质上仍是软件，因此同样存在围绕软件生命周期的各项软件工程任务。但是与传统的桌面软件相比，除了新的开发框架和平台以外，移动应用的开发还具有其以下特点。

- 需求工程。在移动应用领域，应用商店中的大量评论信息可以用于需求获取。基于用户评论中所含有的大量需求信息，可以开发用于需求抽取的原型工具或新算法，为需求工程的发展带来新的机遇和挑战。
- 软件重用。软件重用对于提高软件开发的速度和质量具有重要意义。安卓移动应用中存在明显的软件复用现象。例如，在移动应用开发中，可以尝试分析现有的具有类似功能的移动应用，从中发现与新移动应用相关的 API 函数，这为跨平台的 API 推荐和 API 映射提供了新的思路。
- 能耗。移动应用的能耗显著影响智能移动设备的续航能力，进而影响用户体验。因此，在软件开发中，移动应用的能耗需要特别关注。移动应用开发者可以对代码进行评估和考量，并由此发现耗能的关键代码、路径和方法，进而通过代码重构，降低移动应用的能耗。

2.3 软件工程中人的因素

典型的软件开发项目在时间、人力、资金方面都是有限制的，软件开发的任何一步都需要人的参与。人的行动、想法以及决策都会影响软件的开发。而每一个人都是具有一定特点的个体，这些特点可能与受过怎样的教育、喜欢怎样的工作方式有关，也可能与他们所生活的社会文化环境有关。人的这些特点会在软件开发过程中不同程度地影响软件质量、软件开发速度，因而研究人的特性对整个软件开发具有重要意义。

（1）作为个体的人对软件开发的影响

人都是会犯错误的，人所犯的错误会发生在软件开发的需求、设计、编码的任何阶段，这些错误会最终导致软件开发的失败。我们只能接受这个事实，并在软件开发过程中避免或改正这些错误。解决这个问题的一个好办法是采用递增式的开发过程。与人会犯错误相对应，人的优点是善于查找，能在一定范围内根据自己的智能和经验发现问题所在，这在开发过程中极具价值。

人的心理也会影响软件开发，一个典型的例子是程序员心理。程序员有两种常见的心理会影响开发进度的控制：一是技术完美主义，二是自尊心过强。技术完美主义的常见现象是，有些程序员由于进度压力、经验等方面的原因，会匆忙先做编码之类的具体事情，等做到一定程度后会想到一些更好的构思、更好的技术点、可以优化的内外部构架等，于是他们就对软件进行调整，尝试新的技术和做法。但是很多时候，是否使用这些新技术对完成项目的最终目标并没有多大影响，相反可能带来一些不确定的安全隐患。这种不以用户需求为本，或不以项目团队的总体目标为本的做法，反而可能对软件开发进度造成较大的影响。自尊心过强的常见现象是，有些程序员在遇到一些自己无法解决的问题时，倾向于靠自己摸索，而不愿去问周围那些经验更为丰富的人。有些人也许会通过网络匿名向别人求教，如果运气好会很快解决，否则就要花很多时间摸索。而如果能够向周围的人求教，可能花费了不少时间的问题能够很快被别人解决。

（2）作为团队的人对软件开发的影响

软件开发的特点决定了其必须有一个或者多个团队来共同完成。一个团队由多样化的人组成，可以让每个人做擅长的事，这样才能出色地完成软件开发。多样化的人在一起工作，必然要相互交流。一个交流不畅的团队很难开发出一个合格的软件产品。只有不断交流才能发现个体在开发过程中的问题，也能使整个团队建立一个统一的软件概念。如果想让项目成功，就必须组建起具有合作精神的团队。

人多力量大，这似乎符合常理，但是往往在软件项目开展的过程中会出现项目组内人员多、真正的有效产出少、工作时间长、实际投入大的情况，这跟我们常规的认知大相径庭。其原因可能有以下几种：

- 没有让专业的人做专业的事，导致效率低。如果一个人能够只专注一件事情，往往效率会比较高。在软件开发分工越来越明确的今天，让后端开发人员做前端开发人员的事情，去编写网页、样式，或者让后端人员去做 DBA 的事情，比如数据库优化，只能让效率大大降低。专业开发人员不在合适的位置上，可能和公司的发展历程、组织架构、人员规划有关，也可能和任务安排有关。在 IT 组织中，如果不区分好前端、后端、测试、架构、DBA、网络、服务器运维、技术支持、安全、产品等职能，就会对工作效率有影响。

- 开发人员不注重代码质量，导致后期返工。对于经验不足或者习惯不好的开发人员，开发前期为了追求进度，没有考虑周全代码逻辑，没有做好自测试，代码能运行就算完成任务。表面上看，任务完成得很快，但是在项目后期的测试阶段，问题很有可能会大规模爆发，甚至要大量返工，更为严重的后果是让项目进度变得不可控。

- 个体组织人员膨胀，出现沟通成本大的问题，导致效率低。沟通成本是人员膨胀后暴露出来的首要问题。举个简单的例子，很多公司都有每天晨会的习惯。如果一个组有 5 个人开晨会汇报工作，平均一个人汇报 2 min，就需要 10 min。如果一个组增加到 10 个人，则需要 20 min 才能汇报结束。再比如说，30 个人天的工作量，分给 3 个人做，可能需要 10 天。但是分给 5 个人做，6 天就一定能完成吗？信息在沟通、传递的过程中，可能会"失真"。每个人的理解能力、知识体系都不一样，理解起来容易产生偏差，产生偏差就容易出现纰漏。

- 不同部门之间沟通存在隔阂与障碍。软件开发过程中，不同部门难免会有交集，例如开发与运维、开发与测试。不同岗位承担的责任、掌握的知识体系、考虑问题的角度往往不一样，导致处理事情受阻。比如说，开发人员为了验证某个问题，需要运维人员协助重启某个服务器。对于开发人员来说，这个服务器，用的人比较少，而重启也是一瞬间的事情，几乎没有风险。但是运维人员由于掌握的知识体系不一样，害怕重启服务器会造成很大影响，甚至担心出了问题要自己承担责任，因此只能等到半夜才敢重启，于是效率就降低了。因此，不同部门之间的人，应该互相学习，才能更好地沟通。

- 需求传达不明确或者理解有偏差导致返工。如前所述，探知客户内心潜在的需求很难。而需求确定后，信息传递的媒介往往是需求文档，传递的过程中容易丢失原来真正的意思。需求传递有时候往往跨越好几个层次才最终到达开发人员手里。

（3）作为客户的人对软件开发的影响

福特汽车的创始人亨利·福特曾说过："如果我当年去问顾客他们想要什么，他们肯定会告诉我，他们想要一匹更快的马。"从这里可以看出，客户总是喜欢提出他所认为的解决方案，而不是告诉你他的真正需求，真正的需求需要靠你自己去分析、发掘，客户想要的其实是"更快"，至于用什么手段来达到这个要求，受限于他们当时的认知，只能是马，而无法想到还可以有别的交通工具可以达到"更快"的要求。苹果公司的创始人斯蒂夫·乔布斯曾说过：用户压根不知道自己需要什么，直到你把产品摆在他的面前。客户其实不是对你隐瞒，而是他们并不知道自己的真实需求，或者知道但说不清楚想要的东西是什么样子，直到有一个参照物摆在客户的面前，客户才会指着参照产品告诉你"这就是我想要的，但有些地方还不太对"，或者是"你给我的东西不是我想要的"。

每个人都有属于自己的特性，不同特性的人思考同一件事情可能就会有不同的结果。客户不一定能够告诉我们正确的需求；而我们也经常怀疑客户能否说清楚需求，怀疑研发人员能否听懂并理解需求，怀疑需求文档是否真的能够传递需求。

客户为什么不能清楚地表达需求，为什么在项目验收的时候会感觉似乎不是他真正想要的？这与人的行为、感觉、情感、思考、语言等因素有关系，本来不复杂的一个问题，当客户在表达时将自身的行为感觉掺杂了情感，加上个人思考，再去用语言描述的时候，就会变得非常困难。为什么现在做产品越来越重视用户体验？为什么智能手机现在这么受欢迎？原因就是良好的用户体验让用户做某件事的时候变得非常简单，智能手机将很多日常生活的琐事整合在一起，简化了用户的日常操作和思考，使用户可以更加准确地定位自己的需求。

2.4　软件工程的未来发展

软件工程技术发展迅速，从 20 世纪 60 年代开始，经历 10 年左右，计算机结构化程序设计技术已实现。到 20 世纪 90 年代，软件工程技术已发展到可实现性能优化、消除硬件和编程语言的异构性、适应不同操作系统等方面。软件的本质是演化性和构造性，软件开发将伴随计算机技术的发展而进步。短短数十年，软件工程的发展已达到一定规模。

20 世纪末开始流行的 Internet 给人们提供了一种全球范围的信息基础设施，形成了一个资源丰富的计算平台。未来如何在 Internet 平台上进一步整合资源，形成巨型、高效、可信的虚拟环境，使所有资源能够为用户服务，成为软件工程的重要发展趋势。

从计算模型而言，传统的冯·诺依曼结构仍然被沿用。但从计算能力上来讲，目前 CPU 的计算能力越来越强，并行运算技术以及多核多线程技术使服务器的处理能力飞速提升。互联网的快速普及使得云计算等成为可能，通过互联网相连的服务器集群在服务器端提供了更强大的计算能力。

基于上述变化，目前从软件开发模式而言，可以注意到：

- 由于计算能力向服务器端快速集中，提供高并行计算能力和可用性的中间件技术被广泛采用，甚至已经成为构建大型软件系统的必需。
- 由于采用了中间件技术，软件开发团队可以更加专注于业务逻辑，从而大大减少了需要编写的代码数，使得软件开发团队越来越专业化。
- 计算能力的增强，使得软件易用性更强，从而使软件变得无处不在，软件外包变得非常普及。
- 分布在互联网上的系统之间的互连和协作变得十分普遍。
- 互联网的普及突破了开发的地域限制，将分散的开发人员聚集，在良好的专业基础和高效框架的基础上，能够开发出产品级的软件产品，并推动了开源软件的发展。
- 敏捷开发的流行使得软件交付和升级的速度大大加快。

总的来说，软件工程的未来发展主要趋势可以概括如下：

- 全球化软件协作交付：伴随着全球化的进程，软件工程也常常需要全球化的协作才能完成。随着软件外包市场的蓬勃发展和软件工程工具的进步，很多企业将软件项目概念和架构设计、软件编码和测试工作、软件售后服务等各种组成部分别交给不同国家的技术力量去完成，这一系列过程就是一个标准的软件工程全球化协作交付的流程，并且逐渐成为软件行业主流。
- 开放性计算被广泛应用：软件工程有效融合了大部分开放性的标准、开放架构、开源软件，因此会朝着可以确定行业基础框架、指导行业发展和技术融合的"开放计算"的方向发展。面对越来越开放的发展环境，未来软件开发平台将是一个集丰富的软件资源与开放动态多变的特性于一体的框架。利用开放性计算的优势，不同地域的企业间的软件开发协作实现起来将十分方便，更好的交流也可以促进软件工程工具的集成性发展。未来的软件工程在世界范围内也将会有一个开放性的发展空间，国家与国家之间也会相互促进、共同发展。

- 智能化的软件开发方法：软件开发方法总体上来说必然会朝着更为智能的方向发展。例如敏捷开发方法就是以人为核心，采用迭代与循序渐进的方法将大项目转化为小项目，大大提升了软件对于需求和外部环境变化的适应性。再比如面向 Agent 的软件开发方法，该方法是指开发驻留在某一环境中，具有灵活自主性行为特征的软件系统（灵活自主性具体是指反应性、主动性与社会性）。以上都是智能化发展趋势的体现。

此外，全球化团队、快速交付、专业化、复杂业务过程等，对需求工程包含的需求获取和分析提出了更高的要求。敏捷开发可以是被看成迭代化开发的一种方式，其已经渐成标准。随着迭代和敏捷的流行，持续集成相关工具成为现在市场上的新热点（如持续集成框架 Jenkins、Buddy、CruiseControl、GitLab 等）。

练习和讨论

1. 请查阅相关资料，列举 20 世纪 90 年代兴起的互联网公司，并分析它们是如何崛起的。
2. 请查阅相关资料，列举 21 世纪 10 年代新成立的公司，举例说明这些公司是如何引进新技术并开拓新的商业领域的。
3. 在软件工程行业中有无数令人振奋的新产品和新发明。请分析并预测在未来几十年可能会出现的新产品或者会有很大进步的领域。
4. "虚拟大学"是运用虚拟技术在互联网络上创办的不消耗现实教育资源和能量，并且有现实大学的特征和功能的一个办学实体。分析"虚拟大学"可能会使用的软件工程新技术和新方法。
5. 试列举大规模的云计算平台，并分析其优缺点。
6. 请分析云计算和移动计算的区别。
7. 请查阅相关资料，说明混合云和社区云的概念。
8. Hadoop 是一个由 Apache 基金会所开发的分布式系统基础架构。用户可以在不了解分布式底层细节的情况下开发分布式程序，充分利用集群的威力进行高速运算和存储。请说明你对 Hadoop 生态圈的认识。
9. 列举几种移动应用的热门交互模式以及各自典型的 App，并分析其优缺点。
10. 请查阅相关资料，综述 2010～2020 年世界软件工程发展史。
11. 请查阅相关资料，综述我国软件工程的发展史。

第 3 章

软件过程

学习目标

- 了解软件过程中共同的基本活动
- 解释典型的过程模型建立方法
- 区分传统过程模型及其优缺点
- 理解软件过程中的迭代和递增
- 描述统一过程的不同阶段和核心工作流
- 了解敏捷软件开发与传统过程模型的区别
- 掌握 Scrum 方法
- 讨论开源软件可能正在改变的传统软件工程的各个方面
- 理解软件过程改进的重要性
- 描述能力成熟度模型

软件过程是生产软件的方式，不同的软件组织有不同的软件生产过程。例如，初创软件公司和长期开发医院管理软件的公司，生产软件产品的方式会有很大差别。初创公司的资本和人力条件有限，因此为开发出能迅速响应市场需求的软件产品，它们会更关注完成产品的核心功能并尽早发布，新功能的加入以及产品质量的提高往往放在软件交付以后。长期开发医院管理软件的公司对同类产品的需求的把握更精准，对设计和实现所需要花费的工作量和时间的估算更准确，从而能更"有纪律"地进行相关软件生产，提交给用户稳定、可靠的软件产品。

经过长时间的探索，人们逐渐认识到了软件过程对开发高质量软件的重要性。

3.1　软件生命周期模型

软件产品或者系统要经历孕育、诞生、成熟、衰亡等阶段，一般称为软件生命周期。对于某个具体产品所执行的一系列实际步骤，从概念探究到最终退役，称为该产品的生命周期。软件生命周期模型是对构建软件所应遵循的步骤的理论性描述。一般可以把软件生命周期分成软件定义、软件开发、软件运行维护三个主要时期。

　　软件定义时期的主要任务是确定软件项目必须完成的总目标，确定工程的可行性，估算项目成本和所需资源，制订计划等。软件开发时期的主要任务是具体设计和实现在软件定义时期定义的软件。软件运行维护时期所做的系列工作是为了让软件持久满足用户的需要。上述每个时期又可以进一步划分成若干个阶段。

　　软件过程是一个为构建高质量的软件所需要完成的活动、动作和任务的框架，它包含方法学、隐含的生命周期模型、技术、所使用的工具以及构建软件的人。软件工程团队根据产品构建的需要和市场需求，选取成熟的软件过程。

　　软件过程一般都包含四类基本过程：

- 软件描述：理解并定义系统需要哪些服务，找出开发和运行期间受到的约束和限制。这一过程包含：需求工程过程（对系统进行可行性研究）、分析和导出需求、需求描述、需求有效性验证（检查或审查需求的一致性、完备性，以及需求的更正）等。
- 软件设计和实现：把软件描述转化为一个可运行系统的过程。这一过程主要包含设计实现软件体系结构、数据结构等，并把设计转化为可执行的程序。
- 软件有效性验证：经过检查保证软件是客户所需要的。这一过程包含了集成测试、系统测试、用户验收测试、Alpha 测试、Beta 测试等。
- 软件进化：软件随不同的客户和变化的市场需求而进行的一系列修改。

　　第 1 章介绍了软件工程的通用过程框架，定义了沟通、策划、建模、构建以及部署五种基本框架活动，项目跟踪控制、风险管理、质量保证、配置管理等普适活动贯穿了整个软件过程。

　　组织框架活动、动作和任务的次序可以用过程流来描述，分为线性、迭代、演化和并行过程流。线性过程流是指在执行的顺序和时间上都是按照从沟通到部署的顺序依次执行五个框架活动。迭代过程流是指执行下一个活动前重复执行之前的一个或多个活动。演化过程流是指采用循环的方式执行各个框架活动，每次循环都将产生更为完善的软件版本。并行过程流是将一个或者多个框架活动与其他框架活动并行执行。

　　框架执行的次序、每个框架活动下的动作和构成动作的任务集均是可变的。例如沟通这个框架活动可能包含需求获取、需求描述、需求谈判、需求规格说明撰写以及需求规格说明书确认等，也可以很简单，只包含需求谈判、需求确定。在这些框架活动中，软件项目团队会遇到很多具体问题。团队可以借鉴软件过程模型来获取一类问题的解决方案，并结合软件项目的实际背景产生可用方案。

　　软件过程模型是对被描述的实际过程的抽象。对于许多大型软件系统而言，不会单独采用一种单一的软件过程，而是在开发系统的不同部分采用不同的过程。

3.1.1　瀑布模型

　　瀑布模型（waterfall model）是在 1970 年由 Winston Royce 提出的，如图 3-1 所示，其过程流是线性的。它将整个软件生产分成独立的阶段，包括需求分析、软件设计、编码实现、软件测试、软件维护等。瀑布模型的关键是每个阶段要完成指定的文档并且该阶段的产品被软件质量保证小组认可之后，才能进入下一个阶段。

- 需求分析：需求提取阶段需要获取客户需求与相关信息，并尽可能清晰描述需要解决的问题。需求分析是指理解客户的商业环境与约束、产品必须实现的功能、产品必须达到的性能指标，以及与之实现交互的外部系统等。分析阶段结束后通常形成一份正式的需求规格说明书。

- 软件设计：设计阶段主要定义系统架构、组件、模块、界面和数据等以满足需求规格说明书，包括定义系统架构、设计数据存储方式和限制、确定性能和安全参数、选择集成开发环境和编程语言，并制定异常处理、资源管理和界面连接性等策略。设计阶段的输出结果是一份或多份设计说明书。
- 编码实现：项目开发团队根据设计说明书来构建产品。开发团队包括程序员、界面设计师和其他专家，这一阶段将生成一个或多个产品组件。
- 软件测试：独立的组件和集成后的组件都需要进行系统性验证以确保没有错误并且符合第一阶段需求规格说明书制定的需求。由独立的质量保证小组来保证软件质量，如果发现缺陷或错误，将会对问题进行记录并向开发团队反馈，要求纠错。在这一阶段还有一些产品文档需要准备、评估并发布，比如用户手册等。
- 软件维护：在系统安装之后，由于客户的需求变化或者存在系统测试没有覆盖到的缺陷，还需要对整个系统或某个组件进行修改以改变属性或者提升性能。通常在维护阶段对产品的修改都会被记录下来并产生新的版本。

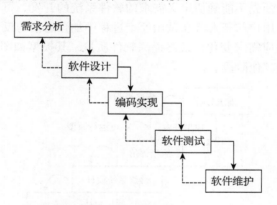

图 3-1　瀑布模型

瀑布模型被称为经典的软件生命周期模型。在有明确需求并且需求保持稳定的情况下，它是一个非常有效的过程模型。瀑布模型的每个阶段都有指定的起点和终点，过程可以被客户和开发者通过设置的里程碑来识别。瀑布模型强调了需求和设计的重要性，文档驱动式的开发使得处于各阶段的团队成员之间可实现较为有效的概念传递，尽可能地保证实现客户的预期需求。由于需求和设计阶段的评审带来的对错误的识别和纠正，比在实现和测试的后期发现错误所带来的纠错成本低很多，并且重要的错误往往出现在软件过程前面几个阶段，因此，运用这一模型使得软件的质量更加可靠。

瀑布模型不适应软件需求不明确或者在开发过程中需求经常变化的情况。后来在瀑布模型增加了反馈环节，使得它在发现问题时可以回溯到前面的阶段。但是从本质上，瀑布模型还是被看成线性过程流的典范。

瀑布模型存在的主要问题包括：

- 在过程的最后才形成软件产品，导致最终产品可能偏离项目预期，但为时已晚。
- 将项目分成不同阶段，上一个阶段完成后下一个阶段才能启动，难以应付不断变化的客户需求。

- 团队人员之间的明确分工，使得处于等待中的团队人员处于"阻塞"状态。
- 合理可行的设计方案在现实中往往很难获得或者需要很高的代价，如果需要重新设计，则破坏了传统瀑布模型中清晰的阶段界限。
- 瀑布模型假定设计均可以被转换为真实产品，这往往导致开发者在工作时陷入困境。

3.1.2 快速原型模型

原型是指模拟某种产品的原始模型，在很多行业中经常被使用。软件开发中的原型是指软件的一个早期可运行版本，它反映了目标系统的某些重要特性。快速原型模型通过使用原型来辅助软件开发。

通常，在需求分析阶段要得到准确、合理的需求说明比较困难，用户可能并不清楚自己需要的是什么样的系统。软件团队可以在获得一组基本需求说明后，快速地将其"实现"，使用户在试用过程中受到启发，对原来的需求说明进行补充和精确化，从而获得合理、协调一致、无歧义的、完整的、现实可行的需求说明。例如给出一个静态网页来获取用户对具体网站的界面需求，是非常有效的。

快速原型模型适合预先不能确切定义需求的软件系统的开发，可以降低由于软件需求不明确带来的开发风险，用户与开发者在试用原型过程中加强通信与反馈，通过反复评价和改进原型，减少误解，适应需求变化，最终提高软件质量，其模型如图 3-2 所示。快速原型思想还可用于软件开发的其他阶段。

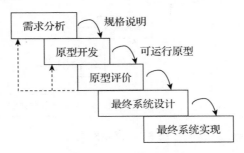

图 3-2　快速原型模型

由于运用原型的目的和开发方式不同，在项目中如何对待原型也有不同的策略。

- 抛弃策略。开发原型所选用的技术和工具不一定符合项目需要；或者原型仅用于开发过程的某个阶段，其主要目的是促使该阶段的开发结果更加完整、准确、一致和可靠，该阶段结束后，原型就会作废。
- 演化策略。如果将原型用于开发的全过程，原型首先由最基本的核心开始，逐步增加新的功能和新的需求，反复修改和扩充，最后发展为用户满意的最终系统。演化型快速原型就采用此策略。还有一些快速原型的某个部分是利用软件工具自动生成的，可以把这部分模型用到最终的软件产品中。

快速原型模型最大的特点在于"快速"，采用何种形式、何种策略运用快速原型主要取决于软件项目的特点、人员素质、可供支持的原型开发工具和技术等，需要根据实际情况来决定。

3.1.3　增量模型

如果软件有明确需求，整个开发过程不要求依据线性过程流执行，同时要求团队为用户迅速提供一套功能有限的软件产品，并允许在后续版本中再进行细化和扩展。在这种情况下，增量模型比较适用。

增量模型是瀑布模型和进化式开发方法的综合，其软件过程是：在整体上按照瀑布模型的线性流程实施项目开发，方便对项目的管理；但在软件的实际构建过程中，将软件系统按功能分解成许多增量构件，并以构件为单位逐个创建与交付，直到全部增量构件创建完毕，并都被集成到系统中交付用户使用。增量模型如图 3-3 所示。

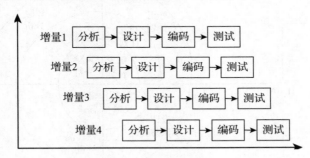

图 3-3　增量模型

增量模型综合了线性过程流和并行过程流的特征，其工作过程可以分成以下三个阶段：

- 在系统开发的前期阶段，为了确保所建系统具有优良的结构，仍需要针对整个系统进行需求分析和概要设计，确定系统的、基于增量构件的需求框架，并以需求框架中构件的组成及关系为依据，完成对软件系统的体系结构设计。
- 在完成软件体系结构设计之后，可以进行增量构件开发。这一阶段需要对构件进行需求细化、设计、编码测试和有效性验证。
- 在完成了对某个增量构件的开发之后，需要将该构件集成到系统中去，并对已经发生了改变的系统重新进行有效性验证，然后再继续下一个增量构件的开发。

增量模型又称为渐增模型，它从一组给定的需求开始，通过构造一系列可执行中间版本来实施开发活动。运用增量模型时，第一个增量往往是产品的核心部分，在经过客户的使用评价后制订下一个增量计划。依此类推，每个中间版本都要执行必需的过程、活动和任务，直到最终系统完成。

增量模型的最大特点就是将待开发的软件系统模块化和组件化。增量式开发有利于从总体上降低软件项目的技术风险。但增量模型对软件设计有更高的技术要求：软件体系结构具有良好的开放性与稳定性，能够顺利地实现构件集成；同时增量构件具有很强的功能独立性，能够方便地与系统集成。

3.1.4　螺旋模型

软件开发过程中存在多种风险，例如技术瓶颈、政策改变、人员离职、市场波动等，它们可能在不同程度上损害软件开发过程，影响软件产品的质量。减小软件风险的一种有效方法是在造成危害之前，及时对风险进行识别分析，决定采取何种对策，进而消除或减少风险损害。为了让软件开发能更适应风险的控制，Barry Boehm 在 1988 年提出软件系统开发的螺旋模型，将瀑布模型和快速原型模型结合起来，强调风险分析，比较适合于内部开发的大型复杂软件系统。

螺旋模型是一种演化过程模型，在早期的迭代中，软件可能只是一个原型，经过后来的迭代，软件开发人员能够逐步开发出更为完整的软件版本。螺旋模型以快速原型法为基础，以进化的开发方式为中心，在每个项目阶段使用瀑布模型法。每一个迭代周期都包括需求定义、风险分析、工程实现和评审四个阶段，如图 3-4 所示。

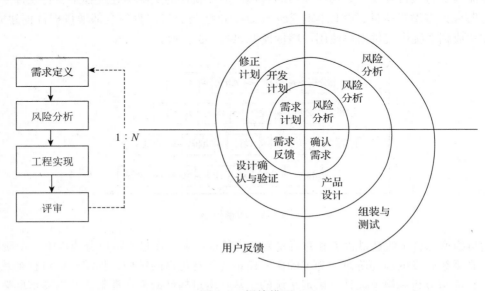

图 3-4   螺旋模型

螺旋模型的基本做法是在每一个开发阶段前引入风险识别、风险分析和风险控制。如果风险不能排除，则停止开发工作或者大幅度削减软件规模；如果风险可控，则启动软件开发步骤。因此，螺旋模型使用的条件是：

- 螺旋模型强调风险分析，但外部客户要接受和相信这种分析，并做出项目调整甚至是终止的可能性并不大。因此，螺旋模型适合内部软件开发项目。
- 如果执行风险分析的成本和整个项目的成本相当或者大大影响项目的利润，那么进行风险分析毫无意义。因此，螺旋模型适合大规模软件项目。
- 项目团队人员应该擅长寻找可能的风险，准确地分析风险，并且能够管理风险，否则将会带来更大的风险。

3.1.5   喷泉模型

迭代是软件开发过程中普遍存在的一种内在属性。B. H. Sollers 和 J. M. Edwards 在 1990 年提出的喷泉模型是一种以用户需求为动力，以对象为驱动的模型，主要用于描述面向对象的软件开发过程。该模型认为软件开发过程自下而上周期的各阶段是相互重叠和多次反复的，就像水喷上去又可以落下来，类似一个喷泉。软件开发过程各个阶段之间或者一个阶段的各个工作步骤之间也是迭代的。各个开发阶段没有特定的次序要求，并且可以交互进行，可以在某个开发阶段中随时补充其他任何开发阶段中的遗漏。采用喷泉模型的软件过程如图 3-5 所示。

"喷泉"体现了面向对象软件过程迭代和无间隙的特征。无间隙指在各项活动之间无明显边界，如分析、设计和编码之间无明显的界限。由于对象概念的引入，需求分析、设计、实现等活动用对象、类和关系来表达，从而可以较为容易地实现活动的迭代和无间隙，并且使得开发过程中能够更好地使用软件复用技术。为避免使用喷泉模型来开发软件的过程过于无序，可以把一个线性过程作为总目标，在系统某个部分重复多次使用喷泉模型，相关对象在每次迭代中随之加入，逐步地向目标系统演进。

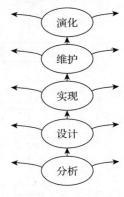

图 3-5　喷泉模型

3.2　统一过程

3.2.1　RUP 的产生

20 世纪 80 年代末至 20 世纪 90 年代初，软件朝着更大、更复杂的系统发展，面向对象方法学也进入鼎盛时期。当时比较著名的面向对象方法学已有 50 多种。

Grady Booch 是面向对象方法最早的倡导者之一，于 1991 年提出了面向对象开发的 Booch 方法，适用于系统的设计和构造。James Rumbaugh 等人 1991 年提出了面向对象的建模技术（Object Modeling Technique，OMT）方法，这种方法用对象模型、动态模型、功能模型和用例模型，共同完成对整个系统的建模，所定义的概念和符号可用于软件开发的分析、设计和实现的全过程。1994 年，Ivar Jacobson 提出了 OOSE（Object-Oriented Software Engineering）方法，最大特点是面向用例，并在用例的描述中引入了外部角色的概念。面向对象方法中还有 Coad/Yourdon 方法，即著名的 OOA & OOD（Object-Oriented Analysis & Object-Oriented Design），它是最早的面向对象的分析和设计方法之一。

1994 年 10 月，James Rumbaugh 和 Grady Booch 于 1995 年 10 月发布了统一方法 UM 0.8（Unitied Method 0.8）。1995 年，经过 Booch、Rumbaugh 和 Jacobson 三人的共同努力，于 1996 年 6 月和 10 月分别发布了 UML 0.9 和 UML 0.91，并将 UM 重新命名为统一建模语言（Unified Modeling Language，UML）。UML 0.9 对外发布后，引起了对象管理组织（Object Management Group，OMG）的关注，UML 成为 OMG 的正式提案。UML 1.1 成为 OMG 的正式标准。1998 年，OMG 接管 UML 标准维护工作，全面负责 UML 的发展。OMG 从 2000 年起启动了 UML 2.0 标准的制定工作。UML 是现今较为成熟的软件建模技术和语言。

在创建 UML 开始阶段，UML 的三位创始人就认识到软件开发除了需要建模技术和语言之外，还需要一个更高层次、能够指导软件开发人员进行开发活动的开发过程方法学。Objectory 在被 Rational 公司收购之后，得到了进一步的发展，被命名为 Rational Objectory Process。1998 年，ROP 被正式命名为统一过程（Rational Unified Process，RUP），并且将 UML 作为其建模语言。由此 RUP 成为业界较为成熟和成功的软件开发过程。RUP 发展过程如图 3-6 所示。统一过程 RUP 并不是具体的一系列步骤，而应被视为一种自适应的方法学，可以根据实际开发的软件产品进行修改。

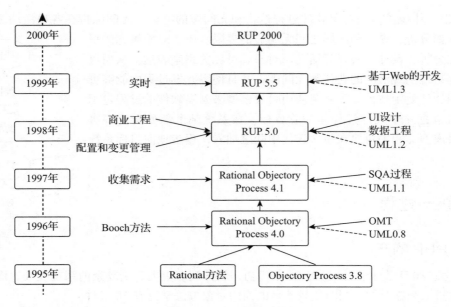

图 3-6   RUP 发展过程

3.2.2   RUP 的过程模型

RUP 软件过程模型是一个二维的软件开发模型，也是一种用例驱动、以体系结构为核心、迭代递增的软件过程框架，如图 3-7 所示。横轴以时间组织，体现开发过程按照生命周期的各个顺序阶段；纵轴以内容组织，体现开发过程工作流、主要活动和工作制品等。

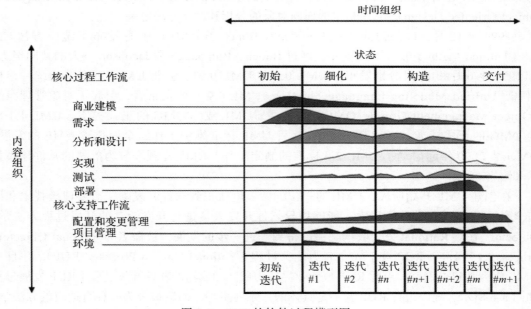

图 3-7   RUP 的软件过程模型图

1. RUP 的四个阶段

RUP 中的软件生命周期在时间上被分解为四个顺序阶段，分别是：初始阶段（inception）、细化阶段（elaboration）、构造阶段（construction）和交付阶段（transition）。每个阶段结束于一个主要的里程碑（major milestone）。在每个阶段的结尾执行一次评估以确定这个阶段的目标是否已经满足。如果评估结果令人满意，可以允许项目进入下一个阶段。

（1）初始阶段

初始阶段的目标是为系统建立最初的商业案例并确定项目范围。为达到该目的，需要识别所有与系统交互的外部实体，在较高层次上定义系统交互的特性。这个阶段关注整个项目进行中的业务和需求方面的主要风险。初始阶段结束的里程碑是生命周期目标里程碑。生命周期目标里程碑评价项目基本的生存能力，也就是说，初始阶段最重要的是决定目标软件产品是否值得开发。

（2）细化阶段

细化阶段的目标是分析项目所涉及的问题领域，细化体系结构和商业案例，编制项目管理计划，淘汰项目中最高风险的元素。为了达到该目的，需要在进一步理解整个系统的基础上，对体系结构做出决策，包括其范围、主要功能和非功能需求。同时为项目建立支持环境，包括创建开发案例、创建模板、准则并准备工具等。细化阶段结束的里程碑是生命周期体系结构（life-cycle architecture）里程碑。生命周期体系结构里程碑为系统的结构建立了管理基准并使项目小组能够在构造阶段中进行衡量。

（3）构造阶段

构造阶段的目标是开发出所有构件和应用程序，将它们集成为产品，同时所有功能被详尽地测试。构造阶段是一个制造过程，其重点放在管理资源及控制运作以优化成本、进度和质量。构建阶段结束的里程碑是初始操作能力（initial operational）里程碑。初始操作能力里程碑决定了软件产品是否可以在测试环境中进行部署。这时全部制品是经过测试的"Beta"版。

（4）交付阶段

交付阶段的目标是确保客户的需求切实得到了满足。交付阶段可以跨越几次迭代，包括为软件发行做准备的产品测试，基于用户反馈的少量调整等。这个阶段由来自安装了"Beta"版软件现场的反馈驱动，产品中的错误在这个阶段得到纠正。转换阶段的里程碑是产品发布（product release）里程碑，把开发的产品提交给用户使用。

2. RUP 的核心工作流

RUP 中有九个核心工作流（core workflow），分为六个核心过程工作流（core process workflow）和三个核心支持工作流（core supporting workflow）。九个核心工作流在整个生命周期中被多次迭代，在每一次迭代中以不同的重点和强度重复。

（1）商业建模

商业建模（business modeling）工作流的基本任务是描述如何为新的目标组织开发一个构想，并基于这个构想在商业用例模型和商业对象模型中定义组织的过程、角色和责任。

（2）需求

需求（requirement）工作流的基本任务是描述系统应该做什么，并使开发人员和用户就这一描述达成共识。为了达到该目标，需要捕获客户的需求，对需要的功能和约束进行提取、组织、文档化，最重要的是理解系统所解决问题的定义和范围。

（3）分析与设计

分析与设计（analysis & design）工作流的基本任务是将需求分析的结果转化成分析模型和目标系统的设计。分析设计的结果是一个设计模型和一个可选的分析模型。设计模型是源代码的抽象，由设计类和一些描述组成。设计类被组织成具有良好接口的设计包（package）和设计子系统（subsystem），而描述则体现了类的对象如何协同工作来实现用例的功能。设计活动以体系结构设计为中心，体系结构由若干结构视图来表达，结构视图是整个设计的抽象和简化，该视图中省略了一些细节，使重要的特点体现得更加清晰。体系结构不仅仅是良好设计模型的承载媒介，而且在系统的开发中能提高被创建模型的质量。

（4）实现

实现（implementation）工作流的基本任务是把设计模型转换成实现结果，包括以层次化的子系统形式定义代码的组织结构；以构件形式实现类和对象，对构件进行单元测试，并把不同人员开发的构件集成为一个可执行的系统。

（5）测试

测试（test）工作流的基本任务是要验证对象间的交互作用，验证软件中所有构件是否正确集成，检验所有的需求已被正确实现，识别并确认缺陷在软件部署之前已被提出并处理。RUP 提出迭代的方法，意味着在整个项目中均要进行测试，从而尽可能早地发现缺陷或者错误，从根本上降低修改缺陷和修订错误的成本。

（6）部署

部署（deployment）工作流的基本任务是成功地生成目标系统的可运行版本，并将软件移交给最终用户。在部署工作流中描述了与确保软件产品对最终用户具有可用性相关的活动，包括：软件打包、生成软件本身以外的产品、安装软件、为用户提供帮助等。

（7）配置和变更管理

配置和变更管理（configuration & change management）工作流的基本任务是跟踪并维护在软件开发过程中产生的所有制品的完整性和一致性。配置和变更管理工作流描绘了如何在多个成员组成的项目中控制大量的工作制品，提供了准则来管理演化系统中的多个变体，跟踪软件创建过程中的版本；描述了如何管理并行开发、分布式开发，如何自动化创建工程；同时也要求对产品修改原因、时间、人员保持审计记录。

（8）项目管理

项目管理（project management）工作流需要平衡各种可能产生冲突的目标、管理风险、克服各种约束并成功交付使用户满意的产品。其基本任务包括：提供项目管理框架，为计划、人员配备、执行和监控项目提供实用准则，并为管理风险提供框架等。

（9）环境

环境（environment）工作流需要向软件开发组织提供软件开发环境，包括过程和工具。环境工作流集中于配置项目过程中所需的活动，同样也支持开发项目规范的活动，提供了逐步的指导手册并介绍了如何在组织中实现过程。

3.2.3 RUP 的特点

RUP 包含软件开发积累下来的六大经验：

- 迭代和递增式开发。RUP 中的每个阶段可以进一步分解为迭代。在软件开发的早期阶段就想完全准确地捕获用户需求几乎是不可能的。实际上，需求在整个软件开发工程中也是经常变化的。迭代式开发允许在每次迭代过程中用户需求发生变化，通过不断细化需求来加深对问题的理解。一次迭代可以是一个完整的开发循环，产生一个可执行的产品版本。经过多次迭代过程，该产品版本增量式发展，成为最终的系统。迭代式递增式开发不仅可以缓解项目风险，而且每个迭代过程都以一个可以执行的产品发布结束，可以鼓舞项目开发人员。

- 管理需求。确定系统的需求是一个持续的过程，开发人员在开发系统之前不可能完全详细地说明一个系统的真正需求。RUP 描述了如何提取、组织系统的功能性需求和约束条件并将其文档化。RUP 采用用例和场景来捕获需求，并由它们驱动设计和实现。
- 基于组件的体系结构。这里的组件是指功能清晰的模块或子系统。软件可以由组件构成。系统架构在 RUP 中是一个基本产物，基于独立的、可替换的、模块化组件的体系结构将有助于降低软件开发和管理的复杂性，提高重用率。
- 可视化建模。RUP 往往和 UML 联系在一起，通过对软件系统可视化建模来提升人们理解和管理软件复杂性的能力。UML 描述了如何对软件系统进行多角度、可视化建模。
- 验证软件质量。在 RUP 中软件质量评估不再是事后进行或单独小组进行的分离活动，而是贯穿于软件开发的过程中，这样可以尽早发现软件中存在的问题。
- 控制软件变更。RUP 描述了如何控制、跟踪、监控、修改软件制品以确保迭代开发的成功。RUP 通过软件开发过程中的制品，隔离来自其他工作空间的变更，以此为每个开发人员建立安全的工作空间，使得迭代式开发有严格的控制和协调，让整个软件开发过程有序进行。

RUP 坚持以用例驱动，以架构为中心，采用迭代和增量开发方法。用例驱动既做到了以客户为中心，从客户的角度看系统，为客户创建真正可用的系统构造方式，又解决了传统面向对象方法所面临的无法有效从需求中提取对象的困难，填平了传统需求分析方法和设计方法之间的鸿沟。以架构为中心，综合考虑软件系统的各个方面，并优先解决各个方面的主要问题，同时创建常见问题的通用解决方案，从而为解决软件项目的主要风险、准确估算项目进度、提高软件复用、保证软件的整体风格打下基础。迭代和增量式开发以风险为驱动，分阶段针对不同的风险制定对策，可以有效保证软件项目的成功完成。

RUP 是一种适用范围较广的适应性软件过程。它定义了进行软件开发的工作步骤，即定义了软件开发过程中通用的问题解决办法，以保证软件项目有序、可控、高质量地完成。但 RUP 并没有对软件开发的规范化程度做出明确规定。RUP 允许项目团队根据项目实际情况，对其步骤、制品等进行裁剪，包括确定需要的工作流、产生的软件制品、阶段的演进、阶段内的迭代等，从而得到不同的软件开发过程。

最后，RUP 本身也是一个提供了可定制框架的软件过程产品。

3.3　敏捷开发

3.3.1　敏捷原则

在软件的传统开发中，变化的成本费用随着项目的进展呈非线性增长。如果在开发早期利益相关者（包括经理、客户、最终用户等）有需求变化要求，可能只涉及用例修改，场景变化，功能表扩充，或者规格说明文档修改的成本。但是到项目的后期，一个变化可能引发的是对整个软件的体系结构的重新设计、组件的重新设计和实现。这时所耗费的时间和成本是非常可观的。但是人们在很多时候并不能拒绝这种变化。移动目标问题通常所指的就是这种需求的不断改变。

2001 年，17 位在当时被称为"轻量级方法学家"的软件开发者、软件工程作家以及软件咨询师（称为敏捷联盟）共同签署了"敏捷软件开发宣言"。该宣言声明：

> "我们正在通过亲身实践以及帮助他人实践，揭示更好的软件开发方法。通过这项工作，我们认识到：
>
> | 个体和交互 | 胜过 | 过程和工具 |
> | 可以工作的软件 | 胜过 | 面面俱到的文档 |
> | 客户合作 | 胜过 | 合同谈判 |
> | 响应变化 | 胜过 | 遵循计划 |
>
> 虽然右项也具有价值，但我们认为左项具有更大的价值。"

敏捷开发鼓励组织一种有助于成员之间（组员之间、技术和商务人员之间、软件工程师和经理之间）沟通的团队结构，鼓励成员之间的协作。它强调应快速交付可运行的软件而不那么看重中间产品，它将客户作为开发团队中的成员来消除以前多数项目成员和客户各自为营的态度；它意识到在不确定的世界里，固定不变的计划是有局限性的，项目计划必须是可以灵活调整的。

Ivar Jacobson 认为："敏捷团队是能够适当响应变化的灵活团队。变化就是软件开发本身，软件构建有变化、团队成员在变化、使用新技术会带来变化，各种变化都会对开发的软件产品以及项目本身造成影响。我们必须接受'支持变化'的思想，它应当根植于软件开发的每一件事中，因为它是软件的心脏与灵魂。敏捷团队意识到软件是由团队中所有人共同开发完成的，这些人的个人技能和合作能力是项目成功的关键所在。"

敏捷联盟制定了 12 项原则，将敏捷理念落实到具体可操作的层面。敏捷软件开发项目以 12 项原则为基石，但并不是每一个敏捷模型都同等使用这 12 项原则，一些模型可以选择忽略或淡化其中的一项或多项原则的重要性。这些原则表述如下：

1）最优先要做的是通过尽早、持续地交付有价值的软件来使客户满意。

2）即使在开发的后期，也欢迎需求变更。敏捷过程利用变更为客户创造竞争优势。

3）经常交付可运行软件，交付的间隔可以从几个星期到几个月，交付的时间间隔越短越好。

4）在整个项目开发期间，业务人员和开发人员必须每天都在一起工作。

5）激发个体的斗志，以他们为核心搭建项目。给他们提供所需的环境和支持，并且信任他们能够完成工作。

6）不论团队内外，传递信息效果最好和效率最高的方式是面对面交谈。

7）可工作的软件是进度的首要度量标准。

8）敏捷过程倡导可持续开发。责任人、开发人员和用户要能够共同维持其步调稳定延续。

9）不断地关注优秀的技能和好的设计会增强敏捷能力。

10）要做到简洁，即尽最大可能减少不必要的工作。这是一门艺术。

11）最好的架构、需求和设计来自自组织团队。

12）每隔一定时间，团队要反思如何才能更有效地工作，并相应调整自己的行为。

3.3.2　敏捷过程

敏捷开发领域已经逐渐形成多种敏捷开发过程或方法框架，这些敏捷开发过程都基于三个关键假设：

- 假设 1：项目的需求总是变化的，而提前预测哪些需求是稳定的以及哪些需求会变化是非常困难的。同样，预测项目进行过程中客户优先级的变化也是很困难。
- 假设 2：对于很多软件来说，设计和构建是交错进行的。
- 假设 3：从制订计划的交付来看，软件的分析、设计、构建和测试并不像我们设想的那么容易预测。

这三个关键假设要求敏捷开发过程采取一种增量式策略。敏捷团队需要通过快速交付可运行软件，获取客户的持续反馈。敏捷开发在保留软件开发过程的基本框架活动：用户沟通、策划、设计构建、交付物和评估，以用户的需求进化为核心，采用迭代递增方法进行软件开发。

敏捷方法中应用最广的敏捷开发方法框架有：

- 极限编程。极限编程是由 Kent Beck 提出的一套对业务需求和软件开发实践的规则，它的作用在于将二者力量集中在同一个目标上，高效并稳妥地推进开发。它力图在客户需求不断变化的前提下，以可持续的步调，采用高响应的软件开发过程来交付高质量的软件产品。
- Scrum。Scrum 是 Jeff Sutherland 和他的团队开发的一种敏捷过程框架，Schwaber 和 Beedle 对其进行了扩展。Scrum 包括一系列事件和预定义角色，强调使用一组被证实在时间紧张、需求变化和业务关键的项目中有效的“软件过程模型”。
- 精益开发（lean）。精益的理念是站在最终用户的视角观察生产流程，把一切未产生增值的活动当作一种浪费，并通过持续地消除浪费，来实现快速交付、提高质量与控制成本的目标。
- OpenUP。最早源自 IBM 内部对 RUP 的敏捷化改造，是由一组适合高效率软件开发的最小实践集组成的、敏捷化的统一过程。

3.3.3　极限编程

极限编程（Extreme Programming，XP）是目前敏捷软件开发使用最为广泛的方法，其主要目标在于降低因需求变更而带来的成本。极限编程的创始人 Kent Beck 为 XP 的实施确定了五个基础要素：沟通、简明、反馈、鼓励和尊重。

XP 是一种近螺旋式的开发方法，它将复杂的开发过程分解为一个个相对比较简单的小周期；通过积极交流、反馈以及其他一系列方法，开发人员和客户可以非常清楚开发进度、变化、待解决的问题和潜在困难等，并根据实际情况及时调整开发过程。

这里的沟通是指软件工程师和其他利益相关者之间要进行紧密的、非正规的合作，建立对重要理念的一致性见解，连续反馈。XP 限制开发者只对即时需求设计，不考虑长远需求，从而达到代码设计简单化。如果有设计改进，则通过代码重构达到目标。反馈主要来自已实现的软件本身、客户和其他软件团队成员，可以是单元测试结果，对软件输出反馈，以及由需求变化引起的迭代计划修改后产生的费用和进度影响等。团队成员和其他利益相关者之间、团队成员之间需要互相尊重。

XP 过程包含了策划、设计、编码和测试 4 个框架活动的规则和实践，如图 3-8 所示。

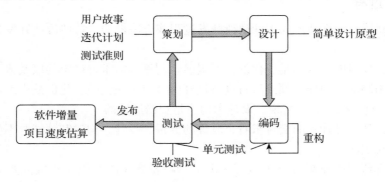

图 3-8　XP 过程

策划活动主要是指需求的获取。团队成员理解软件的应用领域，倾听用户的"故事"，理解软件要求的输出、主要功能和特征。用户故事（在第 4 章中介绍）写在索引卡片上，并由用户标上故事的权重（优先级）。XP 团队成员评估每个故事并估算以开发周数为度量单位的故事成本。

用户和 XP 团队共同决定如何在下一个软件发行版本中实现哪部分故事，并依据以下原则对待开发的故事进行排序：①所有选定故事将在几周内尽快实现；②按照权值进行故事实现；③高权值或者高风险的故事将首先实现。

在软件的第一个发行版交付后，XP 团队会计算项目速度，以便估算后续发行版本的日期进度，对所有故事重新确定承诺并调整发行版本中的内容。客户可以对用户故事做出修改，XP 团队接受这种修改。

XP 设计活动为用户故事提供简单的设计描述，不鼓励为未来可能使用而增加不必要的设计。如果在某个用户故事设计中碰到困难，可以选用原型来实现部分功能并做出评估，使项目在开始时就降低风险。XP 设计可以在编码开始前后同时进行。

XP 编码采用"结对编程"概念，建议两个人面对同一台计算机共同为一个用户故事开发代码。

在实际编程工作前，由一人先开发一系列可用于检测本次故事代码的单元测试，而后，另一开发者集中精力编写用户故事必须实现的内容并通过测试。当结对的两人完成工作后，还需要将代码与其他结对完成的代码集成。这种连续集成有助于避免兼容性和接口问题。XP 建立的单元测试应当使用一个可自动实施的框架，有助于支持后面因代码修改或重构产生的回归测试。在单元测试通过后，可以进行系统的集成和确认测试，以及客户的验收测试。验收测试根据本次发行版本中所实现的用户故事来确定。

3.3.4　Scrum

Scrum 最早由 Jeff Sutherland 在 1993 年提出，Ken Schwaber 在 1995 年 OOPSLA 会议

上形式化了 Scrum 开发过程，并向业界公布。Scrum 已经是业界常用的敏捷开发方法之一。使用 Scrum 的产品生命周期一般包含三个阶段：

- 产品定义（计划）：进行迭代所需要的项目准备、项目计划和技术分析。
- 迭代开发（执行）：在固定时间的迭代中实现需求（产品需求清单中的项目）。
- 结束：准备最终的发布，结束项目。

Scrum 强调使用一组"软件过程模式"。Scrum 过程的全局流程如图 3-9 所示。

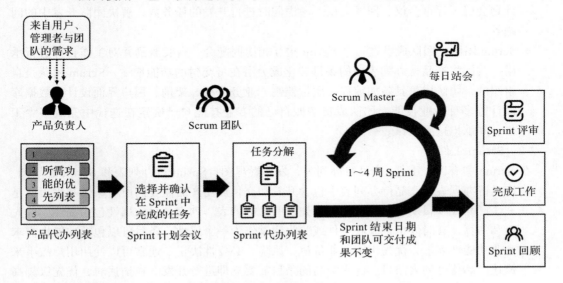

图 3-9　Scrum 过程

每个过程模式定义了一系列开发活动：

- 待办列表（backlog）：能为用户提供商业价值的项目需求或者特征的优先级列表。
- 冲刺（sprint）：由一些实现待定项需求必需的工作单元组成，并且必须在预定时间内完成。冲刺过程中不允许变更，保证短期稳定。
- Scrum 例会：团队每天召开短会，帮助团队尽早发现问题。
- 演示：向客户交付软件增量，由客户对其进行评价。

在 Scrum 中，使用产品待办列表（product backlog）来管理产品或项目的需求，产品待办列表是一个按照商业价值排序的需求列表，属于产品的定义阶段。项目整个迭代开发周期包括若干个小的迭代周期，每个小的迭代周期就是一个 Sprint。在每个 Sprint 中，开发团队从产品待办列表中挑选最有价值的需求进行开发。Sprint 中挑选的需求经过 Sprint 计划会议上的分析、讨论和估算得到一个 Sprint 待办列表（Sprint backlog）。在每个迭代结束时，Scrum 团队将递交潜在可交付的产品增量。

Scrum 敏捷过程由三个角色、四个工件、六个时间箱组成。

（1）Scrum 角色

每个 Scrum 团队包括三个角色：产品负责人（product owner）、Scrum Master 和 Scrum 团队。

- 产品负责人：产品负责人是独立的一个人，为产品的投资回报率负责，负责确定产品功能以及优先级，维护产品待办列表，并决定产品发布日期和发布内容。在每个

Sprint 开始前调整功能和功能优先级，在 Sprint 结束时可以接受或拒绝接受开发团队的工作成果等。

- Scrum Master：作为团队领导与产品负责人紧密工作，起到团队和外部的接口作用，屏蔽外界对团队成员的干扰，保证团队资源的高可利用率以及团队内各个角色及职责的良好协作。具体工作包括：需要更新反映每天已完成的工作量以及还有多少没有完成的燃尽图（burndown chart），保证开发过程按计划进行，组织每日站会和 Sprint 的计划会议、评审会议、回顾会议，考虑同时进行开发的任务数，解决团队开发中的问题等。
- Scrum 团队：团队成员在每个 Sprint 中互相协同配合，自我激励并对工作目标进行承诺，共同将产品待办列表中的条目转化成为潜在可交付的功能增量。Scrum 团队是自组织的，团队成员具备如编程、质量控制、业务分析、架构、用户界面设计或数据库设计等多种专业技能。团队成员按照自己的专业技能自己确定在迭代中完成多少工作，并承担这些工作。

（2）Scrum 工件

在 Scrum 中有四个工件：产品待办列表，发布燃尽图，Sprint 待办列表和 Sprint 燃尽图。

- 产品待办列表：产品待办列表中包含开发和交付成功产品需要的所有条件和因素，是一个产品或项目期望的、排列好优先级的功能列表。列表条目的属性包括描述、优先级和估算，有时候也把验收条件或验收测试作为一个属性。条目可以包括功能性需求和非功能性需求，优先级由商业价值、风险、必要性决定。通常可以使用用户故事来描述产品待办列表条目。优先级高的条目需要立即进行开发。在描述时，优先级越高的条目越详细，优先级越低的条目越概括。产品待办列表是动态的，最初的版本只列出最基本的和非常明确的需求，这些需求至少要足够一个 Sprint 开发。随着团队对产品，以及产品的客户或用户的了解，产品待办列表也需要不断演进，以确保产品更合理、更具竞争力和更有用。
- 发布燃尽图：发布燃尽图记录了在一段时间内产品待办列表总剩余估算工作量的变化趋势。发布燃尽图是二维的，其中横轴代表项目周期，以 Sprint 为单位，纵轴代表的是剩余工作量，通常以用户故事点、理想人天或者团队天（team-days）为单位。在 Scrum 项目中，团队通过每个 Sprint 结束时更新的发布燃尽图来跟踪整个发布计划的进展。
- Sprint 待办列表：Sprint 待办列表是团队承诺在当前 Sprint 完成的任务列表。Sprint 待办列表中的任务由产品待办列表选取的需求条目细化和分解而来，这些任务要确保将产品待办列表条目转化为潜在可交付的产品增量。在 Sprint 中选择完成哪些产品待办列表条目取决于产品待办列表中条目的优先级以及团队完成这些不同条目所花费时间。选择哪些条目和多少条目放入 Sprint 待办列表由团队决定。在整个 Sprint 过程中，团队持续修改 Sprint 待办列表。
- Sprint 燃尽图：Sprint 燃尽图显示了 Sprint 中累计的剩余工作量，它是一个反映工作量完成状况的趋势图。Sprint 燃尽图的横轴代表 Sprint 的工作日，纵轴代表的是剩余工作量，如图 3-10 所示。

在 Sprint 开始时，Scrum 团队会标识和估计在这个 Sprint 需要完成的详细任务。在这个 Sprint 中需要完成但没有完成的任务的工作量称为累积工作量。Scrum Master 会根据进展情况每天更新累积工作量。如果在 Sprint 结束时，累积工作量降低到 0，表示此次 Sprint 成功结束。在 Sprint 开始时，增加的任务工作量可能大于已完成的任务工作量，所以燃尽图有可能呈上升趋势。

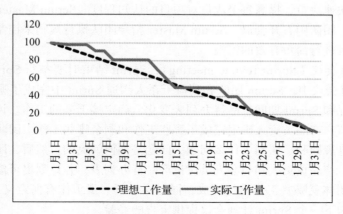

图 3-10　Sprint 燃尽图

（3）Scrum 的时间箱

时间箱是指为特定事件或活动提供"固定长度"时间段。时间箱的目标是定义和限制专用于活动的时间量。Scrum 为所有 Scrum 事件使用时间箱。在 Scrum 框架中有六个时间箱。

- Sprint：在 Scrum 中，一个 Sprint 就是一个迭代，Sprint 长度通常 2～4 周，在项目进行过程中不允许延长或缩短 Sprint 长度。Sprint 目标是发布目标的子集。Sprint 目标为团队提供指导，使团队明确构建的产品增量的目的。Sprint 目标通过实现产品待办列表条目来达到。在 Sprint 中，Scrum Master 要确保没有任何影响 Sprint 目标的变更发生。团队构成和质量目标在 Sprint 中均保持不变。Sprint 由 Sprint 计划会议、开发工作（需求分析、设计、开发、测试、质量控制等）、每日站会组成。每个 Sprint 中都会交付产品增量，通常先开发价值最高、风险最大的部分。

- 发布计划会议（release planning meeting）：发布计划会议的目的是建立 Scrum 团队以及公司其他部门能够理解和沟通的计划和目标。发布计划会议需要回答以下两个问题："我们如何以最佳方式将愿景转化为成功的产品？我们怎样才能达到甚至超越客户的满意度和投资回报？"发布计划应包含发布目标、具有最高优先级的产品待办列表条目、重大风险以及发布所包含的全部功能和特性。发布计划会议需要确立产品大概交付的日期和费用。

- Sprint 计划会议（Sprint planning meeting）：Sprint 计划会议包含两部分内容——"做什么"和"怎么做"，形成 Sprint 待办列表。Sprint 计划会议需要输入包括产品待办列表、最新的产品增量、团队的能力和以往的表现。只有团队可以评估在接下来的 Sprint 内可以完成什么工作，因此由团队自己决定选择多少产品待办列表的条目。产品负责人会参加 Sprint 计划会议的第二部分，为团队讲解产品待办列表条目，并协助团队权衡取舍。如果团队认为工作量过大或过小，可以和产品负责人重新协商、确定产品待办列表。团队也可以邀请其他人员参加会议，以寻求技术和领域建议。

- 每日例会（daily Scrum meeting）：团队每天 15 min 的检视和调整会议称为每日例会。在 Sprint 中，每日例会都是在同一时间、同一地点进行的。通常会议都是站立进行的，又称每日站会。会议上，每个团队成员需要回答以下三个问题："从上次会议到现在都完成了哪些工作？下次每日例会之前准备完成什么？工作中遇到了哪些障碍？"每日例会可以增强交流沟通、省略其他会议、确定并排除开发遇到的障碍、强调和提倡快速决策、提高每个成员对项目的认知程度。Scrum Master 要确保团队举行每日例会，团队则召开会议。Scrum Master 指导团队执行规则来控制会议时间，并保证团队成员进行简短有效的汇报。

- Sprint 评审会议（Sprint review meeting）：Sprint 结束时要举行 Sprint 评审会议，在 Sprint 评审会议中，Scrum 团队和利益干系人沟通 Sprint 中完成了哪些工作，然后根据完成情况和 Sprint 期间产品待办列表变化，确定接下来的工作。评审会议至少要包含以下环节：产品负责人确定完成了哪些工作和剩余哪些工作。团队讨论在 Sprint 中哪些工作进展顺利、遇到了什么问题、问题是如何解决的。然后，团队演示完成的工作并答疑。产品负责人和与会人员讨论产品待办列表，并计划出可能的完成日期。接着，整个团体就哪些工作已经完成，同时这对下一步工作有何意义进行探讨。Sprint 评审会议为下一个 Sprint 计划会议提供宝贵的经验。

- Sprint 回顾会议（Sprint retrospective meeting）：回顾会议旨在对前一个 Sprint 周期中的人、关系、过程和工具进行检验。在 Sprint 评审会议结束之后和下个 Sprint 计划会议之前，Scrum 团队需要举行 Sprint 回顾会议。在会议上，Scrum Master 鼓励团队在 Scrum 过程框架和时间范围内，对自己的开发过程进行改进，以便于提高下一个 Sprint 的工作效率。在 Sprint 回顾会议的最后，Scrum 团队将确定在下个 Sprint 中实现的有效改进方法。

3.4 开源软件

3.4.1 开源软件的发展

20 世纪六七十年代，硬件价格十分昂贵，软件却不需要付费购买。当需要满足某种特定需求时，都是由使用者，通常是科研人员自己编写实现。当时，人们普遍认为软件应该在研究环境中自由分享、交换，可以被他人修改或者重新编译，并应该与他人分享这些修改。这种自由分享软件源代码的行为在麻省理工（MIT）人工智能实验室软件开发小组中非常盛行。

20 世纪 70 年代末，微软提出软件私有化，声明软件拷贝需要付费，并且只提供可执行程序而非源代码，软件商业化的浪潮出现。

20 世纪 80 年代，MIT 人工智能实验室的 Richard Stallman 不满于对源代码访问权限受限和当时软件的私有化（特别是对广泛使用的操作系统 Unix 的商业私有化），提出了自由软件的想法，成立了自由软件基金会（Free Software Foundation，FSF）。他希望通过自由创作的方式开发出一套操作系统。该计划被称为 GNU 计划，允许任何人自由地下载、使用、修改和发布该软件。为从法律上保证这种自由的权利，Stallman 提出 GNU 通用公共授权许可证（General Public License，GPL）。有意将自己的软件作为自由软件的作者都可以简单地附上这样一份许可证来保证未来用户的权利。附上这种许可证的软件被称为"自由软件"。

对于自由软件，其基本的权利包括免费使用、学习、修改以及免费分发修改过的或未修改的版本等。按照 GPL 要求，使用 GPL 授权的软件（即自由软件的衍生软件）也必须是自由的，不能转化成私有软件。如果在某个程序中使用了 GPL 授权，那么整个软件也必须用 GPL 发布为自由软件。

1998 年，Bruce Perens 和 Eric Raymond 创立了开放源代码促进会（Open Source Initiative），发起了"开放源代码"运动。它包含了与之前自由软件运动类似的许可证内容，但倾向对软件许可进行更少的限制。例如，关于衍生软件，开源运动提出许可证必须允许修改和继续衍生，允许（并不强制）它们按照和原始软件相同的许可条款进行发布。

开源运动更强调许可证带来的实际利益，例如对软件源代码的免费访问、学习和使用等。开源运动建立起一种群体参与的软件开发方法和生态环境，将分布的个体智慧汇集到开源软件中，把用户对高品质软件需求、企业商业战略、抑制技术垄断、产业良性循环等目标有效地集成到开源活动中，使开源软件开发成为一种重要的软件开发形式和学术研究热点。

由于认识到开源软件的优势，越来越多的公司和组织参与到开源运动中，建立起了"商业——开源混合项目"，并驱动搭建围绕开源软件技术和平台的各种业务模型。

目前，开源已经成为软件领域技术、产品创新的一种重要模式，也是驱动信息产业变革、强化信息产业基础的关键要素。企业使用和参与开发开源软件的动机不仅包括促进本身的创新和减少开发成本，更在于能够紧密地跟随技术发展趋势，保持和提升企业竞争力，对行业的发展方向形成影响。在云计算、大数据等新兴领域，基于开源模式的技术创新对产业发展的影响力日益提升。移动网络、云计算、大数据等技术的不断创新，带动了 OpenStack、Hadoop 等开源软件的迅速发展。

3.4.2　开源软件开发过程

针对开源软件过程的特点，Raymond 提出两种开发模型的概念。一种是在每个软件版本之中源代码均可以获得，但是能够开发不同版本代码的人员仅限于项目开发组内部。它强调对代码的严格控制与管理，在代码提交之前要进行充分测试，因此软件的演进是缓慢的、有计划的，极少返工。另一种是指通过 Internet 来组织代码开发，它允许有很多底层的变化，代码经常可以得到修正，对于来自外部的代码也来者不拒。大部分的开源开发属于第二种模型。

开源软件项目一般经历两个非形式化阶段。第一阶段，一个有编程构想的人建立初始版本，然后发布免费版供他人下载，如果有人下载初始版本并认可就开始使用该软件。如果用户对该软件有足够的兴趣，则该用户会申请变成合作开发者，项目进入第二阶段。这些用户可能报告缺陷，对修复缺陷提出意见，提出程序的可扩充性、移植性想法，也有一些用户去实现上述想法。

这群开发者和软件的使用者就构成了开源社区。形成开源社区的两个基本特征是：①社区成员有一个共同目标，即所要开发的软件；②基于这个共同目标，社区成员遵循一些标准和原则执行各自的开发任务。

开源软件过程与传统不开源软件过程比较有以下不同：

- 需求的确定性。传统软件过程一般从签订合同之后正式开始，对项目做需求提取、需求分析以及可行性论证，对项目的时间、资源、过程管理等方面进行详细规划，存在项目需求获取和需求不明确等问题。开源项目发起人需要准备项目建议书告知开源项目预期的目标和意义，要解决的关键问题以及采取的技术路线和准备初始的项目计划。他们在意图发布后会建立起核心开发团队并成立开源社区。由于发起人一般都是开发者本身，也是软件的"用户"，因此不存在需求不明或与用户难以沟通的问题。

- 设计意图更容易取得团队认可。开源软件的开发情况比较复杂，有些项目是从头开始的，有些则是在其他开源项目基础之上加以改进而得的，因此不一定要经历从概要设计到详细设计的过程。开源项目一开始人数并不多，项目发起者既是项目经理又充当了主要的设计者和开发者。志愿者一般在认同了公布的设计方案合理性后才加入社区之中。

- 分散开发、配置管理严格。与传统软件相比，分散开发是开源软件的一个显著特点。开发者之间并行工作，因此需要较为严格的配置管理，并使用成熟的发布和缺陷跟踪工具。

- 积极查找与改进缺陷的态度。传统项目往往由开发软件项目的公司组织小组开展测试和维护，用户有时会提交缺陷报告，但是用户往往无法读取源代码，所以这种报告其实是故障报告。在成功的开源项目中，测试工作常常由开源社区完成。开源项目的测试虽然缺乏严密性，但是它却接受社区成员对代码的检验，代码中的问题很难逃过所有人的眼睛。

- 代码实现与测试交替进行。开源项目的核心小组成员对人们提交的代码进行整理、审查、选择、集成与测试，发布内部测试后的软件及源码，并赋予它们新版本号。在软件发布后，核心小组接受非核心小组成员或者用户的反馈，组织修正缺陷、增加新特性、扩展功能，并修正在领域测试中出现的系统缺陷，为系统的部署、维护和使用人员的培训提供支持。

项目的频繁发布、修改、提交，迭代和持续演化是开源开发过程的重要特点。开源软件是人类历史上一次利用互联网实现群体参与、分布协作，进行软件创作活动的重大实践。

3.5 软件过程的改进

3.5.1 软件过程特性

对于软件产品而言，影响产品质量的因素是多方面的，软件开发过程是其中一个重要的方面。过程的改进意味着要充分了解现有的软件过程，并改变这些过程，实现提高产品质量以及降低成本或减少开发时间的目标。软件过程本身是复杂的，它也可以像其他实体一样有它的特性，如表 3-1 所示。

表 3-1　软件过程特性

过程特性	描述
易懂性	过程所做的明确定义对理解过程定义带来的难易程度
可视性	过程活动是否有一个清晰的结果，从而使过程的进展可从外部观察到
支持性	过程活动得到 CASE 工具的支持力度
可接受性	所定义的过程对于从事软件产品开发的工程人员来说是否容易接受并可用
可靠性	所设计的过程中的错误是否能在其导致产品错误之前得到避免或者被捕获
鲁棒性	过程是否能在无法预料到的问题发生时继续工作
可维护性	过程的进化是否能反映机构需求的变更或者识别出过程改善之处
快速性	从给定系统描述到移交系统的过程有多长

通过改善过程来同时优化全部过程特性是不可能的。过程改善不仅仅意味着采用某种特别的方法或者工具，或者使用某些已经在别处验证过有效的过程模型，过程改善应该是组织、机构的一项明确的任务，是一项长期的、重复的过程。常见的过程改进方法有：业务流程重组、基准化分析法、工作流管理、逆向工程、基于模型的过程改进等。例如能力成熟度模型（Capability Maturity Model，CMM）就是一种基于模型的过程改进方法，ISO/IEC 15504 是软件过程评估的国际标准，提供了一个软件过程评估的框架。

3.5.2　能力成熟度模型

能力成熟度模型（CMM）是美国卡内基·梅隆大学软件工程研究所（SEI）在美国国防部资助下建立的，是一组用于改进软件过程的相关策略。该模型初始建立目的在于提供一种评价软件承接方能力的方法，为大型软件项目的招投标活动提供一种全面而客观的评审依据，后来同时被软件组织用于改进其软件过程。

软件能力成熟度模型中融合了全面质量管理的思想，以五个不断进化的层次反映了软件过程定量控制中项目管理和项目工程的基本原则。软件的 CMM 提供了一个成熟度等级框架：1 级——初始级、2 级——可重复级、3 级——已定义级、4 级——已管理级和 5 级——优化级，如表 3-2 所示。SEI 为每个成熟度等级规定了一系列的关键过程区（Key Process Area，KPA），关键过程区是一个组织在进入下一个级别时要努力实现的目标。

表 3-2　CMM 能力成熟度的五个等级

能力等级	特点	关键过程
1 级 初始级	软件工程管理制度缺乏，过程缺乏定义、混乱无序。成功依靠的是个人才能和经验，经常由于缺乏管理和计划导致时间、费用超支。过程不可预测，难以重复	—
2 级 可重复级	基于类似项目中的经验，建立了基本的项目管理制度，采取了一定的措施控制费用和时间。管理人员可及时发现问题，采取措施。一定程度上可重复类似项目的软件开发	需求管理、项目计划、项目跟踪和监控、软件子合同管理、软件配置管理、软件质量保证
3 级 已定义级	已将软件过程文档化、标准化，可按需要改进开发过程，采用评审方法保证软件质量。可借助 CASE 工具提高质量和效率	组织过程定义、组织过程聚焦、培训规划、软件集成管理、软件项目工程、组织协调、专家评审
4 级 已管理级	制定质量、生产目标，并收集、测量相应指标。利用统计工具分析并采取改进措施。对软件过程和产品质量有定量的理解和控制	定量的软件过程管理、产品质量管理
5 级 优化级	基于统计质量和过程控制工具，持续改进软件过程，质量和效率稳步改进	缺陷预防、过程变更管理、技术变更管理

能力成熟度模型集成（Capability Maturity Model Integration，CMMI）是 SEI 于 2000 年发布的 CMM 的新版本，将各种能力成熟度模型（Software CMM、Systems Engineering CMM、People CMM、Software Acquisition CMM 等）整合到同一架构中去，由此建立起包括软件工程、系统工程和软件采购等在内的诸多模型的集成，以解决除软件开发以外的软件系统工程和软件采购工作中的迫切需求。2018 年发布的 CMMI 2.0 是 CMMI 系列标准发展中的一个重要里程碑点，解决了以前版本的一个最核心问题：没有非常明确地体现价值驱动的原则，它把 CMMI 从一个过程改进模型转变成一个改进业务能力的模型。

3.5.3 IDEAL 模型

美国卡内基·梅隆大学软件工程研究所提出了 IDEAL 过程改进模型。IDEAL 模型以过程改进环的形式表示，如图 3-11 所示。IDEAL 模型将软件过程改进的过程分为五个阶段：初始化（Initiating）、诊断（Diagnosing）、建立（Establishing）、行动（Acting）、提高（Learning）。IDEAL 模型是用过程改进的五个阶段描述来命名的。

- 初始化阶段为 IDEAL 模型的起点，主要为软件过程改进提供准备，包括建立初始过程改进组织结构和基础，制订战术计划和改进目标等。
- 诊断阶段为组织走上持续软件过程改进循环奠定基础。此阶段的任务是根据企业远景目标和当前的软件过程能力，完善软件过程改进行动计划草案。
- 建立阶段为当前过程能力中存在的问题划分处理优先等级。制订整体战略行动计划，用于指导软件过程改进的活动。此阶段的任务是制定可度量的目标、定义度量标准、分配必要的资源。
- 行动阶段的任务是创建、指导、实施行动计划。
- 提高阶段的任务是通过实践收集有用数据、完善度量，以及评价本次软件过程改进过程中使用的策略、方法和架构是否合理、完善，为 IDEAL 模型的下一次循环奠定良好的基础。

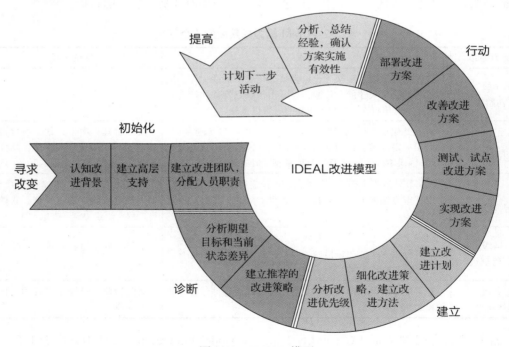

图 3-11 IDEAL 模型

3.5.4 个人软件过程

CMM 虽然提供了一个有力的软件过程改进框架，却只告诉我们"应该做什么"，而没有告诉我们"应该怎样做"，并未提供有关实现关键过程域所需的具体知识和技能。为了弥补这个欠缺，美国卡内基·梅隆大学软件工程研究所的 Watts S. Humphrey 主持开发了个人软件过程（Personal Software Process，PSP）。个人软件过程为基于个体和小型的群组软件过程的优化提供了具体和有效的途径，例如如何制订计划、如何控制质量、如何与他人相互协作等，解决了能力成熟度模型和个体软件人员之间的问题。

　　PSP 是一种可用于控制、管理和改进个人工作方式的自我持续改进过程，是一个包括软件开发表格、指南和规程的结构化框架。PSP 与具体的技术（程序设计语言、工具或者设计方法）相对独立，其原则能够应用到多样化的软件工程任务之中。PSP 能够说明个体软件过程的原则，帮助软件工程师做出准确的计划，确定软件工程师为改善产品质量要采取的步骤，建立度量个体软件过程改善的基准，确定过程的改变对软件工程师能力的影响。PSP 过程改进模型如图 3-12 所示。

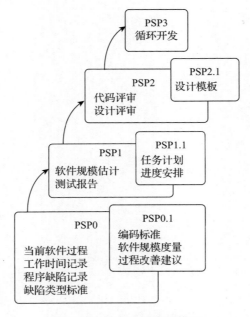

图 3-12　PSP 过程改进模型

　　PSP 为个体的能力也提供了一个阶梯式的进化框架，以循序渐进的方法介绍过程的概念，每一级别都包含低一级别中的所有元素，并增加了新的元素。这个进化框架赋予软件人员度量和分析工具，使其清楚地认识到自己的表现和潜力，从而可以提高自己的技能和水平。

练习和讨论

1. 尝试从某一开源网站上观察某个开源软件的活跃度以及版本控制情况。
2. 讨论敏捷过程和统一过程的区别和联系。
3. 理解敏捷过程与传统软件开发过程的异同，并讨论敏捷过程是否能全面取代传统的软件开发过程。
4. 通过查找文献资料了解一家公司进行软件过程改进的实例。
5. 通过查找文献资料了解还有哪些软件过程模型，总结它们各自的优缺点和适用场合。

6. 如何理解软件过程中的迭代和递增？

7. 通过一个具体的开源软件的例子来讨论开源软件如何改变现代软件工程过程。

8. 选取一个实例，用 Scrum 方法完成项目的一个 Sprint 流程。

9. 团队作业：讨论第 1 章自选的软件项目可以什么过程方式组织项目实施，并且指出发布后
   软件过程的改进工作。

第 4 章

理解需求

学习目标
- 了解有关需求的基本知识
- 掌握需求工程的主要活动及它们之间的关系
- 掌握需求获取的主要方法
- 掌握通过用例和场景对需求建模
- 掌握通过用户故事地图建立项目需求

Brooks 曾描述："构建一个软件系统最困难的部分是确定构建什么，其他部分的工作不会像这部分工作一样，在出错之后会严重影响随后实现的系统，并且以后的修补竟会如此的困难。"因此，在开始任何技术工作之前，关注一系列需求工程任务是一个明智的做法。

4.1 需求工程

在给出一个问题的解决方案之前，首先需要理解问题本身。但是对软件工程师来说，理解问题的需求是什么是他们所面临的最困难的工作之一。软件工程师的重要职能是不断重复地抽取和细化对于软件产品的需求。但是很多时候客户也不确定自己需要的到底是什么。客户可能只是简单地描述他们要开发一个类似于某个软件但又具备新功能的系统，或者客户正处于"我知道你认为你理解我说的是什么，但你并不理解的是，我所说的并不是我想要的"的状态。软件工程师努力地从客户那里理解那些他们认为正确的东西，但有可能并没有正确记录下来，更没有花时间去修订。他们容忍需求在软件开发期间不停地变化：有些是沟通带来的问题，有些是外来干预者强加的需求，也有些是客户随着项目的演进，不断提高对系统需求的认识后提出来的。

需求工程（Requirements Engineering，RE）不能清晰地解决上述所有问题，但是项目总要有起始点，可以把需求工程理解为解决上述问题的一个较为可靠的途径。

从软件过程来看，需求工程一般开始于沟通，首先定义将要解决的问题的范围和性质，然后帮助产品的利益相关者定义需要什么，接下来逐步精化，精确定义并修改基本需求，确定需求的优先级等，最后以某种形式明确说明问题，通过评审或者确认来保证软件工程师和利益相关者对于问题的理解是一致的。这中间大量的工作和技术都属于需求工程，并且需求工程会产生一些工作产品：用户场景、产品待办列表、用户故事地图、用例图、需求模型、需求规格说明等。

可以把需求工程划分为以下五个独立的阶段。

（1）需求获取阶段

需求获取指通过与各利益相关者交流、对现有系统的观察及对任务进行探讨，从而捕获、导出和不断修订用户的需求。在项目起始阶段，需要建立对项目的最基本的理解，包括了解问题域，讨论哪些人需要解决方案，以及他们所期望的解决方案的性质等。开发人员之间与项目利益相关者会建立起初步交流和合作，通过与利益相关者协作来共同定义软件的业务需求，提出系统大致架构，并制订后续开发计划以保证项目开发具有迭代和增量的特性。该阶段识别基本的业务需求，并初步用用例描述每一类用户所需要的主要功能和特征。此时的体系架构仅是主要子系统及其功能、特性的试探性概括。在后续工作中，体系结构将被细化和扩充为一组模型来描述系统的不同视角。

项目利益相关者通常是指"直接或者间接地从正在开发的系统中获益的人"。在需求获取阶段，可以确定的一些利益相关者是：最终用户、软件工程师、产品工程师、业务运行管理人员、产品管理人员、市场销售人员、支持和维护工程师等。利益相关者大都是站在自己的位置和利益关系来看待将要建立的系统。需求获取阶段要创建这样的人员列表，并且随着需求活动的进展不断地增加或者调整。这些参与者都将为需求过程贡献信息。

Christel 和 Kang 认为下列因素导致了导出需求的困难：

- 范围问题：系统的边界不清楚，或是客户（用户）的说明中带有不必要的技术细节，将导致混淆而不是澄清系统的整体目标。
- 理解问题：客户（用户）并不能完全确定需要什么；由于自身对所处计算机环境的能力和限制了解不足，对问题域缺乏完整的认识，与系统工程师在沟通上存在问题，经常会省略那些他们认为是"明显的"信息；确定的需求和其他客户或用户的需求也会产生冲突，需求说明有歧义或不可测试。
- 易变问题：需求会随着时间发生变化。

需求获取需要技术的支持。在需求获取工作中要解决三个问题：应该搜集什么信息？从什么来源搜集这些信息？用什么机制或技术来搜集这些信息？

需求获取通常采用的办法是交流，主要就业务流程、组织架构、软硬件环境和现有系统等相关内容进行沟通，挖掘系统最终用户的真正需求，把握需求的方向。也可以由软件团队分析技术的发展趋势和产业走向，推测用户的新需求。常用的软件需求获取方式在 4.2 节中介绍。

在只给定了有限资源情况下，客户或者用户可能提出过高的要求，利益相关者也可能提出了相互冲突的需求，并强调他们各自需求的重要性。需求工程师必须通过协商过程来调节这些冲突：让客户、用户和其他利益相关者对各自的需求排序，然后按优先级讨论冲突。可以使用迭代的方法将需求排序，评估每项需求对项目产生的成本和风险，表述内部冲突，删除、组合和修改需求，以便参与各方都能达到一定的满意度。

（2）需求分析阶段

需求分析是指通过前面阶段全面的需求获取后，对需求进行的规整、整理和分析，用以说明软件的功能、特征和信息等各个方面。需求分析与需求获取是密切相关的，在需求获取的基础上，需求分析要定义需求的内涵，多角度进行需求的量化、分析、拓展和提炼，包括哪些是基本需求，哪些需求必须最早完成，哪些需求可以不作为核心要求，需求实现的大致所需时间和资源，需求可能带来的收益等。该阶段的任务主要集中于得到一个精确的需求模型。

例如采用面向对象的软件工程方法完成需求分析后，得到的就是由一系列用户场景建模和求精任务驱动的 UML 图。用例和用户场景描述了参与者如何与系统进行交互。通过以用例（user case）驱动的逐步求精，可以提取类，然后进一步导出每个类的属性、方法，确定类之间的协作关系。

（3）需求定义阶段

需求定义是指在对所要开发的产品达成共识后，形成一份需求的一致性定义，也就是需求规格说明。需求规格说明对不同人有不同的含义，可以是一份写好的文档、一套图形化的模型、一个形式化的数学模型、一组使用场景、一个原型或上述各项的任意组合；也可以是按照国家标准定义的一份正式文档，例如 IEEE 的需求规格说明书模板等。

在形成规格说明过后还要从软件工程和文档管理的角度出发依据相关的标准审核需求文档内容，确定需求文档内容是否完整，并对需求文档中存在的问题进行修改。

（4）需求确认阶段

需求确认主要是就需求定义和利益相关者进行沟通，通过分析报告、原型系统、用户调查、演示等形式向他们展示软件团队对需求的认知，并获得利益相关者的认可。在需求确认阶段需要做到以下几点：

- 软件需求规格说明正确描述了预期的满足各方需求的系统能力和特征。
- 从系统需求、业务规则或其他来源中正确地推导出软件需求。
- 需求是完整的、高质量的。
- 需求的表示在所有地方都是一致的。
- 需求为继续进行产品设计和构造提供充分的基础。
- 可以预先设计一些需求确认检查表来检查每项需求是否有用。

（5）需求跟踪和变更控制阶段

需求跟踪是指通过比较需求文档与后续工作成果之间的对应关系，确保产品依据需求文档进行开发，建立与维护"需求——设计——编程——测试"等后续工作之间的一致性，确保所有工作成果符合用户需求。需求变更在软件项目开发中是不可避免的。无休止的需求变更只会造成各种资源无休止的浪费，但是其中也不乏有许多是必要的、合理的需求变更。对于需求变更，首先是要尽量及早发现，以避免更大的损失。其次，是要采取相应的、合理的变更管理制度和流程，可以降低需求变更带来的风险。版本控制是管理需求规格说明和其他项目文档必不可少的工具，也是需求变更文档化管理的最有效办法。

4.2　需求获取

4.2.1　需求获取方式

需求获取是发现用户真实需要的过程，也称需求捕获。软件需求获取可以分成两个步骤：理解应用领域和建立商业过程模型。

　　例如，要开发一个移动终端的实验室监管系统，首先需要对实验室管理的规程和业务、移动增值服务有所了解，掌握一般的实验室管理概念和相关术语，然后需要以多种需求获取方式获得用户需求，了解委托开发学校的各种业务过程后建立监管模型。可以用 UML 中的用例图、用例描述、活动图等来描述对业务模型的建模。

　　需求获取的方式是多样的，与项目涉及的应用领域、使用范围以及利益相关者等相关。软件需求的获取方式主要有以下几种：

- 直接与用户进行访谈和组织会谈。为了得到项目的需求，可以与项目用户进行直接访谈。访谈一般分为程序式访谈和非程序式访谈。程序式访谈可以预先针对项目需求提出若干意见，要求用户做出明确的答复。非程序式访谈可以由组织者先引出问题，鼓励与会者发散性回答。访谈完成后，应根据访谈内容进行会议纪要，并得到参会者的书面确定。如果项目有不同的用户群，可以根据需要进行联合会谈，联合会谈中项目需求分析师起着重要的导引作用。例如对实验室监管系统可以召集实验室管理处室的工作人员，不同实验室门类的实验室值班人员、参加实验的师生、实验室系统运维人员等分用户群开展访谈以及组织后续的联合会谈。特别针对一些生化类的实验室管理人员要召开多次的访谈以了解具体安全管理流程。
- 用户工作环境体验和资料采集。可以进入用户的实际工作环境，观察现有的处理相关事务的业务流程，搜集用户经常使用的表格、存档文件、展示品、音视频等资料，对深入了解应用领域，建立商业模型有积极的作用。在实际体验和信息采集过程中，要注意保持友好的态度和行为，和用户建立信任关系，取得用户对项目开发的支持。例如在上面的举例中，实验室每天的登记表格、实验室用品的领用流程、实验室安全员信息、管理工作制度就是非常重要的需求获取资料来源。
- 潜在用户调查报告。如果项目没有明确的直接用户，可以对潜在用户进行调查。针对项目涉及的应用领域中的客户进行调研，例如潜在用户对计算机使用频率，使用习惯，对未来产品的期望等。
- 市场相关产品调研。可以针对要开发项目的相似产品进行市场调研，获悉产品的大致功能、产品用户群、所采用的技术以及在市场的占有率等。从 Internet 上获得类似产品的相关信息也是目前获得项目需求的一种非常便捷的方法。
- 快速原型方法。在客户或者用户对项目需求不明确时，采用快速原型方法建立项目原型系统，启发用户通过直接体验来表达出清晰的需求是一种非常有效的方式。在建立快速原型时，可以忽略项目实现的细节和采用的编程语言。在这一阶段获得明确的用户需求是建立原型模型的最主要的任务。

　　为了能够描述这些需求，并进一步交流和分析，可以借助 UML 中的用例图、用例描述，通过多次迭代过程来逐步加深对用户需求的理解和表达。

4.2.2　应用领域理解

　　我们对系统建立的初始理解可以开始于对项目所处应用领域的了解。利用术语表完成对该领域中的应用技术词汇的列表解释，能有效减少客户和软件工程人员之间的误解，使工程人员能够尽快学习应用领域相关知识。在后续开发过程中软件工程人员可以更新术语表、新增术语或者更改错误以及过时的术语，有益于建立系统的业务模型。

以建立一个智慧教室系统为例，在进行正式访谈、对系统做需求分析之前，首先要对系统的整个应用领域有所了解。通过查阅文献可以了解到智慧教室（smart classroom）的研究始于欧洲。从 2005 年英国雷丁大学研究智慧教室的学生交互行为开始，针对智慧教室的研究正式进入大众的视野。

智慧教室主要是指借助互联网技术、智能技术等构建起来的新型教室。智慧教室旨在为教学活动提供人性化、智能化的互动空间；通过物理空间与数字空间的结合，本地与远程的结合，改善人与学习环境的关系，在学习空间实现人与环境的自然交互，促进个性化学习、开放式学习和泛在学习。该新型教室通过各类智能装备的辅助更好地呈现教学内容、便利获取多样化学习资源、促进课堂多种交互方式展开，实现情境感知与环境管理功能自动调节。

现有的智慧教室提供的主要功能有：提供图像识别系统，可以实现人脸考勤、用户行为分析、用户情感分析等；提供物联设备系统，可以实时监控教室温度、湿度等环境变化，并自动做出调整，能够自动控制教室设备，做到人来自动开启、人走自动关闭设备等操作；提供互动交互系统，通过智能录课将线下课堂与云课堂结合，学生课后能够在云端回看课程并和教师讨论，同时配有电子白板和电子书包等，提高教学效率，促进无纸化教学。

在获取这些信息后，大概会形成一个初步的印象：智慧教室就是智慧学习环境的物化，是借助物联网技术、云计算技术和智能技术等构建起来的新型教室。我们将了解的相关信息放入术语表中，如表 4-1 所示。这些术语也许在初期会存在一些不恰当描述，要在后期不断修正。例如本书将智慧教室管理系统作为深入研究的应用领域，按照考勤对象可以分为学生、员工或者某些团体、个人，按照用途可以分为上下班考勤、上课考勤、会议考勤等。我们可以根据这些信息对上述表格进行补充。

表 4-1　智慧教室实例初始术语表

术语	解释
考勤系统	考勤系统是指一套管理出勤记录等相关情况的管理系统
人脸考勤	通过教室摄像头记录识别人脸信息完成考勤
用户行为分析	学生课堂情绪与行为的检测，包括对学生考勤、情绪、低头与交头接耳行为等进行识别
物联教室	实时监控教室温度、湿度等环境变化，并自动做出调整，能够自动控制教室设备
智能录课	自动录制课程并上传到云端供学生课后查看
云课堂	基于云计算技术的一种高效、便捷、实时互动的远程教学课堂形式
电子白板	显示上课内容，保存板书供学生课后学习
电子书包	利用信息化设备进行教学的便携式终端

4.2.3　应用实例需求获取

继续以智慧教室作为现代化教育的载体获取需求。通过收集网上资料、发表的期刊、会议论文、公司产品介绍等，可以得到智慧教室一般的网络拓扑图，如图 4-1 所示。

从网络拓扑图上看，智慧教室一般由智慧教室智能终端管理服务、教学网络、智能管控系统、教学云存储、教学实际应用、用户智能终端等部分组成。

本书以智能管控系统为讲解对象，分析、设计并实现一个智慧教室管理系统，本系统适合小型校园网部署方式。

智慧教室管理系统的主要人脸考勤业务流程如下。

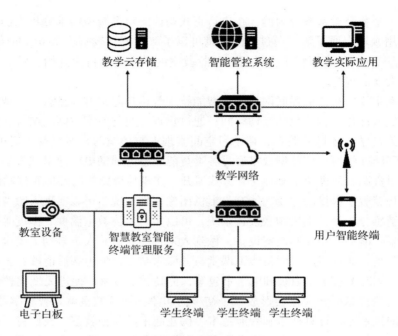

图 4-1　智慧教室网络拓扑结构

（1）生物信息采集

用智能终端采集人脸照片，并上传到后台系统中，由教师确认照片为学生本人无误后，交由后台识别软件识别生成人脸信息库。

（2）考勤

学生在教室就座后，由教师提醒学生抬头，并向智慧教室终端发送签到指令，启动考勤服务，通过教室的摄像头采集教室里的学生图像，利用前置软件从图像中分割人脸等预处理后，通过网络发送给云端服务软件进行识别，并将识别结果和人脸信息库中的信息进行匹配比对，若存在相似度大于某个阈值的人脸信息，则考勤成功，反之则考勤失败，暂记作缺勤处理。在上课期间，考勤系统持续工作，抓拍学生人脸图像进行比对，对缺勤记录进行修正。下课前，由老师关闭考勤服务。

（3）统计结果

将所有教室里的学生进行考勤后，统计应到学生数和实到学生数，并将对接的教务系统中请假的学生作标注，最终得到本次的考勤结果，并记录在数据库中。

（4）人脸考勤时的特殊情况

1）录入：由于录入时，学生可能会误操作上传其他人脸的照片，所以需要教师确认照片是学生本人无误后再交由后台处理。

2）考勤：由于考勤时，可能存在学生低着头未被摄像头采集到人脸信息，所以考勤时需要学生主动抬起头，或者在上课期间，多次补充人脸采集信息。

3）统计：可能存在学生请假，但未在教务系统上申请的情况，所以要提供可以修改考勤结果的途径，可以通过智慧教室终端查看和修改考勤情况。

4）可能还有其他的异常情况会产生，需要在多次沟通后逐步调整需求。

4.3　用例和场景

4.3.1　UML 用例和场景

用例描述的是参与者所理解的系统功能，帮助人们以一种可视化的方式理解系统的功能需求，讲述了最终用户如何在一个特定环境下和系统交互。

用例图有四个部分：用例、参与者（actor）、系统边界和关系。

- 用例是参与者可以感受到的系统服务或功能单元，在 UML 中用一个椭圆形表示。
- 参与者是与系统交互的人或物，是在将要说明的功能和行为环境内使用系统或产品的各类人员（或设备）。
- 系统边界指系统与系统之间的界限。把系统边界以外的同系统相关联的其他部分称为系统环境，在 UML 图中用一个矩形表示。
- 在用例图中表示的关系有四种：关联、泛化、包含和扩展。

（1）关联关系

参与者和用例之间存在交互，可以用关联关系表示。关联线连接参与者和用例，表示两者之间有通信关系。在 UML 中可以用带有箭头的直线表示关联关系，箭头指向消息的接收方，也可用一条直线表示任何一方都可发送或可接收消息，如图 4-2 所示。

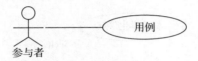

图 4-2　用例图中的关联关系

（2）泛化关系

在用例图中，用例之间也可能存在形如父类与子类之间那种泛化关系。即子用例和父用例十分相似，子用例可以继承父用例的行为和含义，还可以增加一些自己的行为。任何父用例出现的地方子用例也可以出现。UML 图中用空箭头指向父用例。例如教师发起课堂签到用例就是一个父用例，教师发起二维码签到用例和教师发起位置签到用例就是两个子用例，如图 4-3 所示。

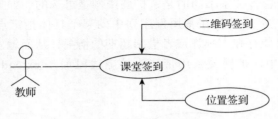

图 4-3　父用例和子用例的关系

参与者之间也可能存在泛化关系。例如，考勤系统中的用户可以分为教师、学生、楼管（大楼管理员）和系统管理员，如图 4-4 所示。

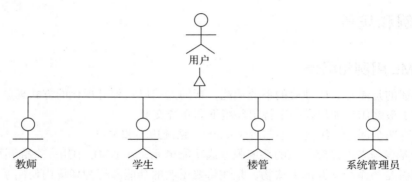

图 4-4　参与者之间存在泛化关系

（3）包含关系

包含关系用来把一个较复杂的用例所表示的功能分解成较小的步骤。用例 A 包含用例 B，将 A 称为基用例，B 称为被包含用例。被包含用例 B 是必需的，如果缺少被包含用例 B，基用例 A 就是不完整的。包含关系最典型的应用就是复用和共享。例如，在智慧教室管理系统中，修改和删除学生信息都需要先查询学生信息，可以把这个操作独立出来供修改用例和删除用例共用，如图 4-5 所示。在 UML 中，包含关系用带箭头的虚线段加 <<include>> 表示，箭头指向子用例。

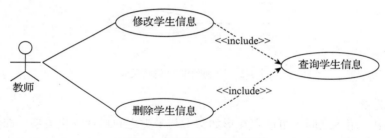

图 4-5　用例之间包含关系

（4）扩展关系

扩展关系是指用例功能的延伸。用例 A 扩展了用例 B，那么 A 称为扩展用例或子用例，B 称为基用例。与包含关系不同的是，扩展用例是可选的，如果缺少扩展用例，不会影响基用例的完整性。扩展发生在基用例序列中的某个具体指定点上。例如，图书馆的读者在还书的时候，可能存在书损坏或者借阅超期的情况，从而触发交罚款这个功能，如图 4-6 所示。在 UML 中，扩展关系用带箭头的虚线段加 <<extend>> 表示，箭头指向基用例。

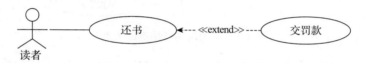

图 4-6　用例之间扩展关系

场景是一种人们将做什么的陈述性描述，以及人们试图利用计算机系统和应用程序经验的陈述性描述。场景的重点放在特定实例和具体事件上。用例和场景之间的区别在于用例提供了整个功能的一般描述，而场景是用例的一个特定实例，就如对象是类的一个实例。通过建立特定场景可以进一步提取需求。

4.3.2　业务模型应用实例

业务模型是对商业过程的描述，可以通过访谈，结合调查问卷、检查业务上使用的各种表格以及对用户进行直接观察等方法来获取业务模型信息。通过对业务的建模，软件工程师能够更好地理解需求，与客户交流并确认原有过程中哪些部分需要进行计算机化，这些部分是否还需要进行扩充、削减或者引入哪些新内容。

1. 初始系统用例

通过前面几种需求获取方法获得对系统的初步理解后，我们建立一个智慧教室的人脸考勤业务模型，其业务过程可简单概述为：学生在智慧教室后端上传学生人脸照片，并由教师审核通过后存入人脸数据库。上课时，教师通过智慧教室终端发送考勤指令，教室摄像头采集学生人脸信息，交由后台处理并将识别结果和人脸信息库中的信息进行匹配比对，若存在相似度大于阈值的人脸信息，则考勤成功；反之则考勤失败，先计成缺课处理。将所有教室里的学生进行考勤后，统计应到学生数和实到学生数，去掉对接的教务系统中请假的学生，最终生成本次的考勤结果，并记录在数据库中。

通过 UML 用例图来建立这个业务模型，并通过用例描述来对用例图做出解释，用文字来表述图像无法表达的内容，包括用例对应的操作步骤、用例触发的前置条件及后置条件等。在用例描述中，前置条件表示在用例启动之前必须符合的条件。后置条件描述用例结束时的系统状态或持久数据。基本路径表示顺利执行的一系列操作，扩展路径表示异常时所做的操作。在顶层用例中，仅需要对需求进行简要描述，然后在后续求精过程中逐步细化。初始的系统用例图如图 4-7 所示。

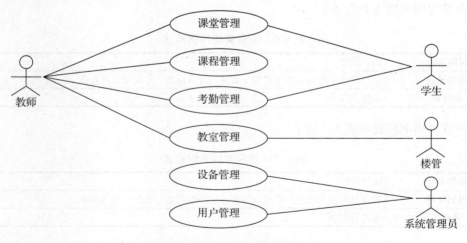

图 4-7　系统初始用例图

初始阶段，对一些具体的业务流程还不清楚，在用例描述中可以不记录详细的操作步骤。

课堂管理用例描述如表 4-2 所示。

表 4-2 课堂管理用例描述

用例名称	课堂管理
用例描述	对智慧教室上课时的系统进行操作与管理
参与者	教师与学生

课程管理用例描述如表 4-3 所示。

表 4-3 课程管理用例描述

用例名称	课程管理
用例描述	对课程信息进行管理，如添加 / 修改 / 删除课程信息、发布课程信息、维护教学班等操作
参与者	教师

考勤管理用例描述如表 4-4 所示。

表 4-4 考勤管理用例描述

用例名称	考勤管理
用例描述	对考勤情况进行管理，如添加、修改、删除考勤记录等操作
参与者	教师与学生

教室管理用例描述如表 4-5 所示。

表 4-5 教室管理用例描述

用例名称	教室管理
用例描述	对上课教室进行管理，如维护教室基本信息、申请教室等操作
参与者	教师与楼管

设备管理用例描述如表 4-6 所示。

表 4-6 设备管理用例描述

用例名称	设备管理
用例描述	对智慧教室的设备进行管理，如录入设备信息、分配设备等操作
参与者	系统管理员

用户管理用例描述如表 4-7 所示。

表 4-7 用户管理用例描述

用例名称	用户管理
用例描述	对智慧教室系统的用户进行管理，如添加教师、添加学生等操作
参与者	系统管理员

2. 用例迭代

需求获取是一个迭代的过程，随着需求获取工作的深入展开，应逐步细化用例和用例描述。

在智慧教室系统中，上课是主要的应用场景。教师与学生可以操作智慧教室的设备，完成不同场景的应用，其中包括使用 AI 视频录课、智慧白板应用、智能环境监控等。课堂管理也包括人脸考勤，教师通过智慧教室终端发出考勤指令，教室内摄像头采集此刻教室内照片，通过软件进行人脸预处理获取学生的人脸照片，交给后台图像识别软件识别，将识别结果与学生的人脸数据库进行比对，若比对结果大于 90% 则该学生考勤签到成功，反之则考勤失败。全部考勤结束后，标记已经在系统中请假的学生，生成最后的考勤结果，并记录在数据库中，供教师与学生查阅。课堂管理用例图如图 4-8 所示。

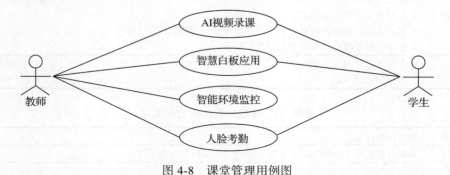

图 4-8　课堂管理用例图

课堂管理用例描述如表 4-8 至表 4-11 所示。

表 4-8　人脸考勤用例描述

用例名称	人脸考勤
用例描述	系统对学生人脸信息进行获取与验证
参与者	教师与学生
基本路径	1. 教师发出考勤指令 （1）教师选择课程的人脸考勤选项 （2）发出考勤指令 （3）相关设备开始工作 2. 收集学生人脸信息并识别 （1）智慧教室摄像头采集教室内照片 （2）摄像头识别出学生人脸并交给后台处理 （3）后台第三方图像处理软件处理人脸照片 （4）将处理的结果与已有的人脸库比对 （5）比对结果相似度大于 90% 为考勤成功 （6）比对结果相似度小于 90% 为考勤失败 3. 对已请假的学生做处理 （1）调用考勤管理用例中已请假的学生信息 （2）对请假的学生做请假处理 4. 生成考勤结果并存储 （1）标记考勤成功、缺勤和请假的学生 （2）将标记后的结果存入数据库
扩展路径	1. 学生在教室但考勤失败，到教师机专用考勤摄像头补录入或者手动考勤 2. 摄像头等设备损坏 3. 学生忘记请假

表 4-9　AI 视频录课用例描述

用例名称	AI 视频录课
用例描述	AI 视频录课，并上传云端供学生课后复习
参与者	教师与学生
基本路径	1. 教师在智慧教室终端点击上课按钮 2. 系统提示开始上课 3. 系统自动录制上课内容 4. 将录制的内容整理好后，系统自动将其上传到智慧教室云课堂 5. 学生在智慧教室云课堂查看课程内容
扩展路径	1. 未在规定时间内上课 2. 未点击上课按钮

表 4-10　智慧白板应用用例描述

用例名称	智慧白板应用
用例描述	智慧白板记录上课板书，并上传云端供学生课后复习查看
参与者	教师与学生
基本路径	1. 教师在智慧教室终端点击上课按钮 2. 系统提示开始上课 3. 系统自动记录白板内容 4. 将记录的内容整理好后，系统自动将其上传到智慧教室云课堂 5. 学生在智慧教室云课堂查看课程内容
扩展路径	1. 未在规定时间内上课 2. 未点击上课按钮

表 4-11　智能环境监控用例描述

用例名称	智能环境监控
用例描述	智慧教室系统自动监控教室温湿度环境情况并做出调节
参与者	教师
基本路径	1. 教师在智慧教室终端点击上课按钮 2. 系统提示开始上课 3. 教室系统智能环境监控开始工作 4. 环境监控系统记录监控数据 5. 若监控数据发现异常，自动提醒设备做出调节
扩展路径	1. 未在规定时间内上课 2. 未点击上课按钮

在智慧教室管理系统中，教师拥有对课程的管理权限，可以对课程信息进行管理（如增、删、改、查）、课程发布、教学班维护等。课程管理用例迭代后如图 4-9 所示。

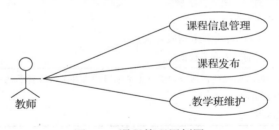

图 4-9　课程管理用例图

课程管理用例描述如表 4-12 至表 4-14 所示。

表 4-12　课程信息维护用例描述

用例名称	课程信息维护
用例描述	教师对课程信息进行管理
参与者	教师
基本路径	1. 在课程管理菜单中选择课程信息管理选项 2. 选择增加、删除、修改、查询课程信息操作 3. 输入相关信息并确认（课程主要信息包括：课程号、课程名称、课程简介、课时、学分） 4. 系统将相关数据保存到数据库中
扩展路径	1. 输入信息有误，保存不成功 2. 未选择

表 4-13　课程发布用例描述

用例名称	课程发布
用例描述	教师发布课程
参与者	教师
基本路径	1. 在课程管理菜单中选择要发布的课程选项 2. 选择可以看到课程发布的对象 3. 单击发布按钮 4. 系统提示是否确认发布 5. 确认后，系统显示发布成功
扩展路径	1. 未选择 2. 系统显示发布不成功

表 4-14　教学班维护用例描述

用例名称	教学班维护
用例描述	教师对教学班进行管理
参与者	教师
基本路径	1. 在课程管理菜单中选择教学班管理选项 2. 选择增加、删除、修改、查询教学班操作 3. 输入相关信息并确认（教学班主要信息包括：教学班编号、教学班名称、教学班简介、人数、所属学院、学生名单） 4. 系统将相关数据保存到数据库中

在智慧教室的考勤管理过程中，教师通过"课堂管理用例"启动系统，实行自动考勤，生成考勤结果并将其记录在数据库中。考勤管理用例对考勤结果信息做进一步的管理和维护。学生与教师需要了解考勤自动生成的信息，主要是通过终端设备来查询相关的考勤记录。学生缺课的原因是多种的，因此有必要在用例图中增加学生考勤的请假功能，此外学生还可以对考勤结果进行申诉，教师也可以修改考勤结果等。因此，将考勤管理用例图进一步迭代和细化，如图 4-10 所示。

考勤记录结果修改、考勤结果申述等用例描述如表 4-15 至表 4-18 所示。

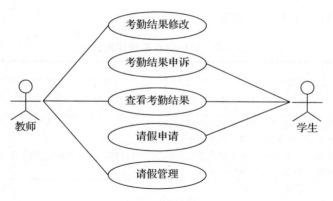

图 4-10　考勤管理用例图

表 4-15　考勤结果修改用例描述

用例名称	考勤结果修改
用例描述	教师修改错误的考勤结果
参与者	教师
基本路径	1. 在考勤管理菜单中选择考勤结果修改选项 2. 输入学生学号 3. 选择考勤时间 4. 输入正确的考勤结果 5. 单击提交按钮，系统显示修改考勤结果成功
扩展路径	1. 输入必填信息字段为空 2. 未选择

表 4-16　考勤结果申诉用例描述

用例名称	考勤结果申诉
用例描述	学生申诉错误的考勤结果
参与者	学生
基本路径	1. 在考勤管理菜单中选择考勤结果申诉选项 2. 输入学生学号 3. 选择考勤时间 4. 输入正确的考勤结果 5. 单击申诉按钮，系统显示考勤结果申诉提交成功
扩展路径	1. 输入必填信息字段为空 2. 未选择

表 4-17　请假申请用例描述

用例名称	请假申请
用例描述	学生在智慧教室系统中提交请假申请
参与者	学生
基本路径	1. 在考勤管理菜单中选择请假申请选项 2. 输入学生学号 3. 选择请假时间 4. 输入请假原因 5. 单击申请请假按钮，系统显示申请请假提交成功
扩展路径	1. 输入必填信息字段为空 2. 未选择

表 4-18　请假管理用例描述

用例名称	请假管理
用例描述	教师在智慧教室系统中审批学生请假信息
参与者	教师
基本路径	1. 在考勤管理菜单中选择请假管理选项 2. 选择请假学生 3. 系统显示请假原因和请假时间 4. 单击同意按钮，系统显示该学生请假成功 5. 单击不同意按钮，系统显示该学生请假不成功
扩展路径	未选择

考虑到智慧教室规模可能会发生扩展，譬如为了充分利用智慧教室资源，要将不同的智慧教室纳入管理，合理地为智慧教室安排上课时间。为此，需要添加教室管理用例。教室管理主要涉及教室信息的增、删、改、查操作，以及使用申请操作，用例图如图 4-11 所示。

图 4-11　教室管理用例图

教室信息管理用例描述如表 4-19，教室使用申请用例描述如表 4-20 所示。

表 4-19　教室信息管理用例描述

用例名称	教室信息管理
用例描述	楼管对教室信息进行管理
参与者	楼管
基本路径	1. 在教室管理菜单中选择教室信息管理选项 2. 选择增加、删除、修改、查询教室信息操作 3. 输入相关信息并确认（教室信息包括：教室编号、教室位置、教室类型、座位数量、教室用途） 4. 系统将相关数据保存到数据库中

表 4-20　教室使用申请用例描述

用例名称	使用申请
用例描述	楼管与教师对智慧教室使用申请进行管理
参与者	楼管与教师
基本路径	1. 在教室管理菜单中选择使用申请选项 2. 选择增加、删除、修改、查询申请管理操作 3. 输入相关申请信息并提交（申请管理信息包括：申请时间、教室编号、申请用途、申请人编号） 4. 楼管对教室申请信息进行确认 5. 系统将相关数据保存到数据库中

在现实情况中各个智慧教室的设备可能有差异。为了保证更好地管理这些设备，需要系统管理员根据各个智慧教室情况进行管理。经过一次迭代后所得的设备管理用例如图 4-12

所示。

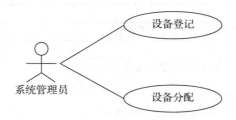

图 4-12　设备管理用例图

设备管理用例描述如表 4-21 和表 4-22 所示。

表 4-21　设备登记用例描述

用例名称	设备登记
用例描述	系统管理员给新设备添加登记
参与者	系统管理员
基本路径	1. 在设备管理菜单中选择设备登记选项 2. 选择需要登记的设备 3. 输入相关登记信息并点击登记（登记信息包括：设备名称、设备型号、生产厂商、产品序列号、登记的时间） 4. 相关信息保存到数据库中

表 4-22　设备分配用例描述

用例名称	设备分配
用例描述	系统管理员分配设备到智慧教室
参与者	系统管理员
基本路径	1. 在设备管理菜单中选择设备分配选项 2. 选择需要分配的设备 3. 选择需要分配到的教室 4. 确认后点击分配按钮 5. 保存到数据库中

　　在智慧教室系统中，教师与学生是系统主要参与者，也是系统的使用者。系统管理员拥有对这些用户的信息管理、权限管理。用户管理用例图如图 4-13 所示。

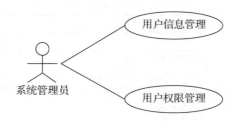

图 4-13　用户管理用例图

用户管理用例描述如表 4-23 和表 4-24 所示。

表 4-23 用户信息管理用例描述

用例名称	用户信息管理
用例描述	系统管理员管理用户信息
参与者	系统管理员
基本路径	1. 在用户管理菜单中选择用户信息管理选项 2. 选择增加、删除、修改、查询课程信息操作 3. 输入相关信息并确认 教师信息包括：教师号、姓名、性别、密码、手机、头像 学生信息包括：学号、姓名、性别、密码、班级、头像、手机号 楼管信息包括：楼管账号、姓名、性别、密码、所处大楼、手机号 其他人员信息包括：编号、姓名、性别、密码、手机 4. 系统将相关数据保存到数据库中
扩展路径	1. 输入信息有误 2. 未选择
补充说明	用户主要信息：用户名、用户权限

表 4-24 用户权限管理用例描述

用例名称	用户权限管理
用例描述	系统管理员修改指定的用户权限
参与者	系统管理员
基本路径	1. 在用户管理菜单中选中指定用户 2. 点击用户权限管理按钮 3. 对用户权限进行增、删、改操作 4. 单击保存按钮 5. 系统提示是否确认保存 6. 确认后，系统显示保存成功

4.4 用户故事地图

4.4.1 用户故事

与需求文档和用精确的语言表达需求不同，用户故事（user story）是从用户角度来描述用户渴望得到的功能。它是敏捷过程实践中的一个重要环节。它可以用卡片形式概要描述需求。一个基本的用户故事包括 3 个要素：角色、活动、商业价值。其一般描述格式为："作为什么角色，我想要进行什么活动（想要什么功能），以此来实现什么商业价值。"例如一个故事可能是：

> 作为学生可以查看他（她）的考勤记录，以了解出勤情况。

极限编程的创始人之一 Ron Jeffries 提出了一个关于用户故事的 3C 描述：

- 卡片（card）：用户故事一般写在小的记事卡片上。卡片上可能会写明故事的简短描述、工作量估算等。
- 交谈（conversation）：用户故事背后的细节来源于和客户或者产品负责人的交流沟通。

- 确认（confirmation）：通过验收测试确认用户故事被正确完成。

用户故事通常由客户团队而不是开发人员编写，每个客户团队包括确保软件符合潜在用户需求的相关人员，可以是测试人员、产品经理、实际用户和交互设计师等。整个故事使用商业用语，而不是技术术语。客户团队与开发人员共同确定故事细节并安排故事的优先级顺序。

一个好的用户故事应该具有六个特性。

- 独立性（independent）：要尽可能避免一个用户故事依赖于其他的用户故事。用户故事之间的依赖会使得制订计划，确定优先级，以及工作量估算都变得比较困难。通常可以通过组合用户故事和分解用户故事来减少故事的依赖性。
- 可协商性（negotiable）：一个用户故事的内容应该是可以讨论的，用户故事不是合同或者是软件必须实现的需求。一个用户故事卡片上只是对用户故事的一个简短的描述，其作用是提醒客户团队和开发团队以后要进行关于这方面需求的对话，因此用户故事不需要包括太多的细节。
- 对用户或者客户有价值（valuable）：用户故事应该很清晰地体现出对用户（软件的使用者）和客户（购买软件的人）的价值。让客户编写用户故事是保证用户故事对客户或者用户有价值的好方法。
- 可估算性（estimable）：开发团队需要估计一个用户故事来确定其优先级、工作量并安排后期的执行计划。开发者有时候很难对故事进行估计，主要是因为领域知识缺乏，对技术不熟悉，或者故事太大等。
- 短小（small）：一个好的故事在工作量上要尽量短小，至少要确保的是在一个迭代或一个 Sprint 中能够完成。用户故事越大，在安排计划和工作量估算等方面的风险就会越大，要考虑对大的故事进行分割，合并过小的故事。
- 可测试性（testable）：一个用户故事必须可以测试，并尽可能让测试自动化。给故事加上注释的最好方法是给它编写测试用例。如果一个用户故事不能够被测试，那么就无法知道它什么时候可以完成。当然也存在一些非功能性的需求是不可测试的。

用户故事与用例相比，用户故事比用例的范围更小。用例的主要目的是编写成客户和开发人员都可以接受的格式，记录客户和开发团队之间的协议，用例描述会涉及一些用户界面和细节问题，在整个软件生命周期中都存在。用户故事主要目的是用于沟通，启动后期的分析和谈话，它不涉及更多的细节，也不完全对应于用例的主要正常场景，可以被存档或者抛弃。

为了避免从单一用户的角度来编写系统的所有故事，需要识别出与系统交互的不同用户角色。用户角色是一组相同属性的集合，这些属性刻画了一群人的特征以及这群人与系统可能的交互。在编写故事的起始，可以把客户和开发人员聚集到一起，通过交流与讨论，列出初始的用户角色集合，然后整理最初的角色集合，通过整合与提炼，最终确定出使用软件的角色。识别出的角色代表单一用户，可以通过虚构人物的方式来代表这个角色。每一个用户故事都需要和一个用户角色或者虚构人物联系起来，从用户角色使用系统的目标开始编写用户故事，并注意围绕着故事的 6 个特征，开展故事的增补和修改。客户和开发人员讨论的细节不写入故事中，可以作为故事的约束或者验收测试要点记录，验收测试编写者是客户。

4.4.2　用户故事估算和计划

在编写合理的用户故事之后，需要对项目进行估算并制订各类项目计划。估算方法要能适应项目开发中对故事的逐步改进，并且能面向项目中所有粒度的故事，估算结果要能支持项目进度判断以及项目发布等工作。如果以用户故事来描述系统功能，敏捷方法中通常会选用故事点来估算用户故事。故事点是对故事复杂度、工作量或工期的相对估算。例如，一个故事点可以定义为没有打扰情况下一个理想工作日所能完成的工作。通常由客户团队和技术团队来进行故事点的估算，每个人都把自己的估算结果说出来，最后大家再商定一个所有人都认可的故事点，估算结果属于团队而不是个人。因为故事点是一个相对度量单位，点值本身并不重要，重要的是点值的大小。

具体的估算方法可以不同。Wideband Delph 估算法用迭代方式进行估算，步骤如下：所有参与的客户和开发人员聚在一起，由客户随机抽取第一个故事开始，详细讲解故事直到所有人都清楚了解这个故事，然后每个开发人员以团队共同定义的一个故事点可以完成的任务为单位，先写下自己估算这个故事的完成时间，接着大家展示自己的估算，然后每个人解释为什么估算出这个值，经过讨论和再次个人估算，直到经过论证，团队估算出一个所有人都认可的值，再继续下一个故事的估算。

在估算数个故事后，对估算结果做三角测量，具体做法如下：在估算一个故事时，根据这个故事与其他一个或多个故事的关系来估算。假定一个故事估算为 4 个故事点，第二个故事为 2 个故事点，把这 2 个故事放在一起考虑的时候，程序员都应该认可 4 个故事点的故事大小是 2 个故事点的故事的 2 倍，其他 3 个故事点的故事的大小应该介于 4 个故事点的故事和 2 个故事点的故事之间。如果上面的三角测量的结果不对，团队就应该重新估算。

团队是否使用结对编程对故事点估算没有影响，结对编程影响的是团队的速率，不是他们的估算。每个团队之间的故事点是不一样的。

敏捷过程强调软件尽早增量发布。对故事点进行估算后，可以根据产品大致的开发线路图，结合估算团队在每一轮迭代中完成的工作来制订产品发布计划。

4.4.3　用户故事地图

故事初衷在于促进用户和开发人员的沟通，促成对问题达成一致的理解。Jeff Patton 提出用户故事地图（user story mapping），以结构化的方式来组织用户故事，如图 4-14 所示。用户故事地图将一个产品待办列表用一个二维地图来表示，从而容易看到项目规划的全貌，帮助开发人员快速了解客户需求，产生用户故事并确定产品各部分实现的优先级，通过最小可行方案（Minimum Viable Solution）实现最大用户价值。

从纵向上看，用户活动（user activities）构成故事地图主干，体现了分组的概念。从左到右把类似或有关联的用户任务放在同一组里，如果发现重复的任务，要把它移除。利用不同颜色的便利贴，对每个群组命名，并且把它贴在每个群组的上面。然后根据使用者完成这些工作的顺序，由左至右来排列这些群组，这些群组就称为用户活动，它们组成了地图的骨架。

用户任务（user task）是构建故事地图的基本模块，是指软件使用者会做的事情，通常用动宾词语定义，例如：发送邮件或是添加用户等。在大家都不出声的状况下，开始收集这个产品或是应用系统主要的用户任务。每个人使用相同颜色的便利贴来撰写用户任务，每张便利贴只写一件用户任务，一旦大家都写完自己的用户任务，便请每个人念出他自己所写的东西，并且把它贴到白板上，如果发现重复的用户任务，便把这张便利贴移除。这些用户任务是高层的用户故事，组成了地图的"行走的骨骼"，体现了目标层级的概念，可以对任务进行分层和汇总。

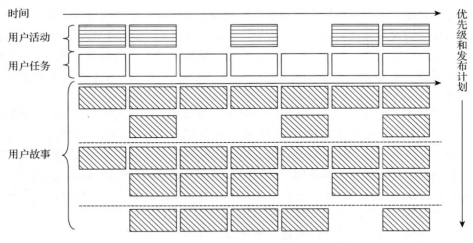

图 4-14　用户故事地图举例

建立一个用户故事地图，一般按照定义产品、梳理骨干故事、拆分故事、确定优先级和发布计划、反馈修正故事 5 个主要步骤进行。

（1）定义产品

在产品定义阶段要在团队内达成初步共识：确定产品的目标用户，包括用户的类型、群体等；明确项目想要达成的目标，产品替用户解决什么问题，公司和用户等如何从开发的产品中受益等。

（2）梳理骨干故事

在第一步已经确定的产品整体范围内，尽量能完整地描述产品的目标、用户的场景等，引导与会者进行故事的探讨，先完成故事主脉络，然后遵循从大到小的故事进行描述，注意讲完整的故事，并采用广度优先做法，梳理出骨干故事。

（3）拆分故事

故事的主脉络有利于项目全局展示，但是不具备落地实施的可能性，还需要将骨干故事进行拆分至可独立执行、可测试的粒度。每一个小故事应遵循工作量保持在单人花费 3 天以内并且每个小故事都是一个可以执行、可以测试的独立模块，有确定的责任人。在拆分完成后，对小的用户故事进行分类，确保其归类到正确的故事主脉络里面。

（4）确定优先级和发布计划

在拆分完故事之后，会形成众多的小故事卡片。要注意产品实现的目标从来都不是满足所有人的需求或功能，而是开发尽可能少的功能。如果产品能以 20% 的功能满足 80% 的人的需求，那么这个产品就成功了一大步。

我们需要进行用户故事优先级的排序，从上到下，依次确定卡片的执行优先级。在用户故事地图中卡片的优势在于可以很快地进行上下、左右移动。用户故事优先级的排序准则有很多，可以通过客户和开发人员的共同探讨，并遵从用户收益最大，以及工程复杂度最小的方式进行。移动完成后，就可以从上到下，按优先级确定大致的迭代次序，形成迭代发布版本。

关于项目的发布问题，Mike Cohn 建议使用一个日期范围，而不要用一个确定的日期作为项目的发布时间。在敏捷开发过程中，开发人员和客户共同选择适合他们的迭代长度，通常为 1 至 4 周。团队开发速率可以参考团队历史数据。如果没有历史数据，可以考虑先执行一轮迭代作为参考值，如果也不可行，那么只有采用猜测法。

如果分解一个智慧教室的用户故事地图，最终可能得到如图 4-15 所示的结果。

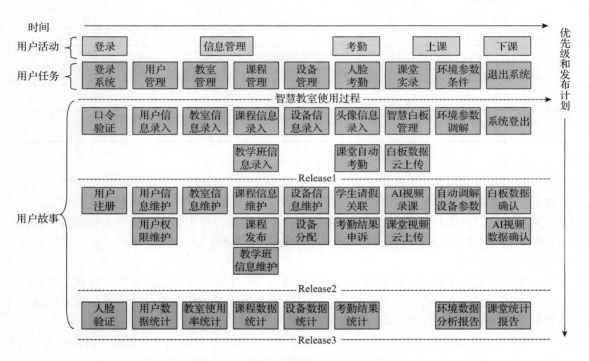

图 4-15　智慧教室用户故事地图的脉络

这个故事地图中的主脉络有两层：最上一行有 5 个卡片，是最大的故事脉络，讲述了教师与学生在使用智慧教室时的用户故事，第二层卡片是根据需要进一步拆分的故事主脉络，这两行的故事主脉络划分，很容易向其他人介绍全景图。而第一个卡片"登录"，又可以拆分成下面的 3 个小故事："口令验证""用户注册""人脸验证"。对于不同的内容，可以使用不同的颜色的卡片进行实现。图中的一些故事还可以进一步拆分，让这些小的故事很容易落地实现。

（5）反馈修正故事

在开发过程中，故事的实现方式、意图肯定会存在一定的偏差，需要不断纠错改正。故事地图完成之后，可以一直保留下来，在实现一个阶段之后，回过头来，根据用户的反馈，增加风险故事，并修改完善用户地图。

练习和讨论

1. 如何理解"如果产品能以 20% 的功能满足 80% 的人的需求，那么这个产品就成功了一大步"这句话。它的背后隐含着什么定律或者原则？

2. 试对智慧教室的物联设备做进一步探究，了解相关的应用领域，建立物联设备的术语表。

3. 用例和场景有什么区别，请设计一个智慧教室应用场景，对本节中的用例加以改进。

4. 在 4.3 节用例描述中，没有对"查看考勤结果"用例进行描述，表 4-25 是关于该用例的描述，请分析该用例描述是否妥当。

表 4-25　查看考勤结果用例描述

用例名称	查看考勤结果
用例描述	查询学生考勤历史记录
参与者	学生与教师
基本路径	1. 学生与教师通过智慧教室终端查询考勤记录 2. 学生通过网页端查询考勤记录 3. 学生输入查询凭证 4. 系统显示查询信息
扩展路径	查询凭证错误，无法查询

5. 在一本敏捷相关的书中有这么一段描述：

把粗粒度的故事（也就是上文所述骨干故事）分配到软件间发布中的多轮迭代中，在开始一轮迭代时，需要对迭代做计划。

首先讨论故事，客户从最高优先级的故事开始读给开发人员听，开发人员提问，直到开发人员充分理解故事，能够将故事拆分为任务（或者称为小故事）。但需要注意没有必要理解故事的所有细节。

然后开始分解任务，将故事拆分为任务可以让故事被多个开发人员并发处理，并且故事是对用户或者客户有价值的功能描述，并不是开发人员的待办事项，因此分解后更能让开发人员了解具体的工作。拆分任务的时候需要注意：

1）如果故事中某个任务特别难估算，则最好将这个任务从故事的其他任务中分离出来。

2）如果一个故事的任务可以很容易地分给多个开发人员，则分割它们。

3）如果有必要让客户了解故事中某一部分的完成情况，则可以把这部分拿出来作为一个任务。

4）接下来就需要分担职责，每个任务最好只关联一个人，确保在迭代期间完成任务是他的职责。但同时确保在迭代期间完成任务又是所有团队人员的职责，所以如果在一个任务无法完成时，需要考虑做出调整。

5）最后需要开发人员做出完成任务的承诺，确保一个迭代的任务在迭代周期内能够顺利完成。

请根据上面的叙述，尝试选取智慧教室中的一个用例，编写故事，并进行适当的分解和估算。

6. 选取一个实例，用用户故事地图建立实例的二维视图，并用 Scrum 方法完成该实例的一个 Sprint 流程。

7. 用户故事地图是如何支持敏捷宣言的？

8. 团队作业：完成软件自选项目的需求获取工作，给出需求的用例图和用例描述，并给出产品的用户故事地图，规划发行版本。

第 5 章

需求分析

学习目标
- 理解需求分析的主要任务
- 理解不同需求分析方法解决问题的本质
- 掌握传统的结构化分析方法
- 掌握面向对象的分析方法
- 熟练应用 UML 建立需求分析模型
- 了解软件形式化分析技术

　　需求工程的主要任务是为设计和构建活动建立一个可靠的基础。在需求工程的起始阶段，项目利益相关者建立起基本的问题需求，定义重要的项目约束并描述项目的功能和主要特征。这些信息经过各种需求收集活动后，在需求导出阶段记录下来。在进入需求的精化阶段，需求会得到进一步的精炼，并扩展为分析模型。分析建模使用文字、图表等形式以相对容易沟通和交流的方式建立需求的描述，可以使对需求的评审工作变得更加直观。

　　Jim Ariow 和 Ila Neustadt 提出了在创建需求分析模型时应注意的原则：
- 分析模型应该关注在问题域或业务域内可见的需求，并注意抽象级别。
- 分析模型的每个元素都应能增加对软件需求的整体理解，并提供对信息域、功能和系统行为域的深入理解。
- 关于基础结构和其他非功能的模型应推迟到设计阶段再考虑。
- 应最小化整个系统内的关联。表现类和功能之间的联系非常重要，但是，如果"互联"的层次非常高，则应该想办法减少互联。
- 确认分析模型为所有利益相关者都能带来价值。
- 尽可能保持模型简洁。如果没有提供新的信息，不要添加额外的图表；如果一个简单列表就够用，不要使用复杂的表示法。

　　在需求建模过程中，软件工程关注的焦点是"系统要做什么"，而不是"系统该怎么做"。关注的主要问题有：在特定的应用环境下，发生了哪些用户交互？系统处理哪些对象？系统必须执行什么功能？系统对外界展示什么行为？系统与外界有哪些接口？受到什么样的约束？

传统的面向数据和面向处理的需求建模方法被称为结构化分析，其中处理是指将数据作为独立实体加以转换，表示数据对象在系统内流动时，系统是如何处理和转换数据的。

面向对象的需求分析方法则关注识别和定义类，通过类之间的协作来响应客户的需求。

本章介绍这两种主要建模方法。在日常工作中可以选择或者组合多种分析和建模方法，从而为利益相关者提供更好的需求建模。

5.1   面向数据流的结构化分析

面向数据流的分析方法以一组半形式化的表达机制来表达用户需求、构造软件系统模型，并通过一些规则和经验知识来指导分析人员提取需求信息，促进实现用户需求的精确化、完全化和一致化。结构化分析方法的雏形出现于 20 世纪 60 年代后期。1979 年由DeMarco 将其作为一种需求分析方法正式提出，此后结构化分析方法得到了迅速发展和广泛应用。

虽然一些软件工程师认为面向数据流的结构化方法是一种过时的技术，但是当前它还是使用最为广泛的需求分析表达方式之一，可以提供对其他建模方法的有效补充。

5.1.1   半形式化分析技术

1. 数据流图

数据流图有时也被称为数据流程图（Data Flow Diagram，DFD），是一种便于用户理解和分析系统数据流程的图形工具。它在逻辑上精确地描述系统的功能、输入、输出和数据存储等，是系统逻辑模型的重要组成部分。

数据流图由以下 4 个基本部分组成，符号表示如表 5-1 所示。

- 数据流：由一组固定成分的数据组成，表示数据的流向。需要强调的是，数据流图中描述的是数据流，而不是控制流。除了流向数据存储或从数据存储流出的数据不必命名外，每个数据流必须要有一个合适的名字来反映该数据流的含义。
- 加工：描述了输入数据流到输出数据流之间的变换，也就是输入数据流经过什么处理后变为输出数据流。每个加工都有一个名字和编号。编号能反映该加工位于分层数据流图中所处的层次，能够看出它是由哪个加工分解得到的子加工。
- 数据存储：表示要存储的数据，可以是任何形式的数据组织，每个数据存储都要命名。
- 外部实体：存在于软件系统之外的人员、组织或其他系统，是系统所需要数据的发源地或系统所产生数据的汇聚地。

如果一张数据流图中包含的加工多于 5～9 个，领会它的含义就变得比较困难。因此，为了表达较为复杂问题的数据处理过程，一般按照问题的层次结构对其进行逐步分解，并以分层的数据流图来反映这种结构关系。

通常，根据层次关系将数据流图分为顶层数据流图、中间数据流图和底层数据流图，对任何一层数据流图来说，称它的上层数据流图为父图，称它的下一层数据流图为子图。

表 5-1　数据流图基本符号

名称	表示	备注
数据流	→（箭头）	当用户把若干个数据看作一个单位来处理（这部分数据一起到达，一起加工）时，可把这些数据看成一个数据流
加工	（矩形框）	在数据流的组成或值发生变化的地方应画一个加工，这个加工的功能就是实现这一变化；也可以根据系统的功能确定加工
数据存储	（开口矩形）	对于一些以后某个时间要使用的数据可以组织成一个数据存储来表示
外部实体	（方框）　或　（立方体）	可以把整个软件系统看作一个大的加工，然后根据系统从哪里接收数据流，以及系统发送数据流到哪里去来确定外部实体。外部实体可以是设备，其他子系统或者使用者等

　　顶层数据流图只含有一个加工，来表示整个系统；并通过这个加工的输入数据流和输出数据流来表明系统的范围及与外部环境实体的数据交换关系。底层数据流图是指其加工不能再分解的数据流图，其加工称为"原子加工"。中间数据流图是对其直接父层数据流图中某个加工进行细化，而它的某个加工也可以再次细化，形成下一级子图。中间层次的多少由系统的复杂程度决定。

　　在绘制分层数据流图时应注意以下事项：

- 自顶向下、逐层分解。分解过程要在给定的系统边界范围内，按照从系统外部至系统内部、由总体到局部、由抽象到具体逐步建立系统逻辑模型。数据流图的逐层分解是以加工的分解为中心，属于功能分解。一般每张图包含的加工项目以不超过 5 个为宜。加工分解要抓住主要问题，每个分解后的加工环节功能要明确，易于理解。
- 数据流必须经过加工环节，每条数据流的输入或者输出都是加工，即必须进入加工环节或从加工环节流出。不经过加工环节的数据流（如外部实体之间的数据交换）不在数据流图上表示。
- 每个加工必须既有输入数据流，又有输出数据流，允许一个加工有多条数据流流向另一个加工，也允许一个加工有两个相同的输出数据流流向两个不同的加工，一个加工的输出数据流不应与输入数据流同名，即使它们的组成成分相同。
- 数据存储环节一般作为两个加工环节的界面来安排。只与一个加工环节有关的数据存储，如果不是公用的或特别重要的，可以不在数据流图上画出。直接从外部项来或直接到外部项去的数据流应直接与加工环节相连，不应通过数据存储环节相连。每个数据存储必须既有读的数据流，又有写的数据流，但在某一张子图中可能是只有读没有写，或者是只有写没有读。
- 适当地为数据流、加工、数据存储、外部实体命名，名字应反映该成分的实际含义，避免空洞的名字。
- 编号。每个数据加工环节和每张数据流图都要编号。按逐层分解的原则，父图与子图的编号要有一致性，一般子图的图号是父图上对应的加工的编号。如 0 层图的图号为 0，其中各加工环节按 1，2，3，…顺序编号，1 号加工环节分解后的子加工按 1.1，1.2，1.3，…编号，2 号加工环节按 2.1，2.2，2.3，…编号，依此类推。
- 保持数据守恒。也就是说，一个加工所有输出数据流中的数据必须能从该加工的输入数据流中直接获得，或者是通过该加工产生的数据。

- 局部数据存储的隐蔽性。当某层数据流图中的数据存储不是父图中相应加工的外部接口，而只是本图中某些加工之间的数据接口时，那么这些数据存储为局部数据存储。为了强调局部数据存储的隐蔽性，一般情况下，局部数据存储只有作为某些加工的数据接口或某个特定加工的输入和输出时，才画出来。即在自顶向下的分解过程中，某数据存储首次出现时只与一个加工有关，那么这个数据存储应该作为与之关联加工的局部数据存储，在该层数据流子图中不必画出，而在该加工的子图中画出，除非该加工为原子加工。
- 保持父图与子图平衡。加工的分解可能导致数据流的分解、数据存储的分解甚至外部实体的分解。分解时一定要保持父项（被分解项）的内容为对应各子项（即分解后的各项）的内容之和，即保持各层成分的完整性与一致性。下层数据流图中，不会出现不属于上层图中数据流子项的新数据流，但可以出现不属于上层图的数据存储环节子项的新的数据存储环节。因为随着加工的分解，分解后的加工（子加工）之间的界面可能是上层图未定义的数据存储，这就需要在下层图加以定义、命名与编号。数据流图逐层分解也可能导致某个或某些外部实体的分解。因为分解后的各子加工可能与上层图中某个外部实体的不同组成部分相联系。如果外部实体分解后有助于描述系统某些部分的功能与信息需求，下层图要对分解后的外部实体加以定义和命名。下层图不应出现不属于上层图外部实体的子项的新外部实体。
- 只绘制所描述的系统稳定工作情况下的数据流图，不描述系统启动或结束工作时功能和数据流运动规律处于变动状态的情况。
- 画数据流而不要画控制流。数据流反映系统"做什么"，不反映"如何做"，因此箭头上的数据流名称只能是名词或名词短语，整个图中不反映加工的执行顺序。

2. 判定树和判定表

判定树又称决策树（decision tree），是一种描述加工的图形工具，所描述的问题中通常具有多个判断，并且每个决策与若干条件有关，会导致不同的结果。使用判定树进行描述时，先从问题的文字描述中区分判定条件和判定决策，并根据描述材料中的联结词找出判定条件的从属关系、并列关系和选择关系，然后根据这些关系来构造判定树。

判定树比文字叙述更清晰地表达了在什么情况下采取什么策略，不易产生逻辑上的混乱。因而判定树是描述数据流图中基本处理逻辑功能的有效工具。

例如有关退票费有如下规定：

- 开车前 8 天（含当日）以上退票的，不收取退票费；票面乘车站开车时间前 48 小时以上的按票价 5% 计，24 小时以上、不足 48 小时的按票价 10% 计，不足 24 小时的按票价 20% 计。
- 办理车票改签时，新车票票价高于原车票的，收取票价差额。新车票票价等于原车票，不收取费用。新车票票价低于原车票的，退还差额。

上述处理功能用判定树描述，如图 5-1 所示。

判定表由四部分组成，如表 5-2 所示。判定表的左上部（第 2 列的第 2～10 行）称为基本条件项，列出各种可能的条件，例如"开车前 24 小时内""开车前 8 天内"等。判定表的左下部（第 2 列的第 11～16 行）称为基本动作项，它列出了所有的操作，例如"不收费""收取票价差额等"。判定表的右上部（后 7 列的 2～10 行）称为条件项，它列出了各种可能的条件组合。判定表的右下部（后 7 列的第 11～16 行）称为动作项，它列出在对应条件组合下所选的操作。每一列可以解释为一条处理规则。例如示例号 7：代表改签，且改签票价高于原票价，则要收取票价差额。

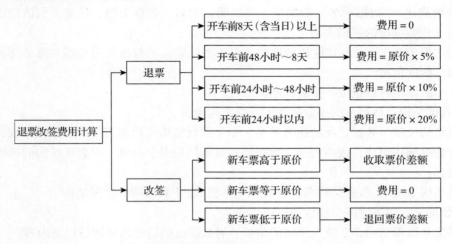

图 5-1 用判定树表示退票改签费用计算规定

表 5-2 购买火车票判定表

	示例号	1	2	3	4	5	6	7
条件	退票	Y	Y	Y	Y	N	N	N
	改签	N	N	N	N	Y	Y	Y
	开车前 24 小时内	N	N	N	Y			
	开车前 48 小时内	N	N	N	Y			
	开车前 8 天内	N	Y	Y	Y			
	开车前 8 天（含当日）以上	Y	N	N	N			
	改签票价低于原票价					Y	N	N
	改签票价等于原票价					N	Y	N
	改签票价高于原票价					N	N	Y
动作	退回票价差额					Y		
	不收费	Y					Y	
	收取票价差额							Y
	收取票价 5% 退票费		Y					
	收取票价 10% 退票费			Y				
	收取票价 20% 退票费				Y			

由表 5-2 可见，判定表是描述多条件决策问题的有效工具。判定表或判定树都是以图形形式描述数据流的加工逻辑，结构简单，易懂易读。在遇到组合条件的判定，利用判定表或判定树可以使问题描述更加清晰。

3. 数据字典

数据字典（data dictionary）是指对数据的数据项、数据结构、数据流、数据存储、处理过程等进行定义和描述。字典最重要的用途是供人查询获得对不了解条目的解释。在结构化分析中，数据字典的作用是对数据流图中的每个成分加以定义和说明，有助于增进系统分析员和用户之间的交流。数据流图和数据字典共同构成系统的逻辑模型。

1）数据项：数据流图中数据块的数据结构中的数据项说明。

数据项是不可再分的数据单位。对数据项的描述通常包括以下内容：

数据项描述 ={ 数据项名，数据项含义说明，别名，数据类型，长度，取值范围，取值含义，与其他数据项的逻辑关系 }

其中"取值范围""与其他数据项的逻辑关系"定义了数据的完整性约束条件，是设计数据检验功能的依据。

若干个数据项可以组成一个数据结构。

2）数据结构：数据流图中数据块的数据结构说明。

数据结构反映了数据之间的组合关系。一个数据结构可以由若干个数据项组成，也可以由若干个数据结构组成，或由若干个数据项和数据结构混合组成。对数据结构的描述通常包括以下内容：

数据结构描述 ={ 数据结构名，含义说明，组成：[数据项或数据结构]}

3）数据流：数据流图中流线的说明。

数据流是数据结构在系统内传输的路径。对数据流的描述通常包括以下内容：

数据流描述 ={ 数据流名，说明，数据流来源，数据流去向，组成：[数据结构]，平均流量，高峰期流量 }

其中"数据流来源"是说明该数据流来自哪个处理，即数据的来源。"数据流去向"是说明该数据流将到哪个处理去，即数据的去向。"平均流量"是指在单位时间（每天、每周、每月等）内的数据流传输次数。"高峰期流量"则是指在高峰时期的数据流量。

4）数据存储：数据流图中数据块的存储特性说明。

数据存储是数据结构停留或保存的地方，也是数据流的来源和去向之一。对数据存储的描述通常包括以下内容：

数据存储描述 ={ 数据存储名，说明，编号，流入的数据流，流出的数据流，组成：[数据结构]，数据量，存取方式 }

其中"数据量"是指每次存取多少数据，每天（或每小时、每周等）存取几次等信息。"存取方法"包括是批处理，还是联机处理；是检索还是更新；是顺序检索还是随机检索等。

另外"流入的数据流"要指出其来源，"流出的数据流"要指出其去向。

5）处理过程：数据流图中功能块也就是加工的说明。

数据字典中只需要描述处理过程的说明性信息，通常包括以下内容：

处理过程描述 ={ 处理过程名，说明，输入：[数据流]，输出：[数据流]，处理：[简要说明]}

其中"简要说明"中主要说明该处理过程的功能及处理要求。功能是指该处理过程用来做什么（并不是怎么样做）。处理要求包括处理频度要求，如单位时间里处理多少事务，多少数据量，响应时间要求等，这些处理要求是后面物理设计的输入及性能评价的标准。

5.1.2　Gane 和 Sarsen 结构化系统分析方法

软件需求分析的主要目标是确定项目必须向用户提供什么，以及项目产品要满足的约束条件。对已经初步获取出来，并且经过多次迭代后形成的需求描述，还需要利用需求分析技术进行深入的研究，才能形成用户和项目开发人员都认可的软件需求规格说明。

Gane 和 Sarsen 的结构化系统分析方法作为主流的传统需求分析技术是以系统中数据流动为重点，对数据出入系统边界形态、系统内部处理进行研究来分析用户的要求。其分析过程分为 9 个步骤。依据这 9 个步骤，可以得到用户需要满足的主要功能、数据存储和大小、对软硬件的要求，以及输入 – 输出的规格说明。九个步骤如下所示：

1）在需求初步获取的基础上运用逐步求精的方法画数据流图，数据流图分层描述。
2）决定软件系统实现数据流图中哪些部分。
3）确定数据流图中数据流的细节。
4）定义数据流图中加工的处理逻辑。
5）定义数据流图中涉及的数据存储。
6）定义满足项目需要的物理资源。
7）确定项目需要满足的输入 – 输出规格说明。
8）确定系统中输入数据、中间计算结果、输出数据的大小。
9）根据步骤 8 中的计算结果，确定硬件要求和约束。

数据流图是传统结构化需求分析方法描述数据、加工、存储的最基本工具，可以帮助确定项目中的逻辑数据流。在数据流图中的每个数据、加工和数据存储可以在数据字典的定义中给出详细描述。

5.2 结构化分析实例

5.2.1 逐步求精数据流图

智慧教室是一个较为复杂的问题，一次性得到一张完整的数据流图比较困难，可以按照系统抽象层次结构进行逐步求精，并采用分层数据流图表示。

第一次求精着眼于系统与外部环境交互产生的数据流，把整个系统视为一个大的加工，然后根据系统从哪些外部实体接收数据流，以及系统发送数据流到哪些外部实体，画出数据流图。这张图通常称为顶层数据流图。以学生和系统交互为例，学生会向系统发请假申请、考勤申诉两类信息，系统经过处理后会将结果反馈给用户。智慧教室系统的顶层数据流图如图 5-2 所示。

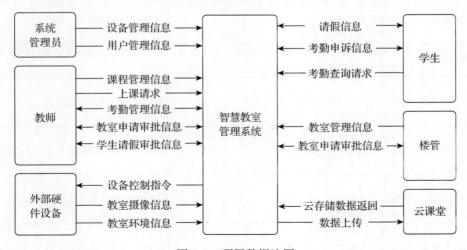

图 5-2 顶层数据流图

设计顶层数据流图时，只关注系统和外部实体之间的交互，而系统内部相当于黑盒。通过逐步求精，把顶层图中的系统进行功能分解，分解成若干个加工，并用数据流将这些加工连接起来，使得顶层图的输入数据经过若干加工处理后，变成顶层图的输出数据流。将一个加工按照分解过程画出一张数据流图的过程就是对该加工的分解，如图 5-3 所示为第一次细化后的数据流图。要注意测试贯穿软件的整个生命周期，在逐步求精的过程中也要不断进行。我们应该审核本次数据流图修订是否有遗漏或者出错；如果有，在修订本次分解数据流图的同时也要考虑对顶层数据流图进行更新。

对数据流图的进一步分解求精时，可以把每个加工看作一个小系统，把加工的输入 / 输出数据流看成小系统的输入 / 输出流，逐步画出每个子系统加工的数据流图。以课堂管理为例对结果进行求精，求精后数据流图如图 5-4 所示。

在本次分解过程中，我们会发现多了"云课堂管理"这个加工，要考虑这个加工是否属于本次项目边界之内，如果是系统边界之内的要考虑对第 4 章得到的用例图进行修正，如果属于边界之外的，要考虑将云课堂管理作为外部实体，同样需要修订顶层数据流图和其他数据流图。

在回答以上问题后，对人脸考勤管理加工进一步细化得到的求精结果如图 5-5 所示。

5.2.2　定义数据字典

在软件需求分析阶段，需要建立数据字典。数据字典对数据流图中的各个元素做出详细的说明。数据字典中数据流、数据存储的逻辑内容可以用数据项或者由若干个数据项组成的数据结构来定义，以人脸考勤管理为例进行数据字典分析，部分词条定义如表 5-3 所示，人脸考勤请求、拍摄指令数据流以及考勤信息和人脸信息数据存储在练习中补充完整。

表 5-3　人脸考勤管理数据字典部分词条

数据元素名	定义	描述
教室摄像信息	教室编号（10 个字符） 设备编号（10 个字符） 采集时间（10 个字符，格式 YYYY-MM-DD） 文件类型（图片） 文件路径（20 个字符）	从摄像头捕获的教室摄像信息
人脸图像	采集时间（10 个字符，格式 YYYY-MM-DD） 文件类型（图片） 文件路径（20 个字符）	处理后的人脸图片
人脸特征信息	生成时间（10 个字符，格式 YYYY-MM-DD） 格式（byte 数组）	人脸特征信息是图像识别软件生成的 byte 数组
摄像头捕获图像	过程 输入：人脸考勤请求 输出：拍摄指令	从摄像头捕获的摄像信息
人脸图像预处理	过程 输入：教室摄像图像 输出：人脸图像	预处理教室图像信息，返回人脸图像信息
SDK 人脸识别	过程 输入：人脸图片 输出：人脸特征信息	根据人脸图片提取人脸特征信息
人脸信息库比对	过程 输入：人脸特征信息 输出：匹配结果	根据人脸特征信息与人脸信息库进行匹配

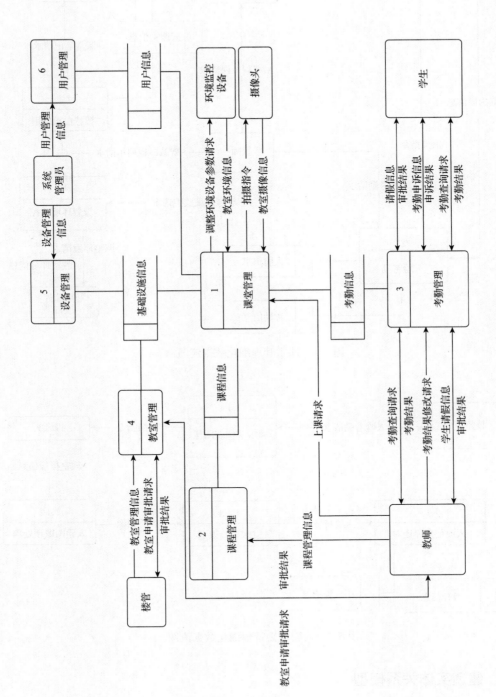

图 5-3 第一次细化数据流图

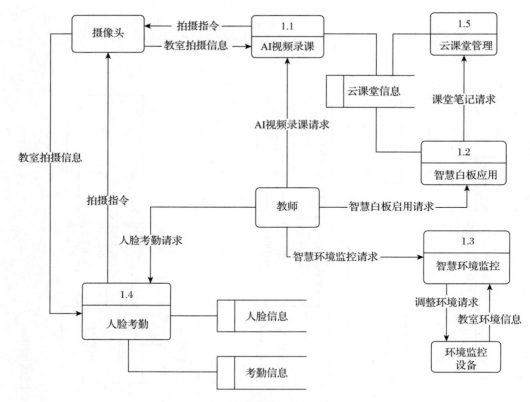

图 5-4　课堂管理细化数据流图

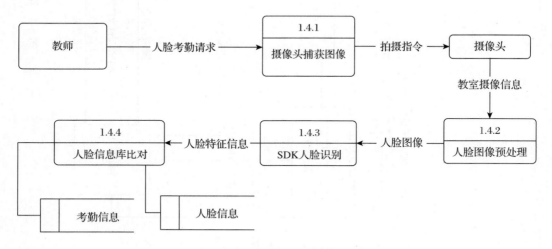

图 5-5　人脸考勤管理细化数据流图

5.2.3　建造实体关系模型

根据数据流分析，接下来便能够进行数据库设计。我们针对各项数据的关系画了部分实体关系图，如图 5-6 所示。

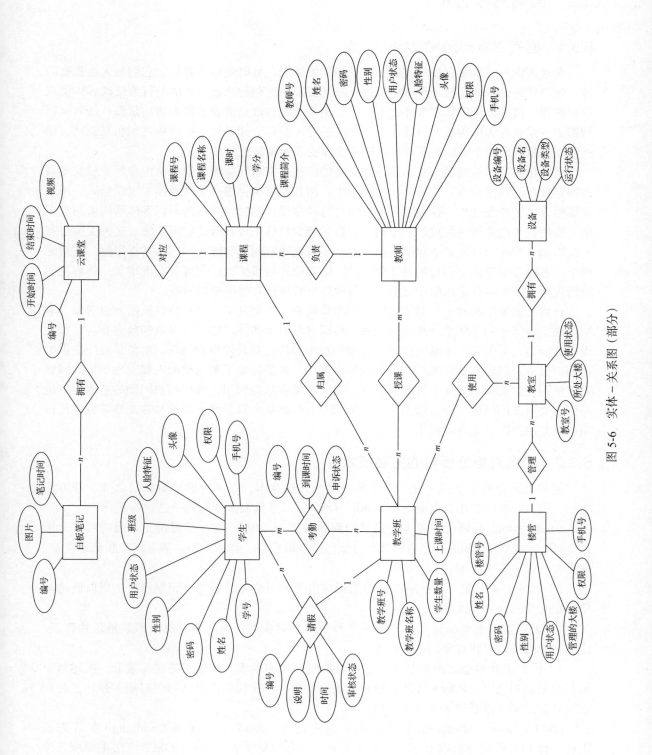

图 5-6 实体－关系图（部分）

5.3　面向对象分析

5.3.1　面向对象方法和结构化方法

在现实世界中客观存在的实体和主观抽象的概念，有时被称为客体，它们是人类观察问题、解决问题的主要目标。客体的属性反映其在某一时刻的状态，客体的行为反映客体能从事的操作。这些操作附着在客体之上，可以用来设置、改变或者获取客体的状态。任何问题域都由一系列的客体构成，因此，人们解决问题的基本方式是让这些客体之间相互驱动、相互作用，最终使每个客体按照设计者的意愿改变其属性状态。

结构化方法求解问题的基本策略是从功能的角度审视问题域。它将应用程序看成实现某些特定任务的功能模块。在每个功能模块中，用数据结构描述待处理数据的组织形式，用算法描述具体的操作过程。这种做法导致在进行程序设计的时候，不得不将客体所构成的现实世界映射到由功能模块组成的解空间中，以功能为目标来设计构造应用系统。这种变换过程不仅增加了程序设计的复杂程度，而且背离了人们观察问题和解决问题的基本思路。在问题域中，客体是稳定的，而行为是不稳定的。随着软件规模扩大、软件复杂度增加，将解决问题的视角定位于不稳定的操作之上，使得软件日后维护和扩展相当困难。

在面向对象的技术中，对象由数据和操作组成。类定义了具有相似性质的一组对象。对象与现实世界中的客体是一种对应关系，可以对应有形实体，也可以对应抽象内容。对程序设计者而言，对象是一个具有信息性内聚的程序模块；对其他用户而言，对象是程序提供给他们的服务，只须知悉对象接口形式就可以调用，并不需要了解它们的内部实现细节。因此对象使用比较简单、方便、可靠和安全。面向对象方法将利用计算机解决问题的基本方法统一到人类解决问题的一般方法上来，对象所具有的抽象、封装性、继承和多态性等特征使得面向对象的方法迅速发展起来。

5.3.2　面向对象分析中的主要技术

面向对象分析（OOA）是一种半形式化的分析技术。在多种面向对象的软件工程方法中，比较有影响的应用有 Booch、OOSE、OMT，以及后面出现的统一过程等。

Grady Booch 是面向对象方法最早的倡导者之一。他于 1986 年提出了"面向对象分析与设计"（OOAD）。Booch 提出的开发模型包括逻辑模型、物理模型、静态模型和动态模型，通常包含以下开发步骤。

1）发现类和对象，在一定抽象层面标识出类和对象，包括分析识别场景，提取候选对象，定义类属性和操作等；

2）确定类和对象的语义，将期望的行为赋予对象类，为每个对象枚举其角色和责任，定义相关操作，寻找对象间的协同等；

3）标识类和对象之间的关系，定义对象间存在的继承、依赖、关联关系等，描述每个参与对象的角色等。Booch 方法有很强的表达能力，其迭代和增量的思想对很多软件工程开发设计阶段的建模提供了重要的指导。

OMT（Object Modeling Technique）方法是由 Loomis、Shah 和 Rumbaugh 在最先提出的实体和关系模型基础上进一步扩展了类、行为以及继承等得来。OMT 方法主要用三种模型来描述系统：对象模型表述对象静态的结构以及它们之间的相互作用关系（例如，操作和继承等）；动态模型描述系统动态的变化特点，包括状态和活动等；功能模型描述与数据值的变换有关的系统特征，不同数据值之间在系统内的转换，包括处理、数据存储、数据流等概念。

Jacobson 提出了"面向对象软件工程"（OOSE）方法，其核心是用例驱动，建立面向对象的分析模型和设计模型。OOSE 方法主要用五种模型来描述系统：需求模型（Requirement Model，RM），分析模型（Analysis Model，AM），设计模型（Design Model，DM），实现模型（Implementation Model，IM），测试模型（Testing Model，TM）。OOSE 的开发活动主要包括分析、构造、测试三个过程。

Coad-Yourdon 的"面向对象分析与设计"（OOA/OOD）方法发表于 1991 年。OOA 主要针对问题域，识别出有关的类或对象以及它们之间的关系，产生一个映射问题域，能满足用户需求，独立于实现的分析模型。OOA 模型由五个层次（主题层、类及对象层、结构层、属性层和服务层）和五个活动（标识对象类、标识结构、定义主题、定义属性和定义服务）组成。在这种方法中定义了一般与特殊的分类结构关系和反映了对象之间的整体与部分的组装结构关系。OOA 在定义属性的同时，要识别实例连接。OOA 在定义服务的同时要识别消息连接。

统一过程使用统一建模语言（Unified Modeling Language，UML）来表示要开发的软件。UML 是面向对象开发中一种通用的图形化建模语言，UML 的出现既统一了 Booch、OMT、OOSE，以及其他方法，又统一了面向对象方法中使用的符号，在提出后不久就被 OMG 接纳为其标准之一。

目前很多交互式可视化建模工具所提供的代码等都能将模型转换成一种编程语言，或者利用相应的工具和方法将这些代码逆向转换为 UML 图。基于 UML 建模可以分为静态和动态两类：基于用例图、对象图以及类图等创建的模型为静态模型；基于状态图、活动图等创建的模型为动态模型。在大多数情况下，采用这些模型的组合来描述系统，通过可视化建模以直观的方式来描述系统的一些关键过程。

UML 的定义包括 UML 语义和 UML 语法两个部分。UML 对语义的描述使开发者能在语义上取得共识，消除了不同表达方法所造成的影响。UML 语法定义了 UML 符号的表示法，为开发者或开发工具使用这些图形符号和文本语法为系统建模提供了标准，如表 5-4 所示。

表 5-4 UML 部分语法描述

名称	定义	符号表达
类	对一组具有相同属性、相同操作、相同关系和相同语义的对象的描述	类名
对象	对象是类的实例	对象名：类名　　：类名
接口	描述了一个类或构件的一个服务的操作集	○
参与者	在系统外部与系统直接交互的人或事物	(人形符号)

（续）

名称	定义	符号表达
注释	用来对模型中的元素进行说明、解释	
依赖	依赖是两个事物之间的语义关系，其中一个事物（独立事物）发生变化，会影响到另一个事物（依赖事物）的语义	┄┄┄┄┄>
关联	关联是一种结构关系，它指明一个事物的对象与另一个事物的对象间的联系	────────
泛化	是一种特殊或一般的关系，也可以看作继承关系	─────▷
实现	实现是类元之间的语义关系，其中的一个类元指定了由另一个类元保证执行的契约	┄┄┄┄▷

5.3.3 面向对象分析方法的主要步骤

面向对象分析的目标主要是完成对求解问题的分析，建立系统的需求分析模型，包括对象模型、动态模型和功能模型等。

- 对象模型：对用例模型进行分析，把系统分解成互相协作的分析类，通过类图和对象图描述对象、对象的属性、对象间的关系，是对系统的静态建模。
- 动态模型：描述系统的动态行为，通过顺序图、协作图描述对象的交互，以揭示对象间如何协作来完成每个具体的用例。单个对象的状态变化、动态行为可以通过状态图来表示。
- 功能模型：描述系统应该做什么，最直接地反映了用户对目标系统的需求。通常功能模型由一组数据流图或一组用例图组成。在 UML 中把用例图建立起来的系统模型称为用例模型。

可以把面向对象的分析过程分成三个主要活动：用例建模、类建模和动态建模。

- 用例建模：建立以用例模型为主体的需求模型，提出所有用例的场景，又称功能建模。
- 类建模：确定类和它们的属性，以及类间的相互关系和交互作用。
- 动态建模：确定由每个类或者子类执行的活动或对它们进行的行为。

面向对象分析从抽取类开始。可以把面向对象分析中的类分成三种类型：实体类、边界类和控制类，分别用类的构造类型 <<entity>>、<<boundary>> 和 <<control>> 表示，如表 5-5 所示。实体类为需要长期保存的信息和相关的行为建模，例如在智慧教室中的教室、传感器均是实体类。边界类为软件产品和它的参与者之间的交互行为建模，通常与输入/输出有关，例如需要输出的教室使用报表、教室使用者需要提交的借用申请表单等。控制类为系统中实现复杂的计算和算法建模，也可以是一些重要的、复杂的业务逻辑判定等。边界类和控制类比较容易从用例和场景中识别出来，比较困难的是提取实体类。

表 5-5 类的构造类型

名称	定义	符号表达
实体类	表示系统将跟踪的持久信息	实体类 <<entity>>
边界类	表示参与者与系统之间的交互，边界对象收集来自参与者的信息，并转换为可用于实体类和控制类的对象的表示形式	边界类 <<boundary>>
控制类	负责用例的实现，协调实体类和边界类对象	控制类 <<control>>

实体类的提取可以按照如下步骤进行：

1）提出所有用例的可能场景，包括正常场景和异常场景。

2）标识出这些用例和场景中的实体类（包括属性和方法，也可以在面向对象设计时深入探索）。

3）确定实体类结构和层次。

4）确定实体类之间的交互关系。

将上述步骤不断迭代和递增，最后以 UML 类图形式完成对实体类建模。

前面已经介绍过通过用例来实现对系统功能建模。用例是系统功能的一般性描述，场景是用例的一个特定实例。系统每个用例可以通过由实体类、边界类、控制类相互关联的类图来表示。用例的场景通过这些类的对象之间的交互关系和交互行为来实现，可以通过顺序图、协作图等来对这个场景进行动态建模。具体的实例在 5.4 节介绍。

在面向对象分析和设计过程中，会有越来越多的细节添加到每个用例中，扩展和求精用例的这个过程，称为用例实现。顺序图就是对用例的一个特定场景的实现。

在面向对象分析过程中，有多种方法可以帮助提取实体类。

- 用例识别。从用例和场景中识别类是提取类的一种主要方法。在这个方法中，针对每个用例，我们可以通过回答以下几个问题来识别出候选类：
  - 用例或者场景描述中，出现哪些实体或者需要哪些实体来共同合作完成？
  - 用例或者场景描述中，会产生或者存储哪些需要长期保存的信息？
  - 用例使用者需要向用例输入的信息有哪些？
  - 用例向使用者输出的信息有哪些？
  - 用例需要对哪些设备进行操作？
- 名词识别法。名词识别法是另一种比较简单实用的方法，一般由分析员和领域专家共同合作。首先用指定语言对系统进行简要的描述，通常用一个段落即可；接着从这段描述中标识出名词、代词、名词短语，并将其表示成初始的候选类，然后通过回答以下问题进一步确定类。

- 是否存在两个及以上类，表述的是同一个信息，删除冗余的候选类，仅保留一个具有描述能力的候选类。
- 删除处于系统边界之外的类，即去掉不相干的候选类。
- 删除定义不确切，或者范围过大的模糊的候选类。
- 删除性质独立性不清，应该属于类的属性的候选类。
- 删除操作独立性不强，应该属于类的操作的候选类。

- CRC 卡片。职责驱动是面向对象方法的一个主要特征。1990 年 Wiener 提出了类 – 职责 – 协作建模（Class-Responsibility-Collaboration，CRC）。CRC 模型在开始时是用卡片记录，将每个类的类名、功能（职责）和它需要调用的其他类的列表放在一张卡片中。当一个小组在描述某个系统的功能时，就可以通过检查和移动卡片来验证类图的完整性和正确性。这也是审查面向对象分析工作制品时可以采用的一种简单办法。

在面向对象分析过程中，可以根据以下一些面向对象的原则对抽取出来的类进行调整和精化。

- 抽象原则：抽象是指从许多事物中舍弃个别的、非本质的特征，抽取共同的、本质性的特征的过程。抽象是面向对象方法中使用最为广泛的原则。抽象原则包括过程抽象和数据抽象两个方面。过程抽象是指任何一个完成确定功能的操作序列，其使用者可以把它看作一个单一的实体，尽管实际上它可能是由一系列更低级的操作完成的。数据抽象是根据施加于数据之上的操作来定义数据类型，并限定数据的值只能由这些操作来修改和读取。数据抽象是 OOA 的核心原则。它强调把数据（属性）和操作（服务）结合为一个不可分的系统单位（即对象），对象的外部只需要知道它做什么，而不必知道它如何做。
- 封装原则：封装就是把对象的属性和服务结合组成为一个不可分的系统单元，并尽可能隐藏这个对象单元的内部细节。封装性是信息隐蔽在面向对象方法中的具体体现。
- 继承原则：特殊类的对象拥有其一般类的全部属性与服务，称作特殊类对一般类的继承。在面向对象分析中运用继承原则，就是在每个由一般类和特殊类组成的一般 – 特殊结构中，把一般类的对象实例和所有特殊类的对象实例都共同具有的属性和服务，一次性地在一般类中进行显式定义。在特殊类中不再重复地定义一般类中已定义的东西，但是在语义上，特殊类却自动地、隐含地拥有它的一般类（以及所有更上层的一般类）中定义的全部属性和服务。
- 分类原则：把具有相同属性和服务的对象划分为一类，用类作为这些对象的抽象描述。分类原则是抽象原则运用于对象描述时的一种表现形式。
- 聚合原则：又称组装，把一个复杂的事物看成若干个比较简单的事物的组装集合体，从而简化对复杂事物的描述。
- 关联原则：是人类思考问题时经常运用的思想方法，即通过一个事物联想到另外的事物。能使人产生联想的原因是事物之间确实存在着某些联系，也是存在联系的事物之间最普遍、最广泛的一种关系。
- 消息通信原则：要求对象之间只能通过消息进行通信，不允许一个对象直接地存取另外一个对象内部的属性。消息通信原则是由于对象的封装原则而引起的。在面向对象分析中要求用消息连接表示对象之间的动态联系，由一组相互通信的对象共同实现系统的某项功能。

- 粒度控制原则：是和抽象相关的观念。人们在面对一个复杂的问题域时，不可能在同一时刻既能纵观全局，又能洞察局部。因此需要控制自己的视野：考虑全局时，在较高的抽象层面关注系统主要组成部分，暂时不详察探究每一部分的具体细节；而到较低的抽象层面考虑某部分的细节时则暂时撇开其他不考虑的部分。与粒度相关的另一概念是"主题"。一个系统可以由若干个主题构成，一个"主题"是将关系比较密切的类及对象组织在一起，便于用户从不同的粒度来理解系统。这就是粒度控制原则。
- 行为分析原则：现实世界中事物的行为是复杂的。由大量事物所构成的问题域中的各种行为往往也是相互依赖、相互交织，通过对象的行为建模用于描述某时刻对象及其交互的变化。

5.4　面向对象分析实例

第 4 章已经描述了智慧教室系统主要功能。为了便于本节参考，我们再将该问题重复一遍。系统用户通过智慧教室终端来实现对系统的操作控制。系统的主要用户包括系统管理员、楼管、学生、教师。系统管理员管理用户信息和设备信息；楼管通过楼管界面对教室进行管理；学生是智慧教室的使用者，可以通过学生界面查看考勤信息和课程的录制内容；教师可以通过终端启动课程录制功能、教室智能设备的开关，还可以通过教师界面对学生和考勤结果进行管理。

5.4.1　功能建模

功能建模包括提供用例和用例对应的场景。用例提供了整个功能的一般描述，场景是用例的一个实例。在功能建模时需要找到用例的所有正常场景和异常场景。这个过程也是迭代递增的。场景可以使面向对象分析小组更深入理解要建模的系统特性，在实体类建模中会使用这些信息。在 4.3 节已经给出了用例图和用例描述。下面给出学生和教师查看考勤结果以及系统管理员进行设备管理的用例场景描述，如表 5-6 和表 5-7 所示。

表 5-6　查看考勤结果用例场景描述

用例名称	查看考勤结果
主要参与者	学生 A、教师 B
简要说明	1. 学生 A：希望能查询到自己的考勤结果 2. 教师 B：希望能够快速、方便地查询所有学生的考勤结果
前置条件	学生 A 使用学号和密码登录系统 教师 B 使用工号和密码登录系统
后置条件	学生 A 和教师 B 顺利查询到考勤记录
基本流程	1. 学生 A 和教师 B 点击左侧考勤管理菜单，选择考勤记录查询选项 2. 系统判断用户是否拥有权限，若有权限则进行下一步 3. 学生 A 和教师 B 分别选择查询内容，点击确定 　①学生 A 在下拉菜单项中选择查询课程 a，查询时间区间 t 　②教师 B 在下拉菜单项中选择查询课程 a，查询时间区间 t 4. 查询界面显示用户查询结果 　①学生 A 显示本人的考勤结果 　②教师 B 显示本门课程的所有教学班学生考勤结果 5. 考勤记录查询操作完成。选择退出查看考勤结果将返回系统上一级，否则回到第 3 步
扩展	系统判断用户是否拥有权限，若没有权限则查询结束

表 5-7 设备管理用例场景描述

用例名称	设备管理
主要参与者	系统管理员 A
简要说明	系统管理员 A：希望能够准确快速对设备信息进行增、删、改、查
前置条件	系统管理员 A 必须登录系统并具有设备管理权限
后置条件	存储服务站有关更新信息，得到所查询设备的具体信息
基本流程	1. 系统管理员 A 进入系统，选择设备管理菜单选项 2. 系统管理员 A 在设备管理菜单选项中选择具体的菜单条目 　①增加设备：系统管理员 A 按系统提示录入新增设备的所有信息，其中设备信息包括：设备名称、型号、生产日期、保修期间、入库时间、价格、生产厂商等 　②修改设备：系统管理员 A 选择显示的设备原有信息项，对需要修改的信息进行操作 　③删除设备：输入所要操作的设备编号或者设备名称，或者直接在下拉框选择具体设备，对显示所选择的设备信息直接删除，并多次确认删除操作 　④查询设备：输入所要操作的设备编号或者设备名称，或者直接在下拉框选择具体设备，系统将显示选择设备的现有信息 3. 除了第 2 项中的第 4 项操作以外若对现有设备信息做出更改，单击"保存"，系统保存信息并发送到外部数据库进行更新 4. 系统显示操作成功，并提示选择接下来所要进行的工作或者退出设备管理 5. 选择退出设备管理将返回系统上一级，否则回到第 1 步
扩展	1. 系统在任意时刻失败，系统管理员 A 重新登录，请求恢复上一状态；系统重建上一状态 2. 系统管理员 A 输入设备信息不符合系统规范，系统向管理员 A 提示输入有误，记录此错误；系统管理员 A 重新输入相关信息 3. 在查找具体设备时发现无效设备编号 　①系统提示错误并拒绝查找 　②系统管理员 A 响应该错误，重新输入

　　此外，若要展示特定场景内的过程或者操作的工作步骤可以使用 UML 中的活动图来图形化表示。

　　图 5-7 为查看考勤结果的活动图。在 UML 中，活动图主要用于为计算性和组织性过程（即工作流）建模，相关活动之间的数据流也在其覆盖范围之内。活动图（activity diagram）主要由活动和动作构成，也可以支持分支选择、迭代、并行。活动图的基本组成部分，如表 5-8 所示。

　　此外，泳道图是活动图的一种变形，泳道图是将模型中的活动按照职责组织起来，通过将活动组织成用线分开的不同区域来表示。泳道图按角色划分为多个泳道，每个角色的活动散落在各个角色对应的泳道里。泳道用纵向分割图的并列条形部分表示，就像游泳池中的泳道，故这些区域被称作泳道。

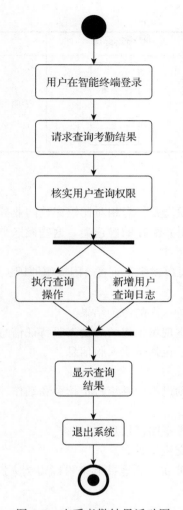

图 5-7　查看考勤结果活动图

表 5-8　活动图基本组成部分的描述

名称	图形符号	描述
动作	动作名称	定义事件或活动的当前条件
控制流	→	是指执行或评估命令式或声明式程序的各个语句，指令或函数调用的顺序
对象流	----→	动作状态或者活动状态与对象之间的依赖关系，表示动作使用对象或者动作对对象的影响
同步条	▬▬	分为水平同步条和垂直同步条两种，用于将一个控制流分为两个或多个并发运行的分支
初始状态	●	显示工作流的初始状态
最终状态	◉	显示工作流的最终状态

（续）

名称	图形符号	描述
泳道		表明每个活动是由哪些对象负责完成

5.4.2 类建模

针对问题域建立起来的类模型是一个相对比较完整的业务模型，根据具体问题的描述和在上一章中的用例描述，可以得到潜在的候选类。这些候选类可以归纳到实体类、控制类或者边界类中。

例如，根据人脸考勤用例可以得到下列类（因篇幅原因，此次只罗列一部分类）。

（1）实体类

● 考勤记录表：记录用户每一次的考勤结果。

● 人脸采集信息：保存教室现场采集的考勤人脸特征信息。

● 学生信息：保存学生信息包括学生人脸信息。

（2）控制类

● 人脸考勤：负责处理考勤过程中系统特定指令和动作。

（3）边界类

● 摄像头接口：负责获取教室图像信息。

● 教师界面：教师与系统交流的媒介。

将上述候选类按照一定的关联关系连接起来可以得到人脸考勤用例初始类图，如图 5-8 所示。

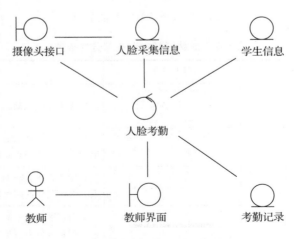

图 5-8　考勤管理用例的初始类图

考勤系统开始工作后，通过摄像头将图片信息传递到考勤系统内部，再将人脸信息和学生信息传送给考勤系统，考勤系统得出考勤结果后，将结果放入考勤记录表；此外，教师还可以通过查询界面查看考勤记录,这些查询的信息和数据均由考勤记录表提供。

同样,我们对用户管理用例进一步分析可以得到该用例的初始类图,如图 5-9 所示。

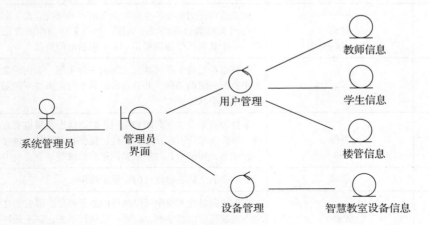

图 5-9　用户管理用例的初始类图

在对每一个用例提取出初始类图后,要进行逐步迭代和递增,合并每个用例得到的类图可以得到一张系统初始类图,如图 5-10 所示将人脸考勤用例和用户管理用例的类图进行合并,后续可进一步加入其他用例类图并迭代精化。

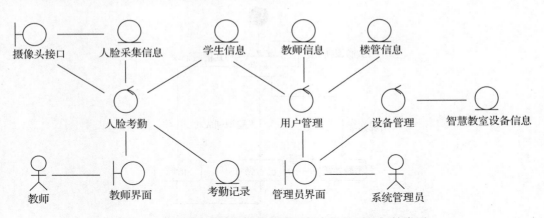

图 5-10　智慧教室管理系统部分用例合并得到的初始类图

5.4.3　动态建模

1.状态图

状态图是一种行为图,它描述一个特定对象的所有可能的状态以及引起状态转换的事件,基本符号表示如表 5-9 所示。

状态图支持的是基于事件的建模。事件驱动的建模描述的是一个系统如何对外部或者内部事件做出响应。状态图描述了系统状态以及导致状态间转换的事件。例如我们可以根据前面的分析得到智慧教室管理系统的学生考勤状态图,如图 5-11 所示。

表 5-9　状态图基本组成描述

名称	图形符号	描述
状态	状态	状态指的是对象在其生命周期中的一种状况，处于某个特定状态中的对象必然会满足某些条件、执行某些动作或者是等待某些事件。一个状态的生命周期是一个有限的时间阶段
转移	→	转移指的是两个不同状态之间的一种关系，表明对象在第一个状态中执行一定的动作，并且在满足某个特定条件下由某个事件触发进入第二个状态
事件	事件	事件指的是发生在时间和空间上的对状态机来讲有意义的那些事情。事件通常会引起状态的变迁，促使状态机从一种状态切换到另一种状态，如信号、对象额度创建和销毁等
活动	活动	活动指的是状态中进行的非原子操作
动作	动作	动作指的是状态机中可以执行的原子操作。即它们在运行的过程中不能被其他消息中断，必须一直执行下去，以至最终导致状态的变更或者返回一个值
初始状态	●	表示对象创建时的状态，每一个状态图一般只有一个初始状态
终止状态	◉	每一个状态图可能有多个终止状态

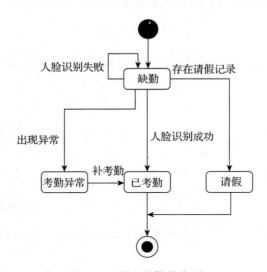

图 5-11　学生考勤状态图

2. 顺序图

一旦通过用例确认事件就可以创建一张顺序图，顺序图与协作图相比，前者更强调消息的时间关系，后者更强调对象之间的消息传递即协作。顺序图由以下基本符号组成，如表 5-10 所示。

表 5-10 顺序图基本组成描述

名称	图形符号	描述
对象	对象	表示参与交互的对象，每个对象下方都有生命线，表示该对象在某段时间内是存在的
激活		活动者或对象处于执行状态的时间段
简单消息	──────→	消息用来说明顺序图中不同活动对象之间的通信，用从活动对象生命线到接收对象生命线的箭头表示。简单消息不考虑通信的细节，只描述消息如何在对象间进行传递
同步消息	──────▶	表示两个通信应用之间必须要进行同步。调用者发出消息后必须等待消息被处理后，才可以继续执行自己的操作
异步消息	──────➢	表示两个通信应用之间可以不用同时在线等待。调用者发出消息后不用等待消息处理返回，就可以继续执行自己的操作。可用于表述实时系统的并发行为
返回消息	◁-------	表示从同步消息激活的过程返回到调用者的消息
自调用消息	⬏	表示发出消息和接收消息的是同一个对象，即调用对象自己的应用
删除	✕	表示对象或活动的执行已经结束并被删除，标于生命线或激活上

图 5-12 给出了智慧教室系统中"人脸考勤"用例的顺序图。在用例交互中，参与者对系统发起事件，通常需要某些系统操作对这些事件加以处理。在"考勤"顺序图中，参与者是教师，操作终端发送考勤指令，即由操作终端所引发出的一系列动作。

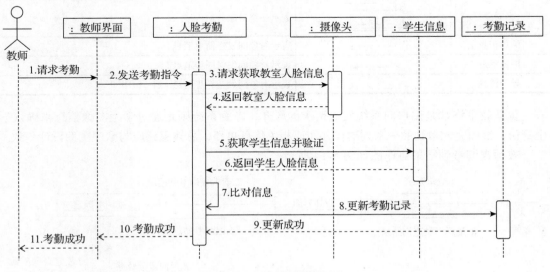

图 5-12 人脸考勤顺序图

教师查询考勤记录顺序图如图 5-13 所示。

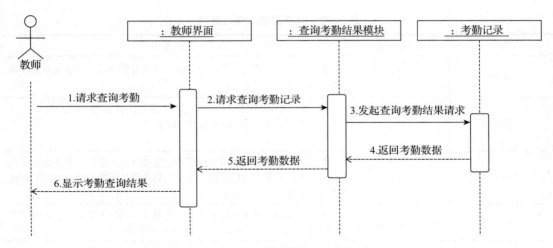

图 5-13　教师查询考勤记录顺序图

3. 协作图

协作图强调的是发送和接收消息的对象之间的组织结构，是一种作用于显示对象之间如何进行交互以执行特定用例或者用例中特定行为的交互图。协作图没有时间维，因此为了表达消息和并发线程的时间顺序，必须在消息前加上序号标识。协作图由以下基本部分组成，如表 5-11 所示。

表 5-11　协作图中的部分符号

名称	表示	描述
对象	: 对象	代表类的一个特定实例，表示参与交互的对象
多对象	: 对象	表示一组对象
简单消息	→	表示对象间发送简单消息
同步消息	→	表示对象间发送同步消息
异步消息	→	表示对象间发送异步消息

智慧教室终端是用户向系统发送请求的媒介，考勤系统则是通过学生图像信息来确认学生身份，继而完成考勤的一系列动作并完成相关信息更新，总体思路应与顺序图的设计一致。

教师查询考勤结果协作图如图 5-14 所示。

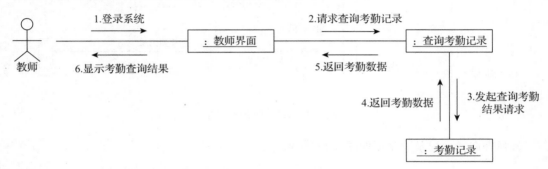

图 5-14　教师查询考勤结果协作图

5.5 形式化分析技术

大规模软件系统由于故障和错误难以避免，往往带来极大的危害。例如，1996 年，耗资 80 亿美元的欧洲航天局阿丽亚娜 501 火箭升空 37 秒后爆炸，其主要原因是惯性制导系统软件出现了规约设计错误；2000 年，诺基亚提供的系统软件中的一个错误，致使德国一家移动电话公司的通信服务被中断 3 小时，造成严重经济损失；2017 年，波音 737MAX 机型投入商用，随后在 2018 年和 2019 年发生两起致命坠机事故，共造成 346 人丧生，导致这个机型飞机不得不停飞，其原因之一为关键系统软件中错误的设计和性能假设。从以上例子中可以看出，软件系统本身的质量是否可信赖已经成为很多涉及经济、国防等关键系统能否正常运转的重要因素之一。

形式化方法（formal method）是验证软件系统是否高度安全可靠的重要方法，是提高软件质量的有效途径。在软件工程领域，形式化方法是基于数学的描述和验证软件系统的一种方法。形式化方法利用数学的严密性去证明系统的正确性，能够精确揭示各种逻辑规律，制定相应的逻辑规则，形成一套严密的理论体系，提供一个完整的框架，使得人们可以在这个框架中以一种系统的方式描述和验证软件系统。

将形式化方法按照阶段划分，可分为三个阶段：形式化规约（formal specification）、形式化验证（formal verification）和形式化精化（formal refinement）。

形式化规约是用具有精确语义的形式化语言描述软件系统功能，表达软件系统应该"做什么"。形式化规约主要分为两类：一类是系统建模，通过构造待检验系统的计算模型来刻画系统的行为特征；另一类为待验证系统性质建模，定义系统必须满足的一些性质。

形式化验证和形式化规约之间具有紧密的联系。形式化验证的宗旨为检验系统模型是否满足性质模型的要求，是形式化方法所要解决的核心问题。目前常见的形式化验证方法主要分为两类：定理证明（theorem proving）和模型检验（model checking）。定理证明的基本思想是采用逻辑公式描述系统和性质，通过一些公理或推理规则证明系统具有特定的性质。定理证明的优点是能够处理无限状态的问题，但是现有方法不能完全自动化，要求具有较强专业背景知识的用户参与。模型检验是对有穷状态系统的形式化验证，基于状态搜索的基本思想，首先用形式化语言精确且无歧义地描述系统行为，然后用算法对系统模型的状态进行遍历，并在系统不满足性质时提供反例路径。模型检验的优点是完全自动化，并且提供的反例对于用户排除错误有极大的帮助。

形式化精化的含义是从抽象的形式化规约推演出具体的面向计算机的可执行程序代码。

根据表达方式和能力，形式化方法可以分为以下五类：

- 基于模型的方法：通过明确定义状态和操作来建立一个系统模型。该方法显式说明系统如何从一个状态转换到另一个状态，例如 Z 语言、VDM 和 B 方法等。
- 基于网络的方法：由于图形化表示法易于理解，而且非专业人员更方便使用，因此它是一种通用的系统确定表示法。该方法采用具有形式语义的图形语言，为软件工程带来特殊的好处，例如 Petri 网、状态机等。
- 进程代数方法：通过限制所有容许的可观察的进程间的通信来表示系统行为。此类方法的优势是允许并发进程的显式表示，例如通信顺序进程（CSP）、通信系统演算（CCS）、时序排序规约语言（LOTOS）、计时通信顺序进程（TCSP）、计时可能性演算（TPCCS）等。

- 基于逻辑的方法：用逻辑描述系统底层规约、时序和行为等，采用与所选逻辑相关的公理系统证明系统达到预期目标。利用具体的编程构造扩充逻辑，通过保持正确性的细化步骤集来开发系统。这类方法有时序逻辑 TL、Hoare 逻辑、WP 演算、模态逻辑等。
- 代数方法：通过将未定义状态下不同的操作行为相联系，给出操作的显式定义。这类方法有 OBJ、Larch 族代数规约语言等。

其中，基于通信顺序进程语言是一个专为描述并发系统中通过消息交换进行交互通信实体行为而设计的一种抽象语言，具有良好的可读性，并且验证过程是完全自动化的。接下来，基于通信顺序进程语言给出一个形式化建模、验证和分析的案例（来自新加坡国立大学开发的 PAT 模型检测工具）。

该 CSP 模型为一个常见的汽车无钥匙进入系统。无钥匙进入系统可以让用户在不需要将钥匙插入汽车的情况下启动汽车，带来了极大的便利。用户可以将车钥匙放在口袋或包中，当其离汽车很近（在汽车检测到钥匙范围内）时，车门会自动打开。当用户需要发动汽车时，只需要将车钥匙放在车内任何地方，再按下控制面板上的启动 / 停止按钮即可；关闭发动机也是如此。系统设计要求有：发动机没有启动的情况下车不能开；车钥匙不可能被锁在车里；没有车钥匙的情况下车不能开。

```
// 模型需要的常量定义
#define N 2;              // 车钥匙拥有者数目（2 人）
#define far 0;            // 人离汽车远
#define near 1;           // 人离汽车近，有钥匙可以开车门
#define in 2;             // 人在车里
#define off 0;            // 汽车发动机关
#define on 1;             // 汽车发动机开
#define unlock 0;         // 车门关闭但没锁
#define lock 1;           // 车门锁住
#define open 2;           // 车门开着
#define incar-1;          // 钥匙在车里
#define faralone-2;       // 钥匙不在车里且离车很远
```

```
// 模型需要的变量定义
var owner[N] = {far, far};   // 人的位置，编号分别是 0 和 1，初始时 2 人都离车很远
var engine = off;            // 发动机状态，初始时关闭
var door = lock;             // 车门的状态，初始时门是锁住的
var key = 0;                 // 车钥匙归属，初始时在 0 号人处
var moving = 0;              // 汽车移动状态，0 是停止，1 是移动
var fuel = 10;               // 发动机油耗，1 表示短距离，5 表示长距离
```

```
// 人的行为模型，其中 i 表示人的编号（这个模型中可以是 0 也可以是 1），"[]" 表示前后连接的行为可以任意
选择，"[条件]" 表示满足条件才能进行条件后的行为（斜体字部分），"{运算}" 表示行为发生时改变一些变量
的值，箭头表示行为发生先后顺序，"&&" 和 "||" 分别表示逻辑并或者逻辑或
owner_pos(i) = [owner[i]==far]towards.i{owner[i]=near;} ->owner_pos(i)
[][owner[i]==near]goaway.i{owner[i]=far;} ->owner_pos(i)
[][owner[i]==near && door==open && moving==0]getin.i{owner[i]=in;}
->owner_pos(i)
[][owner[i]==in && door==open && moving==0]goout.i{owner[i]=near;}
->owner_pos(i);
```

```
// 车钥匙的行为模型
key_pos(i) = [key==i && owner[i]==in]putincar.i{key=incar;} ->key_pos(i)
[][key==i && owner[i]==far]putaway.i{key=faralone;} ->key_pos(i)
[][(key==faralone && owner[i]==far) || (key==incar && owner[i]==in)]getkey.i{key=i;}
->key_pos(i);
```

```
// 车门的行为模型
door_op(i) = [key== i && owner[i]==near && door ==lock &&
    moving==0]unlockopen.i{door=open;} ->door_op(i)
[][owner[i]==near && door==unlock && moving==0]justopen.i{door=open;} ->door_op(i)
[][door!=open && owner[i]==in]insideopen.i{door=open;} ->door_op(i)
[][door==open]close.i{door=unlock;} ->door_op(i)
[][door==unlock && owner[i]==in]insidelock.i{door=lock;} ->door_op(i)
[][door==unlock && owner[i]==near && key==i]outsidelock.i{door=lock;} ->door_op(i);
```

```
// 发动机的行为模型
motor(i) = [owner[i]==in && (key==i || key==incar) && engine==off && fuel!=0]
        turnon.i{engine=on;} ->motor(i)
    [][engine==on && owner[i]==in && moving==0]startdrive.i{moving=1;}
        ->motor(i)
    [][moving==1 && fuel!=0]shortdrive.i{fuel=fuel-1;
        if (fuel==0) {engine=off; moving=0;}} ->motor(i)
    [][moving==1 && fuel>5]longdrive.i{fuel=fuel-5;
        if (fuel==0) {engine=off; moving =0;}} ->motor(i)
[][engine==on && moving==1 && owner[i]==in]stop.i{moving=0;} ->motor(i)
[][fuel==0 && engine==off]refill{fuel=10;} ->motor(i)
[][engine==on && moving==0 && owner[i]==in]turnoff.i{engine=off;} ->motor(i);
```

```
// 完整系统 Car 模型，为前面子模型的复合
Car=(||||i:{0..N-1}@(motor(i) ||| door_op(i) ||| key_pos(i) ||| owner_pos(i)));
```

根据该系统的设计要求，我们进行了如下定义和断言描述，然后利用工具进行自动化验证。结果为前面两个断言不成立，则表示设计要求"发动机没有启动的情况下车不能开"和"车钥匙不可能被锁在车里"是满足的。而设计要求"没有车钥匙的情况下车不能开"不成立，搜索到的反例路径为 <init -> towards.0 -> unlockopen.0 -> getin.0 -> turnon.0 -> goout.0 -> goaway.0 -> towards.1 -> getin.1 -> startdrive.1>，分析该路径则可以重现此场景，即编号为 0 的人在持有钥匙的情况下打开车门进入车以后，开启发动机，然后带着钥匙离开车（没有关闭发动机且锁门），此时编号为 1 的人可以进入车并把车开走，此为一种可能的设计缺陷和安全隐患。

```
// 设计要求定义
#define drivewithoutengineon (moving==1 && engine==off); // 发动机没有启动的情况下车
能开
#define keylockinside (key == incar && door == lock && owner[0] != in &&
owner[1] != in);        // 车钥匙被锁在车里
#define drivewithoutkeyholdbyother (moving ==1 && owner[1] == in && owner[0] ==
far && key == 0);    // 没有车钥匙的情况下车能开
```

```
// 断言
#assert Car reaches drivewithoutengineon;        // 发动机没有启动的情况下车能开
#assert Car reaches keylockinside;               // 车钥匙能被锁在车里
#assert Car reaches drivewithoutkeyholdbyother;  // 没有车钥匙的情况下车能开
```

练习和讨论

1. 通过阅读文献了解模块的定义，并了解模块的内聚性和耦合性。

2. 在本章中出现了信息性内聚，请查阅文献，说明有哪几种模块内聚，并说明它们各自的优缺点。

3. 什么是抽象？过程抽象和数据抽象各代表什么含义？

4. 抽象类和接口有什么不同？它们分别在哪些场合使用？

5. 请按照 Gane 和 Sarsen 结构化系统分析方法完成智慧教室人脸识别系统的需求分析。

6. 阅读以下关于分层数据流图的画法，完成智慧教室管理系统分层的数据流图，并定义数据字典。

（1）分层数据流图的画法

1）画系统的输入和输出。分析与系统交互的外部实体，找出系统的输入和输出信息，用一个加工代表待开发的系统，注意数据流方向，画出系统的输入和输出图。这张图称为顶层图，表明了系统的范围，以及与外部环境的数据交互关系。

2）画系统的内部。将顶层图的加工分解成若干个加工，并用数据流将这些加工连接起来，使得顶层图中的输入数据经过若干个加工处理后变换成顶层图的输出数据流。这张图称为 0 层图。加工画出一张数据流图的过程实际上就是对这个加工的分解。

3）画加工的内部。把每个加工看作一个小系统，该加工的输入 / 输出数据流看成小系统的输入 / 输出数据流。于是可以用与画 0 层图同样的方法画出每个加工的 DFD 图。

4）对第 3 步分解出来的 DFD 子图中的每个加工，重复第 3 步的分解，直至图中尚未分解的加工都足够简单（也就是说这种加工不必再分解）为止。至此，就得到了一套分层数据流图。

5）对分层数据流图和加工进行编号。对于一个软件系统。其数据流图可能有许多层，每一层又有许多张图。为了区分不同的加工和不同的数据流图子图，应该对每张图和每个加工进行编号，以利于管理。

（2）父图与子图

假设分层数据流图里的某张图（记为图 A）中的某个加工可用另一张图（记为图 B）来分解，则称图 A 是图 B 的父图，图 B 是图 A 的子图。在一张图中，有些加工需要进一步分解，有些加工则不必分解。因此，如果父图中有 n 个加工，那么它可以有 0 至 n 张子图（这些子图位于同一层），但每张子图都只对应于一张父图。

（3）编号

顶层图只有一张，图中的加工也只有一个，所以不必编号。

0 层图只有一张，图中的加工可有多个，加工号可以分别是 0.1, 0.2, …或者是 1, 2, …。

子图号就是父图中被分解的加工号。

图的加工号由图号、圆点和序号组成。

7. 假设某高校拟进行智慧教室改造，实现以下目标：

1）通过物联网关，结合各种感应器，将教室环境的门禁、水电表、照明、空调等元素进行集中管理，打造智慧教室的舒适教学环境。

2）通过专用设备和平台，实现智慧教室的便捷管理，做到门禁授权、考勤签到、教室使用状态查询、预约管理、信息发布等功能。

3）通过建设中控台、拾音设备、智慧白板、摄像头、无线交互投屏、扩声系统等教学辅助设备，为智慧教室提供教学设备支持。

请做合理假设，选取其中一项目标，设计该子系统类图；并考虑当有新的子功能要扩展后，该如何扩展原系统。

8. 从学生角度来设计智慧教室的用例图，并给出用例描述。

9. 为智慧教室增加一个外部使用者，讨论增加使用者后需要增加哪些用例，并为该角色进行行为建模。

10. 团队作业：讨论不同分析方法对项目的需求分析会带来什么影响，并选择一种分析方法，完成自选项目的需求分析。

第6章

软件设计

学习目标

- 了解软件设计的主要目标
- 掌握有关软件设计的基本概念
- 掌握结构化软件设计的基本方法
- 重点掌握面向对象设计方法
- 掌握软件详细设计方法
- 掌握人机交互界面设计的基本原则
- 了解软件设计模式的基本概念

20 世纪 90 年代初，Mitch Kapor 发表的"软件设计宣言"中这样写道："什么是设计？设计就是你身处两个世界——技术世界和人类的目标世界，而你尝试将这两个世界结合在一起……"。

软件设计是软件工程过程中的核心技术。在这个阶段，软件工程师设计出软件的"蓝图"，创建各种软件模型，使这些模型正确反映客户的需求，并为系统实现提供软件体系结构、数据结构、接口和构件的细节。

软件设计包括一系列的原理、概念和实践，可以采用很多不同的方法来指导设计工作。传统的软件设计是从软件需求阶段出发，根据需求分析阶段确定的功能来设计软件系统的整体结构，划分功能模块并确定每个模块的接口、实现算法以及数据结构，最终形成软件的具体设计方案。面向对象的软件设计方法对 OOA 阶段得到的需求模型进行逐步扩充，进一步修改和细化类或对象，设计属性、方法以及类或者对象之间的联系，由一组协同工作的对象共同完成整个系统功能。面向对象的设计模型一般包括四个部分：问题论域、人机交互、任务管理和数据管理。

本章主要介绍软件设计的基本概念和上述两种设计方法的主要内容，并讨论软件设计的基本原则和设计模式对软件设计的影响。

6.1　软件工程中的设计

6.1.1　设计原理

在传统软件工程方法学中形成的软件设计的基本原理；在面向对象设计时依然成立，此外还增加了一些与面向对象方法特征相关的新特点。

1. 模块化

通常认为两个问题被结合到一起的认知复杂度会高于每个问题各自的认知复杂度，因此把一个复杂问题分解成若干个可管理的块来求解将会更加容易。这就是通常所说的"分而治之"的策略。

在软件工程领域，软件可以被划分成为一系列独立命名、可处理的部件，有时也被称为模块。模块是由边界元素限定的相邻程序元素（如数据说明、可执行的语句）的序列，并且有一个聚合标识符来代表这个系列，方便系统其他部分的调用。在过程化语言中过程、函数、子程序、宏等都可以看作模块。在面向对象程序设计中的类或类的方法也可以称之为模块。

模块化是一种将复杂系统分解为可管理模块的方式。这种处理问题的方式体现了设计中"关注点分离"的概念，即希望将复杂问题分解为可以独立解决和（或）优化的若干块，从而使得这个复杂问题能够更容易地被处理。但是如果无限制地划分软件，那么开发单个模块所需的工作量会变得小到可以忽略，这个结论并不成立。如图 6-1 所示，开发某个独立软件模块的工作量开始时的确随着模块数目的增加而下降。给定同样的需求，更多的模块意味着每个模块的规模更小，设计和实现模块问题的难易程度会更低一点。然而，随着模块数量增加，集成模块的工作量和软件总成本也会增加。理论上存在一个模块数量为 M 的开发成本最小区域。但是目前还缺乏必要的技术来精确地预测 M。

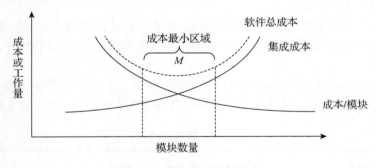

图 6-1　模块化和软件成本

模块化设计软件可以使软件开发工作更容易规划。以模块为基础来定义和交付软件，能够更容易实施需求的变更并有效地开展测试和调试，从而减少软件维护工作复杂度，在一定程度上可以保持软件原有框架的稳定性。

2. 抽象

抽象是人类在认识复杂现象过程中使用的一种思维工具。它把无数现象中相似的方面集中和概括起来，暂时忽略它们之间的差异，提取出事物的本质特征。抽象通过抑制不必要的细节，同时强调和集中在当前重要的细节来达到逐步求精的目标。

当考虑某一复杂问题的模块化解决方案时，就可以给出不同的抽象级。在最高的抽象级上，通常使用问题所处环境的语言以概括性的术语来描述解决方案；在较低的抽象级上，将提供更详细的解决方案说明；在最低的抽象层次上，可以直接用实现的方式来描述问题的解决办法。过程抽象是指具有明确和有限功能的指令序列。过程抽象的命名隐喻这些功能，但是隐藏具体的实现细节。数据抽象允许设计者在数据结构和基于这些数据结构进行操作的层面上来思考问题，而不是直接考虑数据结构和这些操作的实现细节。从这个层面上来说，数据封装是数据抽象的一种实现。数据抽象更接近人类通常的思维模式。

3. 信息隐蔽

信息隐蔽是指在设计和确定模块时，使得一个模块内包含的信息对于不需要这些信息的其他模块来说，是不可访问的。数据抽象和过程抽象是 D. Parnas 提出的信息隐蔽概念的一个例子。他提出面向未来的维护，应该在设计产品前列出一个未来可能修改实现的清单，然后设计模块，对其他模块隐藏本模块设计的实现细节。这样未来的修改都可以定位到某个特定的模块中，其他模块就不需要访问无关的其他模块。由于大多数数据和操作对软件的其他部分是隐蔽的，因此在未来的修改维护过程中，一个模块中引入错误并传递到软件其他模块的可能性就会降低。

4. 模块的独立性

模块独立性是指模块内部各部分及模块间关系的一种衡量标准。模块独立性概念是模块化、抽象概念和信息隐蔽的直接结果，也是完成模块设计中需要遵循的基本标准。模块独立性可以使用两个定性的标准评估：内聚性和耦合性。

模块的内聚性显示了某个模块相关功能的强度，是信息隐蔽概念的自然扩展。一个内聚的模块执行一个独立的任务，与程序的其他部分部件只需要很少的交互。简单地说，一个内聚的模块应该只完成一件事情。

模块的耦合性显示了模块间的相互依赖性，表明了在软件结构中多个模块之间的相互连接。耦合性依赖于模块之间的接口复杂性、引用或进入模块所在的点以及什么数据通过接口传递等因素。

Glenford J. Myers 量化了模块内聚和模块耦合的思想。其中内聚的 7 个分类定义如表 6-1 所示。内聚级别自上而下逐步提高，其中信息性内聚比功能性内聚更加支持重用。

表 6-1　模块的内聚

内聚级别 （低到高）	内聚名称	定义
1	偶然性内聚	如果一个模块内部各部分之间没联系，即使有也很松散，则称该模块为偶然性内聚
2	逻辑性内聚	模块把几种相关功能代码组合在一起，每次调用时，由传给模块的判定参数来确定该模块应执行哪一种功能
3	时间性内聚	如果一个模块内部的几个功能必须在同一时间内执行（例如一个初始化模块），但这些功能只是因为时间因素关联在一起，则称该模块为时间性内聚模块
4	过程性内聚	如果一个模块内部的处理成分是相关的，且必须以特定的次序执行，则称该模块为过程性内聚
5	通信性内聚	如果一个模块内部的各部分功能使用相同的输入数据，或者产生相同的输出数据，则称该模块为通信性内聚模块

（续）

内聚级别 （低到高）	内聚名称	定义
6	功能性内聚	如果一个模块中各个部分都是完成某一具体功能必不可少的组成部分，或者说该模块中所有部分都是为了完成一项具体功能而协同工作，紧密联系，不可分割，则称该模块为功能性内聚模块
7	信息性内聚	如果模块能够完成多个功能，各个功能都在相同的数据结构上操作，每一项功能有一个唯一的入口点，代码相对独立。这个模块将根据不同的要求，确定执行哪一个功能，则称该模块为信息性内聚模块

表 6-2 是模块的耦合，耦合级别自上而下，由高到低。一般而言，应尽量使用数据耦合，减少控制耦合，限制公共耦合，杜绝内容耦合。

表 6-2　模块的耦合

耦合级别 （高到低）	耦合名称	定义
1	内容耦合	如果一个模块直接修改另一个模块的数据，或直接跳转入另一个模块，则称这两个模块之间存在着内容耦合
2	公共耦合	如果两个模块都访问同一个公共数据环境，并且该公共数据环境是全局数据结构、共享的通信区、内存的公共覆盖区等，则称这两个模块之间存在着公共耦合
3	控制耦合	如果一个模块通过传递开关、标志、名字等控制信息，明显地控制选择另一模块的功能，则称这两个模块之间存在着控制耦合
4	标记耦合	如果两个模块通过参数表传递记录信息，并且这个记录是某一数据结构的子结构，不是简单变量，则称这两个模块之间存在着标记耦合
5	数据耦合	如果一个模块访问另一个模块，彼此间通过简单数据参数来交换输入、输出信息，并且这里的简单数据参数不同于控制参数、公共数据结构或外部变量，则称这两个模块之间存在着数据耦合
6	非直接耦合	如果两模块间没有直接关系，之间的联系完全是通过主模块的控制和调用来实现的，则称这两个模块之间不存在耦合，或者称为存在非直接耦合

内聚和耦合这两个概念密切相关。如果一个模块同其模块存在强耦合关系，常意味着这个模块本身存在弱内聚；反之一个模块存在强内聚往往意味着它和其他模块之间存在着弱耦合。通常模块间的控制耦合和具有逻辑性内聚模块有关联。在软件设计中，要尽可能保持模块内部的高内聚和模块之间的低耦合。

6.1.2　设计过程

软件设计是软件开发的关键步骤，直接影响到软件质量。软件设计的主要任务是要解决"如何做"的问题，在需求分析的基础上，建立各种设计模型，并通过对设计模型的分析和评估，来确定这些模型是否能够满足需求。在软件设计过程中一般要完成数据/类、软件体系结构、接口、构件级和部署级几个基本设计模型的创建。

- 数据设计或者类设计：首先以用户或者客户看待数据的角度来创建数据模型和（或）信息模型，然后通过逐步求精将其转化为特定于实现的表示，例如应用级别的数据库或者业务级别的数据仓库等。
- 体系结构设计：定义软件主要结构元素之间的关系、可用于达到系统所定义需求的体系结构风格、设计模式以及影响体系结构实现方式的约束。从第一个程序被划分成模块开始，软件系统就有了体系结构，体系结构是这些程序构件（模块）的结构或组织、这些构件交互的形式以及这些构件所用数据的结构。随着软件的发展，在软件体系结构设计中，软件构件可以是程序模块或者类这类简单构件，也可以是扩充到包含数据库或者是能够完成某种功能的中间件等。

- 接口设计：定义了软件和协作系统之间、软件和使用人员之间的通信。接口设计包括用户界面设计、构件间内部接口设计，以及和其他系统、设备、网络、信息生产者或使用者之间的外部接口设计。
- 构件级设计：将软件体系结构的结构元素变换为对软件构件的过程性描述。它完整描述了每个软件构件的内部细节。这里的构件通常是指"系统中模块化的，可部署和可替换的部件，封装了实现并对外开放一组接口"。在传统软件工程环境中，一个构件就是程序的一个功能要素，在面向对象的软件工程环境中，构件可以包括一组协作的类。
- 部署级设计：规划如何在物理计算环境中分布软件功能和子系统。
- 软件设计是一个迭代的过程，需求分析模型中的数据域、功能域和行为域信息是软件设计的基本输入，为创建上述基本的设计模型提供必需的要素。通过设计过程，需求被变换为用于构建软件的"蓝图"。初始时，设计是在高抽象层次上的表达——在该层次上可以直接跟踪到特定的系统目标和更具体的数据、功能和行为需求。随着设计迭代的开始，后续的精化导致生成较低抽象层次的设计表示，所有这些表示都应该体现需求的可追踪性。

从需求模型到设计模型的转化如图 6-2 所示，由基于场景的元素、基于类的元素、面向流的元素和行为元素所表明的分析模型作为设计任务的输入。使用相应的设计方法和设计表示法得到数据或类设计、体系结构设计、接口设计和构件设计。

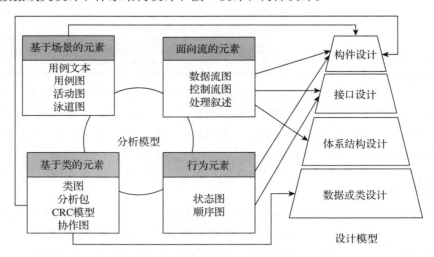

图 6-2　从需求模型到设计模型的转化

在结构化软件设计过程中，数据设计主要是将实体关系转化为文件系统结构以及数据库表结构；体系结构设计主要是对软件模块之间的关系进行定义；接口设计则是以数据流图对系统内部中的各种关系及交互机制进行定义；构件设计定义了数据结构、算法、接口特征和分配给软件各个组成部分的通信机制。

在软件设计阶段，往往存在多种设计方案，通常需要在多种设计方案之中进行决策，并使用选定的方案进行后续的软件开发活动。

设计必须实现所有包含在分析模型中的明确需求，同时也必须满足客户期望的所有隐含需求。对于程序开发者、软件测试和维护人员而言，设计必须是可读的、可理解的指南。设计需要提供软件的全貌，从实现的角度说明数据域、功能域和行为域。

在设计开始时就要考虑软件质量，需要建立软件质量指导原则，可以通过技术评审来评估设计过程和设计工作制品等。

6.2 结构化设计

6.2.1 结构化设计的主要步骤

从管理角度，结构化设计在结构化分析基础上形成系统的总体设计和详细设计。从技术的角度，传统的结构化方法将软件设计划分为体系结构设计、数据设计、接口设计和过程设计 4 部分。体系结构设计是一种从需求模型到体系结构的映射技术，实现从数据流图到软件体系结构的转化，定义软件系统各主要部件之间的关系。数据设计主要根据需求阶段所建立的实体关系图（E-R 图）来确定软件涉及的文件系统结构及数据库表结构。接口设计主要定义软件内部、软件和操作系统以及软件和用户之间该如何通信。过程设计的主要工作是确定软件各个组成部分内部数据结构及算法，并选定以某种过程表达形式来描述各种算法。结构化设计的基本流程如图 6-3 所示。

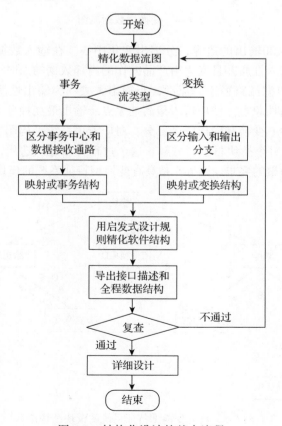

图 6-3　结构化设计的基本流程

结构化设计的基本步骤为：

1）进一步分析和审查需求分析阶段得到的数据流图。

2）根据系统的数据流图形式来确定系统的数据处理方式属于"变换型"还是"事务型"。

3）根据不同数据处理类型，参照不同的方式，逐步给出初始的系统结构图。

4）利用启发式规则（如模块的耦合性）多次修改，得到最终的系统结构图。

5）根据需求分析阶段得到的数据字典和实体关系图进行数据库设计或者是数据文件设计。

6）根据数据流图中对加工的说明、输入输出说明进行模块的接口设计。

7）使用详细设计工具（如程序流程图、程序设计语言、盒图等）描述模块内部的详细设计。

8）制订测试计划。

典型的数据流类型有变换型数据流和事务型数据流，根据不同数据流类型，可以转化成不同的系统结构。

1. 变换型数据流映射

变换型数据流问题的工作过程大致分为三步，即取得数据、变换数据和给出数据，如图6-4所示。

图 6-4　变换型数据流图

可以通过确定输入和输出的边界，分离出变化中心。在输入数据流沿着路径流动过程中，当输入失去作为输入性质并且变为由产品操作的内部数据的点时，就成为输入的最高抽象点。同样沿着输出数据流路径逆向流动，当输出失去作为输出性质并且变为内部数据的点，就成为输出的最高抽象点。使用输入最高抽象点、输出最高抽象点可以将产品变换型数据流图划分成输入、中心变换和输出三个部分，对应着该系统结构图也由输入、变换、输出3个模块组成，然后对每个模块再进行分解。这个过程可以逐次迭代，直到每个模块执行单个操作，符合模块高内聚的要求。图6-5是具有变换型特征系统的模块结构图。

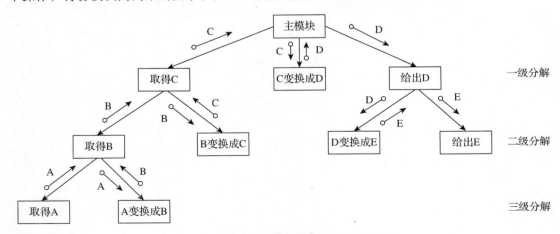

图 6-5　具有变换型特征系统的模块结构图

具有变换型数据流的软件设计步骤如下：

1）精画数据流图，着重描述系统中的数据是如何流动。

2）在数据流图上区分系统的逻辑输入、逻辑输出和中心变换部分。

3）进行一级分解，设计系统模块结构的顶层和第一层。

4）设计一个主模块，并用系统名字命名，将它画在与中心变换相对应的位置上。

5）为每个逻辑输入设计一个输入模块，它的功能是为主模块提供数据输入；为每个逻辑输出设计一个输出模块，它的功能是为主模块提供数据输出；为中心变换设计一个变换模块，它的功能是将逻辑输入转换成逻辑输出。

6）进行二级分解，设计中、下层模块。

7）自顶向下，逐层细化，为每一个输入模块、输出模块、变换模块设计它们的从属模块。

2. 事务型数据流映射

具有事务型数据流的工作过程大致是接受一项事务，根据事务处理的特点和性质，选择分派一个适当的处理单元，然后给出结果。可以将选择分派任务的部分隔离出来，称为事务处理中心，或分派部件。事务处理中心 D 按所接受的事物类型，选择某一事务处理模块执行，各事务处理模块（D1、D2、D3、D4）并列，如图 6-6 所示。

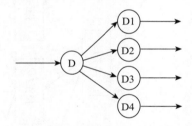

图 6-6　具有事务处理中心的数据流

事务型数据流图的映射为软件结构图的步骤如下：

1）识别事务源。利用数据流图和数据字典，从问题定义和需求分析的结果中找出各种需要处理的事务。

2）在确定了该数据流图具有事务型特征之后，根据模块划分理论，建立适当的事务型结构。

3）识别各种事务和它们定义的操作。

4）建立事务处理模块。对每一个事务或联系密切的一组事务，建立一个事务处理模块。

5）对事务处理模块设定全部的下层操作模块。

6）规定操作模块的全部细节模块，有些细节模块是多个操作所拥有的，要注意利用公用模块。

事务型系统的结构图可以有多种不同的形式，可以包含多层操作层，也可以没有操作层，如图 6-7 所示。如果调度模块并不复杂，可将其归入事务中心模块。

通常可以把系统中的所有数据流都认为是变换流，但是，当遇到有明显事务特性的数据流时，建议采用事务型映射方法进行设计。

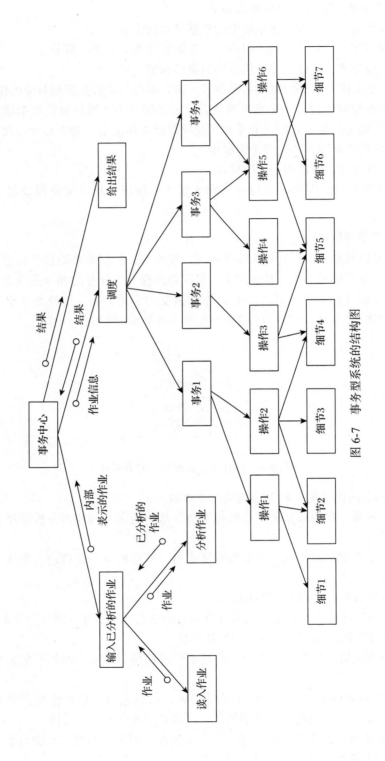

图 6-7 事务型系统的结构图

6.2.2 结构化设计实例

在第 5 章中，我们已经得到了智慧教室系统的需求分析。按照结构化设计的主要过程，本节首先对系统的模块进行划分，通过系统结构图来表示模块之间的层次关系，然后用程序设计语言（Program Design Language，PDL）来描述模块内部详细设计，并给出数据库表的部分简单设计。

1. 系统结构图

系统结构图反映了系统各个模块之间的层次关系，是软件系统结构的图形化表示。它将系统按功能逐次分割成层次结构，使每一部分完成简单的功能且各个部分保持一定的联系。根据第 5 章需求分析中得到的分层数据流图，我们知道智慧教室系统的 DFD 属于变换型数据流图，调整相应的加工后得到对应的系统结构图，如图 6-8 所示。

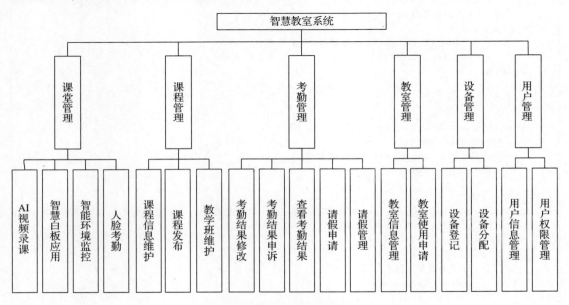

图 6-8 智慧教室系统结构图

2. 模块详细设计

本节用 PDL 给出模块的详细设计。PDL 描述的总体结构包括数据说明部分和过程部分，也可以带有注释等成分。它是一种非形式语言，对于控制结构的描述是确定的，对控制结构内部的描述语法是不确定的，所以又称伪码。控制结构内部描述可以根据不同的应用领域和不同的设计层次灵活选用描述方式，可以用自然语言。PDL 的优点在于它的清晰和准确。

下面选取用户管理的一部分内部逻辑进行描述。

```
//用户管理 PDL
void login(String 角色 , String 账号 , String 密码 ) {
    switch （角色）
    case 管理员 :
    if (verify( 账号 , 密码 ) == true) {//verify 将账号密码与数据库对应信息对比
```

```
            页面跳转到"管理员页面"；
        } else {
            页面跳转到错误页面；
        }
        break；
        case 用户或操作员或调度员或维修员：
            if (verify(账号，密码) == true) {//verify 将账号密码与数据库对应信息对比
                页面跳转到对应角色页面；
            } else {
                页面跳转到错误页面；
            }
    }

    boolean register(String 用户类型，String 用户名，String 密码) {
        if (用户名重复) {
            return false;
        } else {
            //add_to_database 将信息添加到数据库
            add_to_database(用户类型，用户登录名，密码)；
    return true；
        }
    }


    UserInfo saveUser(String 用户名) {
        UserInfo userInfo = null；
        userInfo = save_database(用户名)；
        return userInfo；
    }


    boolean updateUser(String 用户类型，String 用户登录名，String 密码，其他信息) {
        if (userIsExist() == false) { //用户是否存在
            return false；
        } else {
            // 更新数据库信息
            update_database()；
            return true；
        }
    }


    boolean deleteUser(String 用户名) {
        // 更新数据库信息
        if (userIsExist() == false) { //用户是否存在
            return false；
        } else {
            update_database()；
            return true；
        }
    }
```

3. 数据设计

根据第 5 章得到的实体关系图和数据字典定义，得到智慧教室部分的数据库设计中的表结构如表 6-3 至表 6-14 所示。

表 6-3 学生表结构

字段名	字段类型	描述	约束
id	integer	学号	主键
name	varchar	姓名	不为空
password	varchar	密码	不为空
sex	varchar	男 / 女	
state	integer	用户状态（可用 / 不可用）	不为空
gradeClass	varchar	学生所在班级	
faceFeature	blob	人脸特征	
avatar	varchar	头像	
permission	varchar	权限	
phoneNumber	varchar	手机号	

表 6-4 教师表结构

字段名	字段类型	描述	约束
id	integer	教师号	主键
name	varchar	姓名	不为空
password	varchar	密码	不为空
sex	varchar	男 / 女	
state	integer	用户状态（可用 / 不可用）	不为空
faceFeature	blob	人脸特征	
avatar	varchar	头像	
permission	varchar	权限	
phoneNumber	varchar	手机号	

表 6-5 楼管表结构

字段名	字段类型	描述	约束
id	integer	楼管号	主键
name	varchar	姓名	不为空
password	varchar	密码	不为空
sex	varchar	男 / 女	
state	integer	用户状态（可用 / 不可用）	不为空
location	varchar	楼管管理的大楼	
permission	varchar	权限	
phoneNumber	varchar	手机号	

表 6-6 系统管理员表结构

字段名	字段类型	描述	约束
id	integer	学号	主键
name	varchar	姓名	不为空
password	varchar	密码	不为空
sex	varchar	男 / 女	
state	integer	用户状态（可用 / 不可用）	不为空
permission	varchar	权限	

表 6-7 教室表结构

字段名	字段类型	描述	约束
roomId	integer	教室号	主键
location	varchar	教室所在大楼位置	不为空
status	integer	状态（可用 / 正在使用）	不为空

表 6-8 设备表结构

字段名	字段类型	描述	约束
deviceId	varchar	设备编号	主键
name	varchar	设备名	不为空
type	varchar	设备类型	不为空
runStatus	boolean	是否正在运行	不为空
roomId	integer	所在房间 id	外键

表 6-9 课程表结构

字段名	字段类型	描述	约束
courseId	integer	课程号	主键
name	varchar	课程名称	不为空
teacherId	integer	责任教师 id	外键
courseHours	integer	课时	
credit	float	学分	
intro	varchar	课程简介	

表 6-10 教学班表结构

字段名	字段类型	描述	约束
classId	integer	教学班号	主键
name	varchar	教学班名称	不为空
courseId	integer	课程号	不为空、外键
studentNum	integer	学生数量	不为空
classRoomId	integer	上课房间号	外键
teacherId	integer	主讲教师 id	外键
schedule	datetime	上课时间	不为空

表 6-11 云课堂表结构

字段名	字段类型	描述	约束
cloudId	integer	云课堂编号	主键
classId	integer	教学班 id	外键
startTime	datetime	开始时间	不为空
endTime	datetime	结束时间	不为空
videoPath	varchar	视频文件路径	不为空

表 6-12 白板笔记表结构

字段名	字段类型	描述	约束
noteId	integer	白板笔记编号	主键

（续）

字段名	字段类型	描述	约束
cloudId	integer	云课堂 id	外键
imgPath	varchar	图片文件路径	不为空
noteTime	datetime	笔记时间	不为空

表 6-13　考勤记录表结构

字段名	字段类型	描述	约束
attenId	integer	记录编号	主键
userId	integer	学生 id	外键
classId	integer	教学班 id	外键
arrTime	datetime	到课时间	不为空
state	integer	状态（正常 / 申诉 / 接受申诉 / 拒绝申诉）	不为空

表 6-14　请假记录表结构

字段名	字段类型	描述	约束
leaveId	integer	记录编号	主键
userId	integer	学生 id	外键
classId	integer	教学班 id	外键
info	varchar	请假说明	不为空
createTime	datetime	请假时间	不为空
state	integer	状态（未审核 / 批准 / 拒绝）	不为空

6.3　面向对象的设计

6.3.1　面向对象软件设计的步骤

面向对象的设计在面向对象分析的基础上做进一步规范化整理，运用面向对象方法，产生一系列符合产品实现要求的设计制品。面向对象分析建立系统的问题域对象模型，面向对象设计建立的是求解域的对象模型。由于面向对象设计以面向对象分析模型为基础且两者的模型采用一致的表示方法，因此这两者之间不存在分析与设计的鸿沟。但是两者的性质不同，分析模型可与系统的具体实现无关，设计模型则还要考虑系统的具体环境和约束。

Coad-Yourdon 的"面向对象分析与设计"（OOA/OOD）方法中，OOA 中的 5 个层次和 5 个活动继续贯穿在 OOD（面向对象设计）过程中。OOD 模型由 4 个部分组成：设计问题域部件、设计人机交互部件、设计任务管理部件、设计数据管理部件。

本节的重点是进行问题域部分的设计，继续运用面向对象分析的方法（包括概念、表示法及一部分策略），根据实现条件进行面向对象设计，而且由于需求变化或新发现的错误，也要对面向对象分析的结果进行补充与调整。

面向对象设计的步骤概括如下：

1）细化重组类。对于架构分析中确定的各个子系统，进一步细化其内部设计，例如为复用类修改结构，为了提高性能而增加类等。

2）细化和实现类间关系，明确其可见性。关系的可见性指的是一个对象能够"看见"

并且引用另一个对象的能力。在面向对象设计阶段，从语义角度将类间关系分为依赖关系、关联关系、聚合关系等，然后根据实现语言、调用第三方构件等调整类的层次关系、聚合关系和组合的细粒度、转化复杂关联，决定关系的实现方式等。

3）增加属性，指定属性的类型与可见性。需要对每个类进行详细设计，确定是否有遗漏的属性，并且确定每个属性的数据类型，指定每个属性的可见性。属性的可见性指外部对象对属性的访问权限，一般包括私有、保护和共有。

4）分配职责，定义执行每个职责的方法。明确每一个类自身应该承担哪些职责，应该为其他类提供哪些服务，将它们设计成为类的方法。可以结合 CRC 卡片来实现职责分配。

5）对消息驱动的系统，明确消息传递方式，避免对象之间的关系数目日益膨胀，形成复杂的网状结构。

6）利用设计模式进行优化设计（详见 6.5 节）。

7）画出详细的类图与时序图。

可以将这些步骤归纳为设计的两个主要工作：完善类图和进行详细设计。

面向对象设计体现了模块化、信息隐藏、强内聚低耦合思想。对象是把数据结构和操作这些数据的方法紧密地结合在一起所构成的模块。面向对象设计方法不仅支持过程抽象，而且支持数据抽象。信息隐藏通过对象的封装性实现：类结构分离了接口与实现，从而支持了信息隐藏。对于类的使用者来说，属性的表示方法和操作的实现算法都应该是隐藏的。面向对象支持软件重用。在面向对象设计中重用性有两方面的含义：一是尽量使用已有的类（包括开发环境提供的类库，及以往开发类似系统时创建的类），二是如果确实需要创建新类，在设计新类的协议时，应该考虑将来的可重用性。

此外，面向对象设计还有如下启发式规则。

（1）设计结果应该清晰易懂

设计结果清晰易懂，可以提高软件可维护性和可重用性。为使设计结果清晰易懂，应该注意以下几点：

- 用词一致。应该使名字与它所代表的事物一致，而且应该尽量使用人们习惯的名字。不同类中相似服务的名字应该相同。
- 使用已有的协议。如果开发同一软件的其他设计人员已经建立了类的协议，或者在所使用的类库中已有相应的协议，则应该使用这些已有的协议。
- 减少消息模式的数目。如果已有标准的消息协议，设计人员应该遵守这些协议。如果确需自己建立消息协议，则应该尽量减少消息模式的数目，只要可能，就使消息具有一致的模式，以利于读者理解。
- 避免模糊的定义。一个类的用途应该是有限的，而且应该可以从类名较容易地推测出它的用途。

（2）一般－特殊结构的深度应适当

应该使类等级中包含的层次数适当。一般说来，在一个中等规模（大约包含 100 个类）的系统中，类等级层次数应保持为 7±2。不应该仅仅从方便编码的角度出发随意创建派生类，应该使一般－特殊结构与领域知识或常识保持一致。

（3）设计简单的类

应该尽量设计小而简单的类，以便于开发和管理。为使类保持简单，应该注意以下几点。

- 避免包含过多的属性。属性过多通常表明这个类过于复杂，它所完成的功能可能太多。
- 有明确的定义。为了使类的定义明确，分配给每个类的任务应该简单，最好能用一两个简单语句描述它的任务。
- 尽量简化对象之间的协作关系。如果需要多个对象协同配合才能做好一件事，则破坏了类的简明性和清晰性。
- 不要提供太多服务。一个类提供的服务过多，同样表明这个类过于复杂。典型地，一个类提供的公共服务不超过 7 个。

（4）使用简单的消息传递

通过复杂消息相互关联的对象是紧耦合的，对一个对象的修改往往导致其他对象的修改。

（5）使用简单的服务

面向对象设计出来的类中的服务通常都很小，一般只有 3～5 行源程序语句，可以用仅含一个动词和一个宾语的简单句子描述它的功能。如果一个服务中包含了过多的源程序语句，或者语句嵌套层次太多，或者使用了复杂的 CASE 语句，则应该仔细检查这个服务，设法分解或简化它。一般说来，应该尽量避免使用复杂的服务。如果需要在服务中使用 CASE语句，通常应该考虑用一般 – 特殊结构代替这个类的可能性。

（6）把设计变动减至最小

通常，设计的质量越高，设计结果保持不变的时间也越长。即使出现必须修改设计的情况，也应该使修改的范围尽可能小。

面向对象软件设计的设计原则在 6.5 节中详述。

6.3.2 面向对象软件设计实例

在第 5 章中，已经完成了智慧教室系统的面向对象分析。按照面向对象设计的主要步骤，本节首先对类进行详细设计，调整类图中类的关系，精化时序图来验证类方法设计的合理性，然后用 PDL 来描述类重要的方法的详细设计。

1. 类的调整和详细设计

在智慧教室系统面向对象分析中已经给出了初始类，并设置了部分类的属性，考虑了各个类之间的联系，在设计阶段，需要根据实际需求调整或者增设类，定义类的属性、方法，并设计类方法的具体实现。表 6-15 为智慧教室系统中的部分实体类及其重要属性、基本方法。

表 6-15　智慧教室系统中的部分实体类及其重要属性、基本方法

类名	属性	基本方法	方法说明
用户 User	- id:String - name:String - sex:String - password:String - state:integer - userType:String - permission:String - faceFeature:String - faceInfo:String	+ login():void + getPermission():Object + getFaceFeature():String + getFaceInfo():String + setUserInfo():void	登录验证 获取权限 获取人脸特征 获取人脸信息 设置用户信息

（续）

类名	属性	基本方法	方法说明
学生 Student （父类 :User）	- gradeClass:String - avatar:varchar - phoneNumber:varchar	+ getgradeClass ():String + setStudentInfo():void	获取学生班级 设置学生信息
教师 Teacher （父类 :User）	- avatar:varchar - phoneNumber:varchar	+ getRelClass():String + setTeacherInfo():void	获取相关课程 设置教师信息
楼管 BuildingManagement （父类 :User）	- location:String	+ getLocation():String + updateLocation():boolean + setBuildingManagementInfo() :void	获取管理大楼 更改管理大楼 设置楼管信息
系统管理员 SystemManagement （父类 :User）		+ insertUser():boolean + deleteUser():boolean + updateUser():boolean + returnUserInfo():String + setSystemManagementInfo(): void	新建一个用户 删除一个用户 修改用户信息 返回用户信息 设置系统管理员信息
设备 Device	- deviceId:integer - name:String - type:String - runStatus:boolean - roomId:String	+ freshStatus():boolean + updateStatus():boolean + insertDevice():boolean + deleteDevice():boolean + getDeviceInfo():String + setDeviceInfo():void + checkDevice():boolean + repairDevice():boolean	刷新设备状态 更改设备状态 增添设备 删除设备 返回设备信息 设置设备信息 检查设备 维修设备
环境设备 EnvironmentDev （父类： Device）	- alarmValue:integer	+ getTemperature():float + getHumidity():float + setEnvironmentDeviceInfo():void	获取环境温度 获取环境湿度 设置环境设备信息
摄像头 Camera （父类： Device）	- direction:integer	+ openCamera():boolean + stopCamera():boolean + setDirection():void + setCameraInfo():void	开启摄像头 关闭摄像头 设置摄像头角度 设置摄像头信息
教室 ClassRoom	- roomId:integer - location:String - status:integer - relDev:List	+ updateStatus():boolean + updateRoom():boolean + getRoomInfo():String + insertRoom():boolean + getRelDev():List + updateRelDev():boolean + setClassRoomInfo():void	更新使用状态 更新教室信息 返回教室信息 添加教室 获取设备列表 更新设备列表 设置教室信息
课程 Course	- courseId:integer - teacherId:integer - name:String - courseHours:integer - credit:float - intro:String	+ insertCourse():boolean + deleteCourse():boolean + updateCourse():boolean + getCourseInfo():String + setCourseInfo():void	添加课程 删除课程 更新课程信息 获取课程信息 设置课程信息

（续）

类名	属性	基本方法	方法说明
教学班 Class	- classId:integer - name:String - classRoomId:integer - courseId:integer - studentId[]:integer	+ addStudent():boolean + getStudentList():List + setClassInfo():void	增加学生 获取学生列表 设置教学班信息
人脸库 FaceDB	- faceId:integer - faceFeature:String	+ addFaceFeature():boolean + deleteFaceFeature():boolean + setFaceDBInfo():void	添加人脸特征 删除人脸特征 设置人脸库信息
考勤 Attendance	- attenId:integer - userId:integer - courseId:integer - arrTime:datetime - state:integer	+ insertAtten():boolean + updateAtten():boolean + deleteAtten():boolean + analysisAtten():String + appealAtten():boolean + acceptAtten():boolean + setAttendanceInfo():void	添加到课记录 更新到课记录 删除到课记录 获取统计结果 申诉到课记录 接受申诉到课 设置考勤信息

在确定每一个类的具体属性后，在设计相关类的具体方法时需要注意如下两点。

- 需考虑所有用户信息的增、删、改、查功能，设定相应的方法。
- 确认上课时首先将所有学生考勤状态设置为缺勤，将已请假并通过审批的学生考勤状态设置为已请假。上课过程中摄像头自动捕捉学生头像进行匹配，匹配后更新当前课堂对应学生的考勤记录。

在类图的精化设计中不仅要得到每个类中的属性和方法，还要有方法的实现，即根据实际操作对类方法进行详细设计。在本节用 PDL 来描述方法的实现过程。PDL 又称为结构化语言或伪码，具有严格的关键字外部语法用于定义控制结构和数据结构，同时 PDL 在表示实际操作和条件的内部语法方面是非常自由的。PDL 可以使用一种编程语言的语法（例如Java），也可以使用另一种自然语言的词汇（例如中文或者英文等）。

如下为用户类设计，包括部分方法的详细设计。

```
// 用户类详细设计
public class User {
    private String id; // 用户 ID
    private String name; // 用户名称
    private String sex; // 用户性别
    private String password; // 用户密码
    private String state; // 用户状态
    private String userType; // 用户类型
    private String permission; // 用户权限
    private String faceFeature;// 人脸特征
    private String faceInfo;// 人脸信息


public void login(String name, String password, String userType){
    switch（用户类型）
        case 学生：
            if (verify(账号，密码) == true) {//verify 将账号密码与数据库对应信息对比
                页面跳转到"学生页面";
            } else {
```

```
                    页面跳转到错误页面;
                }
            break;
            case 教师或楼管或系统管理员:
            if (verify(账号, 密码) == true) {//verify 将账号密码与数据库对应信息对比
                    页面跳转到对应角色页面;
            } else {
                    页面跳转到错误页面;
            }
    }

    public Object getPermission(String name, String userType){
        if (userIsExist() == false) { // 用户是否存在
            return null;
        } else {
            permissionList = getUserPermissionByType(name, userType);// 根据用户和类
                型返回权限列表
            return permissionList;
        }
    }

    public String getFaceFeature(String name, String userTpye, String permission){
        if(userIdExit()==false){// 用户是否存在
            return null;
        }else if(userHasPermission()==false){// 用户是否有权限
            return null;
        }else{
            String faceFeature = getUserFaceFeature(name, userType, permission);//
                根据用户类型和权限返回人脸特征
            return faceFeature;
        }
    }

    public String getFaceInfo(String name, String userTpye, String permission){
        if(userIdExit()==false){// 用户是否存在
            return null;
        } else if(userHasPermission()==false){// 用户是否有权限
            return null;
        }else{
            String faceInfo = getUserFaceInfo(name, userType, permission);// 根据用户
                类型和权限返回人脸信息
            return faceInfo;
        }
    }

    public void setUserInfo(User user){
        if(userIdExit()==true){// 用户是否存在
            setUserInfo(user);// 设置有用信息
        }
    }

        }
```

此外，智慧教室系统的类对象中还有一些不可缺少的控制类对象，如表6-16所示。需要特别注意的是，在开始上课时不仅要判断教室智能设备是否处于可用状态，还需要验证教师身份与状态，若该设备故障，则弹出提示并自动发送检修报告。

表 6-16　智慧教室系统中的部分控制类设计

类名	属性	主要方法	方法说明
云课堂 CloudClass	-cloudId:integer -courseId:integer -startTime:datetime -endTime:datetime	+insertCloud():boolean +deleteCloud ():boolean +getVideo():byte[] +analysisCloud():List	添加一条课堂信息 删除一条课堂信息 获取课堂录像 获取统计分析结果
人脸考勤 FaceAttendance		+getFaceMatch(integer studentid):boolean +addFaceFeature():boolean +deleteFaceFeature():boolean +matchFace():Boolean +getStudentByFace():Student +saveToAttendance():void	返回指定学生是否考勤 添加人脸特征 删除人脸特征 匹配人脸图像 根据人脸获取学生信息 保存学生考勤信息
用户管理 UserManage	- userType: integer	+addUser(String name, String info, Integer userType) :boolean +updateUser(String userid, String info, Integer userType) :boolean +deleteUser(Integer userid, Integer userType) :boolean +searchUser(Integer userid, Integer userType):String +changePassword(String username, String password, Integer userType) :boolean +changePermission(String name, String permission, Integer userType) :boolean	添加用户 更新用户信息 删除用户 查询用户信息 修改用户密码 修改用户权限

　　FaceAttendance 中的 matchFace 方法是将视频单帧图片的人脸信息与学生信息库的当前课堂应在的、没有签到的学生人脸数据匹配，仅在匹配度达到 90% 以上时，才算匹配成功，而后获取匹配的学生信息，添加至结果集中。请假通过的学生会被添加至已到学生信息结果集中，如果是请假状态，则不参与人脸考勤。

```
// matchFace 方法：将视频单帧图片的人脸信息与学生信息库的当前课堂应到学生人脸数据进行匹配，
    得到考勤记录
public void matchFace(List faces, List signStudentFaces) {
  foreach(face in faces) {
    FaceAttendance faceAttendance = new FaceAttendance ();
    if (isInUnsignStudents(face, signStudentFaces)){ //若该人脸在未签到的学生人脸
        集合中
      unsignStudents.remove(face); //从未签到的学生人脸集合中移除
      Student student = faceAttendance.getStudentByFace(face);// 根据人脸获取学
          生信息
      signStudents .add(student); // 将该学生添加至已签到学生集合中
    }
  }
  faceAttendance.saveToAttendance(signStudents);// 存储到考勤信息库
}
```

2. 协作图的精化

如图 6-9 所示为精化后的查询考勤记录协作图，教师通过发送考勤查询请求来引发整个事件。可以通过具体方法体现不同设计类的协作关系。主要是从系统的角度，对一些业务对象的具体交互进行简单的描述，设计的重点在于对象之间交互的消息。

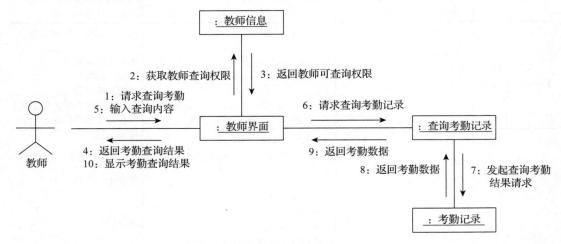

图 6-9　教师查询考勤记录协作图迭代

3. 顺序图的精化

精化后的顺序图更加细化了各个对象在该用例下所涉及的具体方法，一些在用例实现时的请求和应答的响应也得以体现。

精化后的人脸考勤用例顺序图如图 6-10 所示。

6.4　用户界面设计

用户界面又称人机界面，是人与计算机之间传递和交流信息的媒介。用户界面设计是一项涉及技术、艺术和心理学等学科交叉融合的高难度工作，最终实现用户对计算机系统的应用。在设计过程中需要遵循一系列的界面设计原则，定义界面对象和界面动作，然后创建构成用户界面原型基础的屏幕布局，通过用户测试来驱动原型开发，通过迭代过程来逐步完善。

6.4.1　黄金规则

Theo Mandel 在 1997 年提出了界面设计的三条黄金规则。

（1）用户操纵控制

软件是为了帮助用户和服务用户解决实际问题，应该允许用户而不是电子设备来开始或控制操作。如果只是在程序中为用户提供那些自认为是好的选择项而不让用户做更细节的选择，那么这就不是用户操作控制而是电脑控制。一般只是在初级用户使用的部分界面中这样设置。为了向用户提供更好的操作体验，可以设计相应的用户控制等级和细节建议。

Mandel 定义的一组允许用户操作控制的原则：

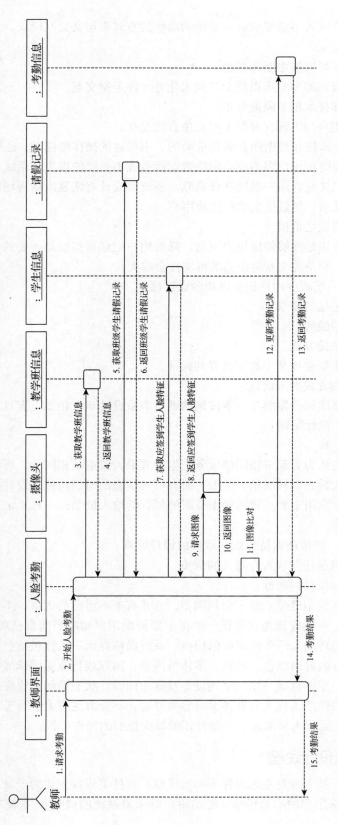

图 6-10　精化后的人脸考勤用例顺序图

- 以不强迫用户进入不必要的或不希望的动作的方式来定义交互模式。
- 提供灵活的交互。
- 允许用户交互可以被中断和撤销。
- 当用户技能级别增加时可以使交互流水化并允许定制交互。
- 将用户与内部技术细节隔离开来。
- 设计应允许用户与出现在屏幕上的对象直接交互。

根据上述原则，即使在帮助用户避免危险的、不可逆的操作的同时，还要提供给他们控制的能力。例如，为防止用户因不小心删除数据而造成不必要的损失，系统可以在删除数据的地方提供警告，但又允许用户继续选择删除。系统要设计有恢复出错现场的能力，在系统内部处理工作要有提示，尽量把主动权让给用户。

（2）减少用户的记忆负担

一个好的软件应该是能够帮助用户减负，降低用户记忆负担就是重要的一环。用户必须要记住的东西越多，和系统交互时出错的可能性会越大。

Mandel 定义的一组减少用户记忆负担的设计原则：

- 减少对短期记忆的要求。
- 建立有意义的缺省。
- 定义直观的快捷方式。
- 界面的视觉布局应该基于真实世界的象征。
- 以不断进展的方式揭示信息。

目前很多电子阅读软件界面与一本传统的纸质书籍设计非常相似，有目录、可以前后翻页等就是遵守了这个设计原则。

（3）保持界面一致

由于人们通常会认为看起来相同的事务产生的效果大致也是相同的，所以对用户来说信息应该以一致的方式被获取和展示。例如：所有可视信息的组织均按照设计标准，并贯穿所有屏幕显示；在整个应用中要一致地使用有限的集合的输入机制；一致地定义和实现从任务到任务的导航机制等。

Mandel 定义了一组帮助保持界面一致性的设计原则：

- 允许用户将当前任务放入有意义的语境。
- 在应用系列内保持一致性。
- 如过去的交互模型已建立起了用户期望，除非有迫不得已的理由，不要改变它。

根据上述原则，系统应该通过提供一些指示器帮助用户知晓当前自己所处的工作环境，以及确定用户在不同环境和任务间该如何切换。系统保持界面一致性包括色彩、操作区域和文字的一致。即一方面界面颜色、形状、字体与国家、国际或行业通用标准相一致。另一方面界面颜色、形状、字体自成一体，不同设备及其相同设计状态的颜色应保持一致等。界面细节美工设计的一致性使运行人员看界面时感到舒适，不分散注意力。对于新运行人员或紧急情况下处理问题的运行人员来说，一致性还能减少他们的操作失误。

6.4.2　用户界面设计过程

分析和设计用户界面时要考虑四种不同的模型：软件工程师创建的设计模型、工程师创建的用户模型、终端用户的心理模型（终端用户对未来系统的假想）、系统实现后得到的实现模型（系统映象）。

这四种模型可能相差甚远，界面设计人员的任务就是消除这些差距，导出一致的界面表示。举例来说，用户有在真实世界写信和寄信的经验，大多数用户也用过 Email 程序写信和寄信。基于上述经验，用户对于这个任务有一个概念模型，包括写一封信、选择收件人和寄出信。一个 Email 程序如果忽视用户的心理模型，不满足用户其中一些基本的期望，就会让程序的使用变得困难，甚至令人生厌。这是因为程序强制了一个不熟悉的概念模型给用户，而不是建立在这些用户已有的知识和经验之上。

用户界面的分析和设计过程是迭代的，包括四个框架性活动：用户、任务和环境分析及建模；界面设计；界面构造；界面确认。

用户界面开发始于一组分析任务：用户分析、任务分析、显示内容分析和环境分析。

- 用户分析：设计人员要抓住用户的特征，发现用户的需求。要注重人对感知过程的认识，用户的技能和行为方式，以及对软件的特殊要求等。在系统整个开发过程中要不断征求用户的意见，向用户咨询。系统真实的设计决策要结合用户的工作和应用环境，必须理解用户对系统的要求。

- 任务分析：需要定义用户任务和行为，可以按照第 5 章中介绍的各种需求分析方法获得系统使用对象应用环境及不同场合下的具体使用功能要求，各种子系统控制类型、不同管理对象的同一界面并行处理要求和多项任务的交互顺序和协同等，来获得对人机交互需要执行任务的充分理解。

- 显示内容分析：界面显示内容包括文字报告、图形化显示、音视频显示等，是对用户任务分析确认后对不同数据对象进行描述。显示内容分析包括不同数据显示的位置、格式、美感等。

- 环境分析：需要清楚界面必须操作的物理结构和社会结构。例如用户界面被部署的实际物理环境、用户工作场所的文化氛围、用户之间是否存在共享、管理对象的对话交互频率高低等。

任务被确定后，界面设计活动就可以开始。通常界面设计过程的步骤可以概括如下：

1）使用界面分析中获得的信息，通过创建和分析用户场景来定义一组界面对象和作用于对象上的动作，为创建屏幕布局提供基础。

2）定义导致用户界面状态发生变化的事件，并对行为建模。

3）如最终用户实际看到的那样，描述每个界面状态，进行屏幕布局。

4）简要说明用户如何从界面提供的界面信息来获得系统状态解释。

在这个过程中，用户界面的设计具体内容可能包括：系统启动封面设计、软件框架设计、软件按钮设计、软件面板设计、菜单设计、标签设计、图标设计、滚动条设计、状态栏设计、安装过程设计以及产品包装设计等。

6.4.3 GUI 设计规则

在人机交互过程中，一个良好设计的交互界面，可以有效提高操作效率，减少错误的操作，增加用户使用时的舒适度。因此，交互界面设计对于任何人机系统都极其重要。回顾人机交互技术用户界面的发展，早期主要历经过三个阶段：批处理阶段、命令行阶段、WIMP阶段。在 20 世纪 90 年代又提出了 Post-WIMP 和 Non-WIMP 这两种交互用户界面范式技术。Post-WIMP 交互界面是指至少包含了一项不基于传统的 2D 交互组件的交互技术界面，

Non-WIMP 交互界面是指没有使用 Desktop Metaphor 的界面。目前，人机交互方式图形用户界面正处在由 WIMP 阶段范式向 Post-WIMP 阶段范式或者 Non-WIMP 阶段范式过渡的时期。

目前主流的交互方式是 WIMP 交互界面。WIMP 是窗口（Window）、图标（Icon）、菜单（Menu）、指针设备（Pointing device）这 4 个英文单词的首字母缩写，表示 WIMP 交互界面中所依赖的 4 种元素。

在 WIMP 交互界面中，窗口是在屏幕中与人发生交互的区域，通常包括图像、文字、按钮等信息或者控件。每个窗口可被视为一个独立的执行终端。一个应用程序可以同时打开一个或者多个窗口。图标是用来表示使用者执行程序的简单图像，例如：缩小的视窗、桌面上的垃圾桶都可用图标来表示。菜单中通常包含文字、符号与图像组成的命令列表，以提供使用者通过点击来执行相关的程序或操作。

WIMP 的交互形式十分依赖于指向和选择图标这类操作，因此指针设备是 WIMP 中的一个重要元素。鼠标是能够进行这种任务的一种通用输入设备，在 WIMP 交互界面的屏幕上展现给用户的是由这类输入设备控制的光标。

图形用户界面设计的基本原则是要遵循用户需求，具体实施的原则每个公司可能有所不同，一般都会要求遵循以下规则。

（1）一致性

图形用户界面设计极大程度上影响了用户的使用，因此界面呈现出来的视觉结构必须一致。例如遵循前期制定出来的设计规范，在界面的菜单、工具栏或提示界面中使用相同的描述词语以及用语习惯，并保持界面的布局、尺寸、颜色、图标和文字等的一致性。应该建立跨所有应用系统的命令使用约定等。

（2）通用性

用户的类型多种多样，既有新入门的"菜鸟"用户，也有专家级的用户，同时用户的年龄、专业方向和文化程度等也各有不同。所以图形用户界面设计要考虑不同人群对于图形的认知能力，保证用户界面对于大多数用户通用。

（3）功能性

图形用户界面设计应该保持简洁，视觉形式应追随产品功能。设计师不能只是片面地追求界面视觉上的美观而导致华而不实的后果。

（4）视觉组织结构

用户对于界面往往是扫视而不是阅读，图形用户界面设计需要建立视觉清晰、一目了然的结构，保持用户顺畅的视觉流程。

（5）减轻短期记忆负担

在设计图形用户界面时要减轻用户的记忆负担，比如利用隐喻明确的图标代替文字显示、网址信息保持可视、多个页面并列呈现等。

（6）预防操作错误，有效反馈

界面设计要尽量避免用户犯错，提升容错度，例如将不可选的菜单选项变成灰色；但是如果用户操作性错误，界面应该提示出错信息，同时提供简单、具体和易理解的指导来说明如何更正。

（7）风格创新性，鼓励探索

界面视觉应具有自己独特的风格与创新性，鼓励用户在软件中进行深层探索。通过在用户界面上提供暗示，鼓励用户发现功能。例如，经过仔细设计的工具栏图标能让用户马上了解它们所描述的功能，这种相似性给用户信心去探索新程序的各种功能。如果界面上的某个图标是能够点击的，它就应该显示成能被点击的样子，否则用户也许永远不会尝试去点击它。

6.5　面向对象软件设计优化

6.5.1　面向对象软件设计原则

在面向对象设计的过程中，描述的是问题域中特定类的细化和一些基础设施类的定义和细化。为了让这些类的设计在未来能更适应变更并减少变更带来的副作用的传播，在面向对象方法研究中形成了如下基本的设计原则。

1. 单一职责原则（Simple Responsibility Principle，SRP）

就一个类而言，应该仅有一个引起它变化的原因。如果有多个动机可改变一个类，那么这个类就具有多于一个的职责，应该把多余的职责分离出去，分别再创建一些类来完成每一个职责。例如通常在学生管理软件中会根据学生的特长去定义一个体育特长生类和一个音乐特长生类。虽然现实中还存在体育与音乐复合特长的学生，但是在进行软件设计时，并不适合定义这样的复合类，因为将来引起这个复合类改变的因素不止一个，这会破坏软件构件的稳固，也会给重用带来困扰。

2. 开 – 闭原则（Open-Closed Principle，OCP）

一个软件实体应当对扩展开放，对修改关闭。在设计一个模块的时候，应当使这个模块可以在不被修改的前提下被扩展。换言之，应当可以在不必修改源代码的情况下改变这个模块的行为，在保持系统一定稳定性的基础上，实现对系统的扩展。开 – 闭原则是面向对象设计的基石，也是最重要的原则。

这个要求类似于在智慧教室中照明灯中换了一种具有相同卡口但是无频闪的 LED 灯泡，它应该能被正常点亮，教室继续保持原来的照明效果，并且兼有了护眼的新功能。

3. 里氏代换原则（Liskov Substitution Principle，LSP）

如果每一个类型为 T_1 的对象 O_1，都有类型为 T_2 的对象 O_2，使得以 T_1 定义的所有程序 P 在所有的对象 O_1 都替换成 O_2 时，程序 P 的行为没有变化，那么类型 T_2 是类型 T_1 的子类型。即一个软件实体如果使用的是一个基类，那么一定适用于其子类。里氏代换原则是继承复用的基石。只有派生类可以替换基类，软件单位的功能才能不受影响，基类才能真正被复用，而派生类也能够在基类的基础上增加新功能。因此，应当尽量从抽象类继承，而不是从具体类继承。

4. 依赖倒置原则（Dependence Inversion Principle，DIP）

抽象不应当依赖于细节，细节应当依赖于抽象。如果从具体细节设计来看，应针对接口编程，即变量的类型声明、参数的类型声明、方法的返回类型声明，以及数据类型的转换等应使用接口和抽象类。不应当使用具体类进行变量类型、参数类型、方法返回类型声明以及数据类型的转换等。即只要一个被引用的对象存在抽象类型，就应当在引用此对象的地方使用抽象类型。

要做到依赖倒置原则，使用抽象方式来进行耦合是关键。由于一个抽象耦合总要涉及具体类从抽象类继承，并且需要保证在任何引用到某类的地方都可以改换成其子类。因此，里氏代换原则是依赖倒置原则的基础。

依赖倒置原则是 OOD 的核心原则。依赖倒置原则的优点在于不需要知道对象的类型，只要对象遵守相关接口；不需要知道对象的具体类，只需要知道定义接口的抽象类。这样就可以降低子系统间的实现依赖。

5. 接口隔离原则（Interface Segregation Principle，ISP）

一个类对另外一个类的依赖是建立在最小的接口上，使用多个专门的接口比使用单一的总接口要好。应根据客户不同的需要，提供不同的服务。宽接口会导致客户程序之间产生不正常的并且有害的耦合关系。当一个客户程序要求该接口进行一个改动时，会影响到所有其他使用该接口的客户程序。因此客户程序应该仅仅依赖他们实际需要调用的方法。

6. 合成 / 聚合复用原则（Composite/Aggregate Reuse Principle，CARP）

在一个新的对象里面使用一些已有的对象，使之成为新对象的一部分；新对象通过向这些对象的委派达到复用已有功能的目的。

继承是两个实体间的一种关系。类继承以一个或多个父类为基础定义一个新类，这个新类继承其父类的接口和实现，被称为子类或派生类。类继承包含了接口继承和实现继承。接口继承以一个或多个已有接口为基础定义新的接口；实现继承以一个或多个已有实现为基础定义新的实现。

在继承中，通过基类（超类）提供共同的属性和方法，子类通过增加新的属性和方法来扩展基类的实现。由于基类（超类）的内部细节对子类常常是透明的，又称其为白盒复用。将基类的实现细节暴露给子类破坏了封装性。如果基类发生改变，子类的实现也不得不发生改变。从基类继承而来的实现是静态的，不可能在运行时间内发生改变，因此没有足够的灵活性。

在合成 / 组合复用中可以将已有的对象纳入新对象中，使其成为新对象的一部分，新的对象可以调用已有对象的功能。新对象存取成分对象的唯一方法是通过成分对象的接口。新对象看不见成分对象的内部细节，对成分对象的依赖较少，我们称其为黑盒复用。这样每一个新类可以将焦点集中在一个新任务上。新对象可以在运行时动态地引用与成分对象类型相同的对象，并且几乎可以应用到任何环境中。但是这种复用方式需要管理较多的对象。因此，这个设计原则有另一个简短的表述：要尽量使用合成 / 聚合，尽量不要使用继承。

7. 迪米特法则（Law of Demeter，LoD）

一个对象应当对其他对象有尽可能少的了解。迪米特法则最初被作为面向对象系统设计风格的一种法则，又称为"最少知识"原则。根据迪米特法则，如果两个类不需要直接通信，那么这两个类就不应当发生直接的相互作用，如果其中的一个类需要调用另一个类的某一个方法，可以通过第三者来转发这个调用。按照这个设计原则，每一个软件部件对其他的部件都只需要具备最少的知识，局限于了解那些与本部件密切相关的软件部件。

6.5.2 面向对象软件设计模式

软件设计模式是为特定设计环境中重复出现的设计问题提供的一个解决方案，是面向对象软件的设计经验总结。设计模式通过提供类和对象作用关系以及它们之间潜在联系的说明规范，使人们可以更加简单、方便地复用成功的软件设计和体系结构，将已证实的技术表述成设计模式文档，使新系统开发者能够更加容易理解其设计思路，运用到新系统设计中。

通常一个软件设计模式有四个基本要素：

- 模式名称（pattern name）：助记名，用来描述模式的问题、解决方案和效果。设计模式允许在较高的抽象层次上进行设计。模式名可以帮助思考，便于设计师与其他人交流设计思想及设计结果。
- 问题（problem）：描述应该在何时使用该模式。它解释了设计问题和问题存在的前因后果，描述了特定的设计问题，例如：怎样用对象表示算法、可能描述导致不灵活设计的类或对象结构等。问题部分也可以包括使用模式必须满足的一系列先决条件。
- 解决方案（solution）：描述设计的组成成分，它们之间的相互关系及各自的职责和协作方式。解决方案并不描述一个特定而具体的设计或实现，而是提供设计问题的抽象描述和怎样用一个具有一般意义的元素组合（类或对象组合）来解决这个问题。
- 效果（consequence）：描述了模式应用的效果及使用模式应权衡的问题，包括它对系统的灵活性、扩充性或可移植性的影响。效果可以是正面的也可以是负面的。

软件设计模式的描述方式通常是采用 Erich Gamma 所总结的设计模式目录（design pattern catalog）。按照设计模式目的——反映模式是干什么的，可以将 23 种设计模式分成三类：

- 创建性模式（creational）：这类模式封装动态产生对象的过程和所使用的类的信息，解决系统在创建对象时，抽象化类的实例化过程。从而帮助人们解决怎样创建对象、创建哪些对象以及如何组合和表示这些对象，使系统不依赖于对象的创建过程而只需了解抽象类所定义的对象接口。
- 行为性模式（behavioral）：这类模式处理类和对象间的交互方式和任务分布，主要解决算法和对象之间的责任分配问题，描述对象或类以及它们之间的通信模式。
- 结构性模式（structural）：这类模式考虑如何组合类和对象构成较大的结构。使用继承来组合接口或实现新类，或使用对象合成来实现新功能。

例如我们可能碰到的问题有：

- 问题 1：如何解决因操作系统接口和应用系统接口不同而产生的对硬件和软件平台的依赖。
- 问题 2：如何以灵活方式发出操作请求，改变请求获取的方式，以满足在编译和运行时的要求。
- 问题 3：如何来消除算法依赖性，减少因算法的扩展、优化和替换而改变对象。

上述这种常见的问题在软件设计模式中都能找到解决方案。

下面以外观模式（facade）来举例说明。

现代软件系统较为复杂，采用"分而治之"法，把一个系统划分为较小的子系统。但客户端需要与子系统交互时，需要与子系统内部的许多对象打交道后才能实现目的。外观模式将一个子系统的外部与其内部的通信通过一个统一的门面对象来进行。外观模式（又称门面模式）提供一个高层次的接口，使得子系统更易于使用。就如同接待员一样，外观模式的门面类将客户端与子系统的内部复杂性分隔开，使得客户端只需要与门面对象交互，而不需要与子系统内部的很多对象交互。

外观模式的结构如图 6-11 所示。

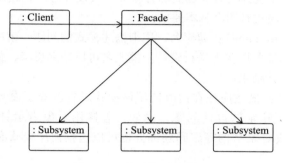

图 6-11　外观模式结构图

外观模式定义了一个高层接口，为子系统中的一组接口提供一个一致的界面，这个接口使得这一子系统更加容易使用。在这个对象图中，出现了两个角色：

- 门面角色：客户端可以调用这个角色的方法。此角色知晓相关的（一个或者多个）子系统的功能和责任。在正常情况下，本角色会将所有从客户端发来的请求委派到相应的子系统去。
- 子系统角色：可以同时有一个或者多个子系统。每一个子系统都不是一个单独的类，而是一个类的集合。每一个子系统都可以被客户端直接调用，或者被门面角色调用。子系统并不知道门面的存在，对于子系统而言，门面仅仅是另外一个客户端而已。

外观模式为子系统提供一个集中化和简化的沟通管道，但不能向子系统加入新的行为。为一个复杂子系统提供一个简单接口，提高子系统的独立性。在层次化结构中，可以使用外观模式定义系统中每一层的入口。

外观模式体现了迪米特法则，根据这个原则减少对象之间的交互，不让太多的类耦合在一起。但是采用这个原则也会导致一些"门面"类被创建出来处理与其他子系统或者组件沟通，有可能会导致软件复杂度增加和运行性能的降低。

下面以智慧教室管理子系统的一个例子来说明外观模式的作用。智慧教室管理子系统由用户管理系统、教室管理系统、考勤管理系统和设备管理系统组成。智慧教室管理子系统的操作人员需要经常审核、调配各个子系统的内容。

在不使用外观模式的情况下，智慧教室管理子系统的操作员必须直接操作所有这些部件。图 6-12 所示就是在不使用外观模式的情况下子系统的类图设计。

可以看出，Client 对象需要直接引用教室管理系统（RoomSystem）、用户管理系统（UserSystem）、考勤管理系统（AttendanceSystem）和设备管理系统（DeviceSystem）对象，暴露了所有的功能，需要验证操作员身份才能给予相应权限。

一个合理的改进方法就是准备一个系统的控制台，作为智慧教室管理子系统的操作员界面，使用外观模式的系统设计图如图 6-13 所示。

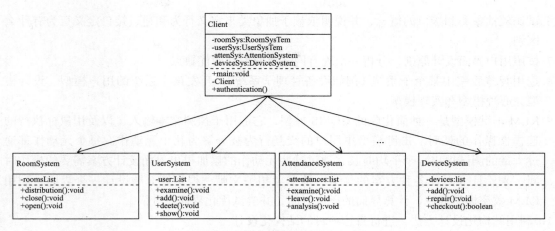

图 6-12 不使用外观模式的类图

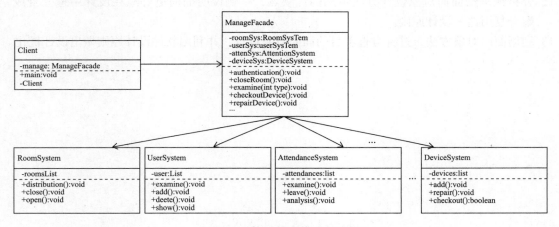

图 6-13 使用外观模式的类图

　　从客户角度来看，外观模式不仅简化了整个组件系统的接口，同时对于组件内部与外部客户程序来说，从某种程度上也达到了一种"解耦"的效果——内部子系统的任何变化不会影响到外观接口的变化。外观设计模式更注重从架构的层次去看整个系统，而不是单个类的层次。外观很多时候更是一种架构设计模式。

练习和讨论

1. 试比较"分而治之"和"逐步求精"两种方法之间的联系和区别。
2. 如果要设计一个模块实现温度器对温度的采集和传输，这个模块属于什么内聚性模块？
3. 模块信息隐蔽和模块独立性之间有什么联系？如何提高第 2 题中设计的模块的独立性？
4. 智慧教室的设备管理业务没有细化，请先画出该业务的数据流图，然后根据结构化设计原则，将其转为子系统的模块结构图。
5. 用面向对象设计方法设计智慧教室设备管理子系统的类图、顺序图，并用 PDL 设计该子系统中涉及的关键算法。

6. 试比较抽象类和接口的概念，并说明依赖于抽象类来定义行为和通过接口定义行为有什么区别。

7. 按照用户界面设计原则，分析一个现有网站界面设计的优缺点。

8. 选用智慧教室中某个子系统（例如设备管理子系统），开发该子系统的用户模型、设计模型、心理模型和实现模型。

9. KLM 击键模型是一种简化版的 GOMS 模型，它适用于预测文本输入，以及用鼠标执行的选择性操作的耗时。击键模型中用户的交互行为被分解为几个元动作，每个元动作都通过大量的测试得出一个平均时长，通过这些元动作的累加得出界面设计方案需要的操作时间，来验证和对比各种方案的优劣。请参考相关文献，根据第 8 题设计一个界面，利用 KLM 效率模型理论，计算界面的操作时间，并尝试优化界面设计。

10. 利用结构化设计方法，进行自选项目的结构化设计。

11. 阅读参考文献，试说明软件复用技术对软件设计的影响。

12. 分析继承给面向对象设计方法带来的优缺点，举例说明如何更好地在设计中遵守合成 / 聚合复用这一设计原则。

13. 利用面向对象方法，进行自选项目的面向对象设计，并利用软件设计原则做出设计优化。

第 7 章

软件实现与测试

学习目标

- 掌握软件质量的概念
- 了解代码规范
- 了解代码重构
- 理解软件测试的相关概念和模型
- 理解测试自动化
- 掌握几种重要的黑盒和玻璃盒测试方法
- 了解测试驱动的开发（TDD）
- 了解软件集成方式

软件实现并不等同于编码。软件实现包括编码、代码审查、单元测试、集成测试、缺陷跟踪和纠错等一系列过程。

写代码和写好代码是程序员的必修课。代码规范比比皆是，但是能做好代码规范的组织并不多。随着企业业务的发展，项目数量越来越多，项目规模越来越大，复杂性也越来越高，查找一个软件错误变得越发令人抓狂，对于新人来说，熟悉代码也变得越发困难。程序员无意中编写的一行不规范的代码，可能当时并没有造成影响，但是日积月累之后，这种坏代码越来越多，整个项目就会变得混乱不堪，各种错误会导致牵一发而动全身的现象。要解决这些问题，必须要有一个规范来进行约束。没有规矩不成方圆，很多企业都会采用持续稳定的代码审核机制来支持代码规范性。

软件缺陷（defect），有时被称为 bug。所谓软件缺陷，即为计算机软件或程序中存在的某种破坏正常运行能力的问题、错误，或者隐藏的功能缺陷。缺陷的存在会导致软件产品在某种程度上不能满足用户的需要。IEEE 729—1983 对缺陷有一个标准的定义：从产品内部看，缺陷是软件产品开发或维护过程中存在的错误、毛病等各种问题；从产品外部看，缺陷是系统所需要实现的某种功能的失效或违背。软件测试是在规定的条件下对程序进行操作，以发现程序错误，衡量软件质量，并对其是否能满足设计要求进行评估的过程。软件测试是伴随着软件的产生而产生的。早期的软件规模小、复杂程度低，软件开发的过程混乱无序、相当随意，因而测试的含义比较狭窄，软件测试基本上等同于"调试"，其目的是纠正软件中已知的错误和故障，常常由开发人员自己完成这部分的工作。后来，软件趋向于大型化、高复杂度，软件的质量越来越重要。这时候，一些软件测试的基础理论和实用技术才开始形成。人们将"质量"的概念融入其中，并且将测试作为软件质量保证（Software Quality Assurance，SQA）的主要职能之一。

测试驱动开发（Test-Driven Development，TDD）是一种不同于传统软件开发流程的新型开发方法。它要求在编写某个功能的代码之前先编写测试代码，然后只编写使测试通过的功能代码，通过测试来推动整个开发的进行。这种方法有助于获得简洁可用和高质量的代码，并加速开发过程。与测试驱动开发紧密联系的是持续集成（Continuous Integration，CI），它是一种软件开发实践，也经常和敏捷开发模型同时使用。持续集成要求团队成员经常集成他们的工作。集成是通过自动化的构建进行验证的，这些构建运行回归测试，以便尽快检测出集成错误。这种方法会使得集成问题大幅减少，更好地实现符合预期的软件开发。

7.1　高质量软件开发的基本方法

软件质量是贯穿软件生命周期的一个极为重要的问题。开发高质量的软件并不是一件容易的事。对于每个软件团队来说，软件开发是一项长期而又复杂的活动，需要建立一套适合实际情况的规范和流程，并形成制度，从而对这一过程加以保证。高质量软件既是软件开发人员的技术追求，又是对其职业道德的要求。高质量软件开发的基本方法如下。

- 建立软件过程规范。一个软件过程定义了软件开发中采用的方法，还包含该过程中应用的技术方法和自动化工具。若想顺利开发出高质量的软件产品，需要有条理地组织技术开发活动和项目管理活动。每一个软件企业应当根据产品的特征，建立一整套在企业范围内通用的软件过程模型及规范，并形成制度。如此开发人员与管理人员就可以依照过程规范有条不紊地开展工作。
- 软件复用。软件复用（reuse）简单来说就是指"利用现成的东西"。软件复用是将已有软件的各种有关知识用于建立新的软件，以缩减软件开发和维护的花费。软件复用是提高软件生产力和质量的一项重要技术。由经验可知，通常在一个新系统中，大部分的内容是成熟的，只有小部分内容是需要创新的。一般认为复用已经比较成熟的内容总是比较可靠的、具有高质量的，并且较大程度的复用可以明显提高生产率。早期的软件复用主要是代码级复用，被复用的知识专指程序，后来逐步扩大到需求、设计、代码、文档、领域知识、开发经验、设计决策、体系结构等与软件产品相关的各方面。
- 软件评审。软件评审（review）是在软件生命周期内所实施的对软件本身的评审，是对软件元素或者项目状态的一种评估，以确定其是否与计划的结果保持一致，并使其得到改进。评审根据评审所处的软件生命周期的不同阶段，可以将评审分为需求评审、功能评审、质量评审、成本评审、维护评审等。评审的目的是尽早发现工作制品中的缺陷，帮助开发人员及时消除缺陷，从而有效地提高产品的质量。评审方法已经被业界广泛采用并取得了很好的效果，它被普遍认为是软件开发的最佳实践之一。评审可以比测试更早地发现并消除工作成果中的缺陷，而越早消除缺陷就越能降低开发成本。
- 软件测试。软件测试（software testing）是一种实际输出与预期输出之间审核或者比较的过程。测试与评审的主要区别是前者要运行软件而后者不必执行软件。在软件开发过程中，编程和测试是紧密相关的技术活动，缺一不可。通常认为测试的主要目的是发现尽可能多的错误。

- 软件质量保证。软件质量保证（SQA）是建立一套有计划、有系统的方法，从而向管理者、顾客或者其他相关人员保证拟定出的标准、步骤、实践和方法能够正确地被所有项目所采用。软件质量保证的目的是提供一种有效的人员组织形式和管理方法，通过客观地检查和监控"过程质量"与"产品质量"，从而实现持续地改进质量。如果工作过程以及工作成果不符合既定的规范，那么产品的质量必然会有问题。软件质量保证小组在项目开始时就一起参与建立计划、标准和过程。

7.2 代码规范

7.2.1 代码规范的重要性

在高质量的软件中，"实现"与"架构"必须是清晰一致的，这种内在的、固有的一致性需要代码规范来维系。如果没有这种统一的约定，那么软件实现可能会充斥着各种不同的风格，显得混乱且难以理解。各种编码风格上的差异会不断扩大，而代码质量则不断下降。而且，团队成员会花费时间在理解不同编程风格之间的差异，而没有专注于真正应该解决的问题。这样的时间消耗是难以接受的。所以，在每一个高质量代码的背后，一定存在着一份优秀的代码规范。

代码规范是针对特定编程语言约定的一系列规则，包括开发约定、编程实践、编程原则和最佳实践等。能够做好代码规范，对于公司和个人而言都大有裨益。代码规范的重要性体现在以下几个方面：

- 促进团队合作。对于需要团队完成的项目来说，若没有统一的代码规范，程序员风格迥异的代码会给代码集成带来不小的麻烦。很多时候，代码可读性差并非因为程序逻辑复杂，而是代码规范不统一，阅读他人编写的代码对于绝大部分程序员来说是一件痛苦的事情。统一的代码风格使得代码可读性大大增强，在团队的合作开发中是非常有益且必要的。

- 有效减少软件缺陷数量、降低维护成本。在大部分实际软件项目中，造成软件 bug 的原因不是复杂的算法或逻辑，而往往是代码不规范。没有规范的输入 / 输出参数、异常处理、日志处理等问题，不但导致开发时总是出现类似空指针这类低级 bug，而且还很难找到引起 bug 的原因。相反，在规范的开发中，软件 bug 不但可以有效减少，而且更容易查找出 bug。合适的代码规范不但不是对开发的制约，还有助于提高开发效率。随着项目经验的累积，我们会越来越重视后期维护的成本。而开发过程中的代码质量直接影响维护成本，规范的代码维护成本必然会大大降低。

- 有助于代码审查。代码审查是软件评审中的一项活动，是指通过阅读代码来检查源代码的编码规范以及代码质量和功能是否达到预期。代码审查有助于在开发早期及时地纠正一些错误，并且可以对开发人员执行代码规范的情况做出监督。许多开源项目和商业软件会采用团队代码审查的方式，即由项目中的一名开发者作为代码审查人，对项目中其他开发人员所编写的代码进行审查。团队的代码审查对个人来说是一个很好的学习机会。但是，没有规范的代码会加大代码审查的工作量及难度，并且使得代码审查无据可依，导致浪费大量的时间却收效甚微。代码规范可以使得开发工作具有统一性，并且让代码审查有据可查，提高审查效率和效果；而代码审查也有助于代码规范的执行，两者可以起到相互促进的作用。

- 有助于程序员自身的成长。虽然开发团队明白代码规范的好处，但是迫于项目时间压力，或者由于按代码规范编程的初始阶段会增加一些额外工作，给贯彻代码规范带来困难。而对于程序员而言，要提高自己的开发能力，必须养成良好的开发习惯。否则，程序员到了开发中后期往往会花费很多时间调试自己的代码。此外，很多时候项目压力也来自前期开发中遗留的众多问题。我们应该做的就是规范开发，减少程序员个人出现的错误。

制定符合企业或组织自身情况的代码规范是必要的。企业制定代码规范时，需要根据软件开发生命周期模型和产品结构来建立一个定期重审、调整及更新代码规范的机制，保持规范的活力。我们必须要认识到代码规范的重要性，并坚持规范的软件开发习惯。

7.2.2　常见的代码规范

代码规范的制定往往包含命名规则、格式、控制语句、面向对象编程（OOP）规约、集合处理、并发处理、注释、异常处理、日志、数据库相关规约等多个方面，不同的组织或项目往往会根据自身情况进行具体调整。以下列举了部分可能的代码规范。

（1）命名规范

命名规范包括以下内容：

- 类名使用 UpperCamelCase 风格（大驼峰形式）。例如使用 TonyHall、XmlService、TcpUdpDeal，避免使用 tonyHall、XMLService、TCPUDPDeal。
- 方法名、参数名、成员变量、局部变量都统一使用 lowerCamelCase 风格（小驼峰形式）。例如 localInput、getMessage( )、outputUserId。
- 常量命名全部大写，单词间用下划线隔开。例如 MAX_USER_COUNT。
- 抽象类命名使用 Abstract 或 Base 开头；异常类命名使用 Exception 结尾；测试类命名以它要测试的类的名称开始，以 Test 结尾。
- 包名统一使用小写，点分隔符之间有且仅有一个自然语义的英语单词。例如 com.baidu.map.util。
- 如果使用到了设计模式，建议在类名中体现出具体模式，有利于代码阅读者快速理解架构设计思想。例如 ProductFactory（工厂模式）、DataObserver（观察者模式）。

（2）格式规范

格式规范包括以下内容：

- 大括号的使用约定。如果是大括号内为空，则写成 {}，不需要换行。如果是非空代码块，则左大括号前不换行，左大括号后换行，右大括号前换行，右大括号后还有 else 等代码则不换行，右大括号后为空必须换行。
- if/for/while/switch/do 等保留字与左右括号之间必须加空格。
- 任何运算符左右必须加一个空格。运算符包括赋值运算符 =、逻辑运算符 &&、加减乘除符号等。
- 代码块缩进 4 个空格。

- 单行字符数不超过 120 个，超出需要换行，换行时相对上一行缩进 4 个空格。
- 方法参数在定义和传入时，多个参数逗号后边必须加空格。

（3）OOP 规范（针对 Java 编程语言）

OOP 规范包括以下内容：

- 避免通过一个类的对象引用访问此类的静态变量或静态方法，直接用类名访问即可。
- 所有的重写方法，必须加 @Override 注解。
- 所有的相同类型的包装类对象之间值的比较，全部使用 equals 方法比较。
- 构造方法里面禁止加入任何业务逻辑，如果有初始化逻辑，放在 init 方法中。
- 类中成员变量与方法访问控制从严

类中成员变量与方法访问控制从严的手段如下：

a. 如果不允许外部直接通过关键字 new 来创建对象，那么构造方法的访问类型必须是 private。

b. 类中非 static 并且与子类共享的成员变量，其访问类型必须是 protected。

c. 类中非 static 并且仅在本类使用的成员变量，其访问类型必须是 private。

d. 类中 static 并且仅在本类使用的成员变量，其访问类型必须是 private。

e. 若是 static 成员变量，必须考虑是否为 final。

f. 类中只供类内部调用的成员方法，其访问类型必须是 private。

g. 类中只对继承类公开的成员方法，其访问类型限制为 protected。

（4）控制语句规范

控制语句规范包括以下内容：

- 在一个 switch 块内，每个 case 语句或者通过 break/return 来终止，或者利用注释说明程序将继续执行到哪一个 case 为止；在每个 switch 块内，都必须包含一个 default 语句并且该语句放在最后，即使该语句后没有代码。
- 在 if/else/for/while/do 语句中必须使用大括号，即使只有一行代码，也避免使用下面的形式：if (condition) statements。
- 循环体中的语句要考量性能，有些操作尽量移至循环体外处理，如定义对象、变量、获取数据库连接、不必要的 try-catch 操作。
- 当一个条件判断语句（if、while）比较复杂时，请写好注释。
- 尽量少采用取反逻辑运算符。取反逻辑不利于快速理解。例如使用 if (x < 365) 来表达 x 小于 365，避免使用 if (!(x >= 365))。

（5）注释规范（针对 Java 编程语言）

注释规范包括以下内容：

- 类、类属性、类方法的注释必须使用 "/* 注释内容 */" 格式。
- 所有的抽象方法（包括接口中的方法）必须要加上注释，除了返回值、参数、异常说明外，还必须指出该方法实现什么功能。
- 对于方法内部的单行注释，在被注释语句上方另起一行，使用 " //" 注释符号。对于方法内部的多行注释，使用 "/* */" 注释符号，注意与代码对齐。
- 所有枚举类型的字段必须要有注释，以说明每个数据项的用途。
- 修改代码的同时，对其注释也要进行相应的修改。
- 谨慎注释掉代码。

- 注释力求精简准确、表达到位，避免过多过滥。

7.2.3　代码重构

代码重构通常是指在不改变代码对外表现的情况下，修改代码的内部功能特征，从而改善软件质量，使程序的设计模式和架构更趋合理，更容易被理解，提高软件的可扩展性和可维护性。简而言之就是在不改变测试用例的情况下，对既有代码结构进行修改。在需求迭代、调试以及代码评审时，都可以对代码进行重构。例如，在一次新的需求变更中，需要添加一个功能模块，但这个功能模块有可能在下一次需求迭代中不再适用，或者因为需求迭代与变更，原有的方法或者类变得十分臃肿，各个模块或者系统层次之间耦合度过高，此时往往需要考虑代码重构。

很多人认为代码重构浪费时间，影响项目进度，其实重构不仅可以让代码更加健壮，而且从长远来看，还可以加快项目进度。就如同盖一个高楼大厦，其结构和地基越扎实牢固，高楼大厦会越坚固和牢靠。总之，代码重构可以持续纠正和改进软件设计，使代码更被其他人所理解，帮助其他人发现隐藏的代码缺陷，有助于提高开发效率。

在软件开发过程中，设计的代码可能会出现一些非运行问题，包括代码重复、函数过长、类过大、参数列表过长、类冗余、注释过多等经常在阅读或者维护期间出现的问题。这里举例说明为何要重视非运行问题。例如上述问题中的"过多的注释"，许多读者可能会疑惑为何过多的注释也是不可取的。这是因为虽然书写注释是一个良好的习惯，但是如果觉得需要对绝大部分代码添加注释时，代码可能存在复杂性高或者可阅读性差的问题。这个时候应该考虑对代码进行重构，去除多余的注释。

由于重构方法形式多样，下面仅列举了部分实例，进行图例解读。

以查询取代临时变量：临时变量的作用域仅在所属函数内部，如果把临时变量替换成一个查询式，那么在同一个类中的所有函数都能获取该信息。图 7-1 所示的例子中对临时变量 totalMoney 进行了替换。

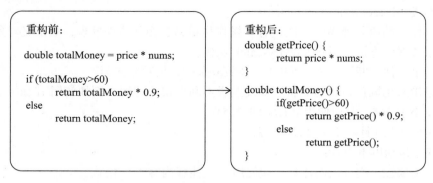

图 7-1　以查询取代临时变量

搬移函数或字段：当一个函数与其所属类之外的另一个类有更多的交互行为，即调用或者被调用，这时可以在后者中建立一个类似行为的新函数。将旧函数变成一个委托函数或将其删除。除此之外，当类中存在使用另一个对象的次数比使用自己所属类对象的次数还多的函数时，可以考虑将函数搬移到另一个对象中。图 7-2 所示的例子对 price 字段和 nums 字段进行了搬移。

重构前：

```
class Account {
        private double price;
        private int nums;
        double totalMoney() {
                return price * nums;
        }
}
```

重构后：

```
class Account {
        Information info=new information();
        double totalMoney(){
                return info.getPrice() * info.getNums();
        }
}
class Information {
        private double price;
        private int nums;
        public double getPrice() {
                return price;
        }
        public int getNums() {
                return nums;
        }
}
```

图 7-2　搬移函数或字段

提炼类：一个类应该是一个清楚的抽象，处理一些明确的职责。当给类添加大量新的职责使类变得过分复杂时，此时的类往往包含大量函数和数据，通常不易理解。此时，就需考虑类中哪些部分是可以分离出去的，并将它们分离到一个单独的类中。图 7-3 所示的例子将 Student 类的查询成绩职责进行了分解。

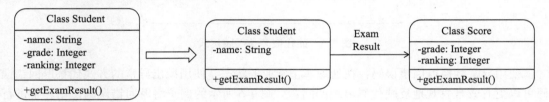

图 7-3　提炼类

以常量取代字面数值：当类中存在一个字面常量时，可以创造一个常量，根据上述字面常量的意义为该常量命名，并用该常量替换字面数值。在图 7-4 所示的例子中，3.1415926 为圆周率，用 PI_CONSTANT 来取代。

重构前：

```
double circleArea(double radius) {
        return 3.1415926 * radius * radius;
}
```

重构后：

```
static final double PI_CONSTANT = 3.1415926;
double circleArea(double radius) {
        return PI_CONSTANT * radius * radius;
}
```

图 7-4　以常量取代字面数值

简化嵌套条件表达式：函数中过多的条件语句嵌套可能导致阅读者难以摸清正常的程序执行路径，所以应简化逻辑，简洁地表现出所有特殊情况。图 7-5 所示的例子将两层嵌套条件表达式重构为一层。

```
重构前：
 double ticketPrice(double height) {
        double result;
        if(height < 1.2){
                result=freePrice();
        }else{
                if(height > 1.2 && height < 1.5){
                        result = concessionPrice();
                }else{
                        result = fullPrice();
                }
        }
        return result;
 }
```

```
重构后：
double ticketPrice(double height) {
        if(height < 1.2) return freePrice();
        if(height > 1.2 && height < 1.5) return concessionPrice();
        return fullPrice();
}
```

图 7-5　简化嵌套条件表达式

使用异常替换返回错误码：在处理非正常业务状态，使用抛出异常的方式代替返回错误码可以更有效且直观地反映代码出现的问题。图 7-6 所示的例子将返回错误码使用异常进行替换。

```
重构前：
public boolean test(int value) {
        if (value > balance) {
                return false;
        } else {
                balance = value;
                return ture;
        }
}
```

```
重构后：
public void test(int value) {
        if (value > balance) {
                throw new IllegalArgumentException("value is too large");
        }
        balance = value;
}
```

图 7-6　使用异常替换返回错误码

7.3　软件测试

7.3.1　软件测试简介

IEEE 给出的测试的定义是，在特定的条件下运行系统或者构件，观察或者记录结果，对系统的某个方面做出评价。

Glenford J. Myers 在《软件测试的艺术》中提出了关于软件测试的多个重要观点，对该领域产生了深远的影响：

- 测试是为了发现程序中的错误而执行程序的过程。
- 好的测试方案是极可能发现迄今为止尚未发现的错误的测试方案。
- 成功的测试是发现了至今为止尚未发现的错误的测试。
- 测试并不仅仅是为了找出错误。通过分析错误产生的原因和错误的发生趋势，项目管理者可以发现当前软件开发过程中的缺陷，以便及时改进。这种分析也能帮助测试人员设计出有针对性的测试方法，改善测试的效率和有效性。
- 没有发现错误的测试也是有价值的，完整的测试是评定软件质量的一种方法。

软件测试是一项极富创造性、极具挑战性的工作。为了尽可能发现软件中的错误，提高软件产品的质量，在软件测试的实践中应把握以下基本测试原则：

- 测试用例中的一个必需部分是对预期输出或结果进行定义。
- 程序员应当避免测试自己编写的程序。
- 编写软件的组织不应当测试自己编写的软件。
- 应当彻底检查每个测试的执行结果。
- 测试用例的编写不仅应当根据有效和预期的输入情况，而且也应当根据无效和未预料到的输入情况。
- 检查程序是否"未做其应该做的"仅是测试的一半，测试的另一半是检查程序是否"做了其不应该做的"。
- 应避免测试用例用后即弃，除非软件本身是一个一次性的软件。
- 计划测试工作时不应默许假定不会发现错误。
- 程序某部分存在更多错误的可能性，与该部分已发现错误的数量成正比。

7.3.2　软件测试的分类

广义的软件测试必须贯穿在软件生命周期的始终，测试对象应该包括软件设计开发的各个阶段的内容。本节重点讲述狭义的软件测试的分类，即开发阶段的测试和程序测试。

1. 按照开发阶段划分

单元测试：又称为模块测试，是指对软件中的最小可测试单元进行检查和验证。单元是指人为规定的最小的被测功能模块。单元测试是在软件开发过程中要进行的最低级别的测试活动，软件的独立单元将在与程序的其他部分相隔离的情况下进行测试。其目的在于检查每个程序单元能否正确地实现详细设计说明中的模块功能、性能、接口和设计约束等要求，发现各模块内部可能存在的各种错误。

集成测试：也叫作组装测试。通常在单元测试的基础上，将所有的程序模块进行有序的、递增的测试。它最简单的形式是：把两个已经测试过的单元组合成一个组件，测试它们之间的接口。集成测试在组合单元时所发现的错误很可能与单元之间的接口有关。一个有效的集成测试有助于解决相关的软件与其他系统的兼容性和可操作性的问题。

系统测试：将经过集成测试的软件，作为计算机系统的一个部分，与系统中其他部分结合起来，在实际运行环境下对计算机系统进行的一系列严格有效的测试，以发现软件潜在的问题，保证系统的正常运行。系统测试可以发现系统分析和设计中的错误。系统测试将硬件、软件、操作人员看作一个整体，检验它是否有不符合系统规格说明的地方。

确认测试：又称有效性测试，运用黑盒测试的方法，验证被测软件是否满足需求规格说明书列出的需求，验证软件的功能和性能及其他特性是否与用户的要求一致。软件需求规格说明书包含的信息是软件确认测试的基础。

验收测试：按照项目任务书或合同、供需双方约定的验收依据文档等进行的对整个系统的测试与评审，决定是否接收或者拒收系统。

2. 按照测试实施组织划分

开发方测试：也叫 α 测试，由一个用户在开发环境下进行的测试，也可以是公司内部的用户在模拟实际操作环境下进行的测试。α 测试的目的是评价软件产品的功能、可靠性、性能和其他支持等，注重产品的界面和特色。开发团队通过该测试证实软件的实现是否满足规定的需求。

用户测试：也叫 β 测试，在用户的应用环境中，用户通过运行和使用软件，检测与核实软件实现是否符合自己预期的要求。开发者把软件产品有计划地免费分发到目标市场，让用户大量使用、评价、检查软件。通过用户各种方式的大量使用来发现软件中存在的问题与错误，把信息反馈给开发者修改。β 测试中开发者获得的信息，可以有助于软件产品的成功发布。

第三方测试：有别于开发方或用户方进行的测试，第三方测试由专业的第三方承担，其目的是保证测试工作的客观性。第三方测试工程主要包括需求分析审查、设计审查、代码审查、单元测试、功能测试、性能测试、可恢复性测试、资源消耗测试、并发测试、健壮性测试、安全测试、安装配置测试、可移植性测试、文档测试以及最终的验收测试等。

3. 按照测试与需求的关系划分

功能测试：一种对产品的各项功能进行验证，根据功能测试用例逐项测试，检查产品功能是否达到用户要求的测试。功能测试是将系统以用户期望的方式运行，通过对系统所有功能和特性进行测试，来确保其符合用户需求和规范。

非功能测试：一种用于检查软件应用程序的非功能方面（例如性能、可用性、可靠性等）的测试。非功能测试与功能测试同样重要，并影响客户满意度。

4. 按照是否需要运行程序划分

静态测试：指不运行被测程序本身，仅通过分析或检查源程序的语法、结构、过程、接口等来检查程序的正确性，以及对需求规格说明书、软件设计说明书、源程序做结构、流程等的分析来查找错误。静态测试结果可用于进一步查错，并为测试用例选取提供指导。

动态测试：通过运行被测程序来检查运行结果与预期结果的差异，并分析运行效率、正确性和健壮性等性能。动态测试过程一般可分为构造测试用例、执行程序、分析程序的输出结果。

5. 按照测试技术划分

玻璃盒测试：又称结构测试、白盒测试、逻辑驱动测试或基于代码的测试，通过对程序内部结构的分析、检测来寻找问题。玻璃盒测试是在清楚了解程序结构和处理过程的基础上，对软件中的逻辑路径进行覆盖测试，从而检查软件内部程序逻辑是否按照设计说明书的规定正常进行。

黑盒测试：不考虑程序的内部结构和处理过程，只检查程序是否按照需求规格说明书的规定正常实现，通过软件的外部表现来发现其内在的缺陷和错误。在测试中，把程序看作一个不能打开的黑盒子，在程序接口进行测试，看程序是否能适当地接收输入数据并产生正确的输出信息。

灰盒测试：介于白盒测试与黑盒测试之间的一种测试，灰盒测试多用于集成测试阶段，不仅关注输入、输出的正确性，同时也关注程序内部的情况。灰盒测试不像白盒测试那样详细、完整，但又比黑盒测试更关注程序的内部逻辑，常常是通过一些表征性的现象、事件、标志来判断内部的运行状态。

7.3.3 自动化测试

通常，在设计了测试用例并通过评审之后，测试人员根据测试用例中描述的规程一步步执行测试，得到实际结果与期望结果的比较。为了节省人力、时间或硬件资源，提高测试效率，自动化测试往往是十分必要的。自动化测试是把以人为驱动的测试行为转化为机器执行的一种过程。它是软件测试的一个重要组成部分，能够完成许多手工无法完成或者难以实现的测试工作。

自动化测试的优势在于能缩短测试工作时间，提高测试效率，提高测试覆盖率，从而提高测试质量，并能更好地重现软件缺陷。但是自动化测试不适用于一些特殊定制型项目、周期很短的项目以及包含有复杂业务规则的项目，或者其涉及物理交互的部分。

目前对自动化测试理解还存在如下误区：

- 自动化测试可以完成一切测试工作。自动化测试是对手工测试的补充，不可能取代手工测试。
- 测试工具可适用于所有的测试。每种自动化测试工具都有它的应用范围和可用对象，针对不同的测试目的和测试对象，应该选择合适的测试工具，在很多情况下，需要利用多种测试工具才能完成测试工作。
- 测试工具能使工作量大幅降低。事实上，引入自动化测试工具不会马上减轻测试工作。只有正确合理地使用测试工具，并且有一定的技术积累，测试工作量才能逐渐减少。
- 测试工具能实现百分百的测试覆盖率。自动化测试可以增加测试覆盖的深度和广度，但是不能保证 100% 的测试覆盖率。
- 自动化测试工具容易使用。自动化测试需要更多的技能，也需要更多的培训。

自动化测试工具有很多，其大致分类如下：

- 负载压力测试工具：主要目的是确认被测系统是否能够支持性能需求，以及预期的负载增长等，是一种预测系统性能的自动化测试工具，包括并发性能测试、疲劳强度测试、大数据量测试等内容。通过模拟大规模并发执行关键业务，而完成对应用程序的测试。这类工具的主要代表有 Jmeter、Jprofiler、LoadRunner、QALoad、E-Test Suite 等。
- 功能测试工具：通常通过自动录制、检测和回放用户的应用操作，将被测系统的输出结果同预先给定的标准结果进行比较。功能测试工具可以大大减少黑盒测试的工作量，在迭代开发的过程中，能够很好地进行回归测试，有效提高测试人员的工作效率和质量。这类工具的代表有 QTP、PostMan、WinRunner、QARun 等。
- 玻璃盒测试工具：一般是针对代码进行测试，测试中发现的缺陷可以定位到具体代码。根据测试工具原理的不同，又分为静态测试工具和动态测试工具。静态测试工具可以直接对代码进行分析，不需要运行代码。静态测试工具一般是对代码进行语法扫描，找到不符合编码规范的地方，代表工具有 Logiscope、PRQA 软件等。动态测试工具要求实际运行被测系统，向代码生产的可执行文件中插入一些检测代码，用来统计程序运行时的数据。代表工具有 DevPartner、Rational Purify 系列等。
- 网络测试工具：这类工具主要分析分布式应用的性能，关注应用、网络和其他元素（如服务器）内部的交互式活动，以便使网络管理员了解网络不同位置和不同活动之间应用的行为。网络测试工具主要包括网络故障定位工具、网络性能监测工具、网络仿真模拟工具等。
- 测试管理工具：用于对测试进行管理，一般对测试需求、测试计划、测试用例、测试实施进行管理，还包括对缺陷的跟踪管理。测试管理工具的代表有 TestDirector、TestManager、TrarkRecord 等。

7.3.4　软件测试模型

随着软件测试的发展逐渐受到公司的重视，人们希望软件测试也像软件开发一样，由一个模型来指导整个软件测试过程。通过许多年的实践，软件测试专家总结出了很多测试模型。这些模型将测试活动进行抽象，明确了测试与开发之间的关系，是软件测试管理的重要依据。下面主要介绍三种软件测试模型：V 模型、W 模型和 H 模型。

1. V 模型

V 模型一般可以划分为几个不同的阶段或步骤：需求分析、概要设计、详细设计、软件编码、单元测试、集成测试、系统测试、验收测试。V 模型的结构化开发方法如图 7-7 所示，模型中的过程从左到右，描述了基本的开发过程和测试行为。V 模型非常明确地表示了测试过程中存在的不同级别，并且清楚地描述了不同测试阶段和开发过程各阶段之间的对应关系。在 V 模型中，单元测试是基于编码的测试，最初由开发人员执行，以验证各个部分的代码或模块是否已达到了预期的功能要求。基于单元测试的结果，集成测试验证了多个单元之间的集成是否正确，并能够有针对性地对详细设计中所定义的各单元之间的接口进行检查。在所有单元测试和集成测试完成后，系统测试开始以客户环境模拟系统的运行，以验证系统是否实现了在概要设计中所定义的功能和非功能特性。最后，当完成了所有测试工作后，由相关人员对系统进行验收测试，以确保产品能真正符合用户业务上的需要。

V 模型提出了测试提前的理念，并给出了一个具有明晰的过程结构、完善严格的产出的评审体系来保障开发质量。但是该过程较为严谨和复杂，势必会延长开发周期。V 模型最大的缺点是该模型缺乏灵活性，特别是无法解决因为软件需求不准确而直接导致项目后期出现一些致命性后果的问题。对开发人员而言，经常会有无意义的返工，而对用户而言，开发出的软件也有可能并不是他们真正需要的。

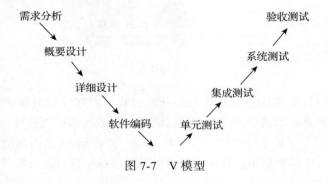

图 7-7　V 模型

2. W 模型

相对于 V 模型，W 模型增加了软件各开发阶段中应同步进行的验证和确认活动。W 模型由两个 V 字组成，分别代表测试与开发过程。图 7-8 明确给出了测试与开发的并行关系。W 模型强调测试应该贯穿整个软件开发周期，测试的对象不仅仅是程序，需求、设计等同样要测试，测试与开发必须同步进行。W 模型有利于尽早发现问题。例如，需求分析完成后，测试人员就应该参与到对需求的验证和确认活动中，以便尽早找出问题所在。同时，对需求的测试也有利于及时了解项目难度和测试风险，及早制定应对措施，这将显著减少总体测试时间，加快项目进度。

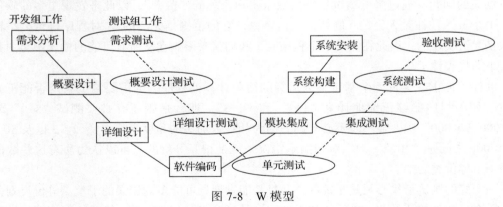

图 7-8　W 模型

但 W 模型也存在局限性。在 W 模型中，需求、设计、编码等活动被视为独立的阶段并且是先后依次进行。同时，测试和开发活动也保持着一种前后关系，上一阶段完全结束，才可以正式开始下一个阶段工作。然而 W 模型和 V 模型都不能很好地支持迭代开发模型，而当前软件开发复杂多变，常用的软件过程一般都是迭代 – 递增的。

3. H 模型

H 模型将测试活动完全独立出来，形成一个完全独立的流程，将测试准备活动和测试执行活动清晰地体现出来。图 7-9 仅仅演示了在整个生产周期中某个层次上的一次测试"微循环"。

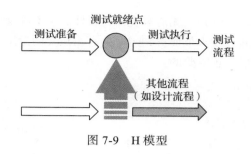

图 7-9　H 模型

图 7-9 中标注的其他流程可以是任意的开发过程，例如设计流程或编码流程。也就是说，只要测试条件成熟，测试准备活动完成，测试执行活动就可以进行。H 模型将软件测试作为一个独立的过程，以独立完整的"微循环"，参与到产品生命周期的各个阶段中，与其他过程并发地进行。H 模型指出软件测试要尽早准备、尽早执行，只要某个测试达到准备就绪点，测试执行活动就可以开展，并且不同的测试活动可按照某个次序先后进行，但也可以是反复进行。H 测试模型充分认识到了测试的复杂性，有利于测试的分工，从而降低成本、提高效率。

7.3.5　黑盒测试和玻璃盒测试

1. 黑盒测试

（1）等价类划分法

等价类划分法是一种重要的黑盒测试方法，主要解决如何选择适当的数据子集来代表整个数据集的问题，通过降低测试用例的数量实现合理的"覆盖"，以此来发现更多的软件缺陷。由于输入往往是无穷的（例如输入是整数，它的范围是无穷的），对程序进行穷举输入测试是无法实现的。因此在测试某个程序时，我们就被限制在从所有可能的输入中努力找出某个小的代表性子集。

例如，你正在实现一个基于整数运算的简单计算器程序。当需要测试它是否能正确运行时，如果程序能够正确地计算"1+1"和"2+3"，那么是否还有必要测试"8+9"或者"80 000+90 000"呢？显然是不必要的。因为从整数加法的角度来看，1、2、3 以及 80 000 和 90 000 之间是"相似"的，对于揭示错误来说是相互等价的。可以认为所有这些数值都在同一个等价类之中。

一个好的测试子集必须是正确的，并且是能发现尽可能多的错误的子集。等价类划分将程序所有可能的输入数据（有效的和无效的）划分成若干个等价类，然后从有效等价类和无效等价类中各选取具有代表性的数据作为测试用例，从而保证测试用例既考虑正常情况，又包含异常情况。

利用等价类划分方法设计测试用例不考虑程序的内部结构，通常以需求规格说明书为依据，认真分析说明书的各项需求（主要是功能需求），从而选择适当的典型测试数据子集，尽可能多地发现错误。

等价类划分方法分为两个主要的步骤：确定等价类和设计测试用例。

步骤一：确定等价类。

从需求中获得了输入或外部条件之后，如何确定等价类是一个启发式的过程。下面给出了一些指导原则：

- 如果输入条件规定了一个取值范围（例如"商品数量必须是从 1 到 999"），可以确定一个有效等价类（1 ≤ 商品数量 ≤ 999），以及两个无效等价类（商品数量 <1，商品数量 >999）。
- 如果输入条件规定了取值的个数（例如"买房限购，一个人名下只可登记最多两套房产"），那么就应确定出一个有效等价类（0 ≤ 房产数量 ≤ 2）和两个无效等价类（房产数量 >2 或者房产数量 <0）。
- 如果输入条件规定了输入数据的一组值（假定有 n 个值），并且程序要对每个输入值分别进行处理（例如"学历的类型必须是小学、初中、高中、大学或研究生及以上"），那么就应为每一个输入值确定一个有效等价类，以及一个无效等价类（例如"幼儿园"）。
- 如果输入条件规定了"必须如何"的情况，例如"账号的第一个字符必须是字母"，那么就应确定一个有效等价类（账号首字母是字符）和一个无效等价类（账号首字母不是字符）。
- 如果输入条件规定了输入数据必须遵守的一组规则（例如邮箱的命名规则），则可以确定一个有效等价类和若干个无效等价类。

在确定已划分的某个等价类中，发现程序对各元素的处理方式不同，则应将该等价类进一步地划分为更小的等价类。

步骤二：设计测试用例。

设计测试用例的过程如下：

- 为每个等价类（包括有效和无效等价类）设置不同的编号。
- 设计新的测试用例，使得每个测试用例尽可能多地覆盖那些尚未被覆盖的有效等价类，直到所有的有效等价类都被测试用例所覆盖。
- 设计新的用例，覆盖一个且只能是一个尚未被覆盖的无效等价类，直到所有的无效等价类都被测试用例所覆盖。

以智慧教室学生人脸考勤功能为例，摄像头在上课期间对学生进行扫描抓拍，人脸考勤服务将抓拍的图片与人脸库中的图片特征进行比对分析，自动得出考勤结果。假定教室座位为 50 个，最多只能坐 50 个学生。人脸比对必须抓拍正脸才能比对成功，侧脸或者后脑勺都无法比对。无论学生坐着、站着，坐在前排、后排，都必须能够进行比对。

智慧教室人脸考勤等价类划分如表 7-1 所示。

表 7-1 智慧教室人脸考勤等价类划分

有效等价类	编号	无效等价类	编号
学生人数在 0~50 人	1	学生人数大于 50 人	7
正脸抓拍	2	侧脸抓拍	8
		后脑勺抓拍	9
坐着	3	其他姿势	10
站着	4		
前排	5	其他位置	11
后排	6		

表中一共有 6 个有效等价类，5 个无效等价类。因此，通过上述设计测试用例的方法，根据有效等价类，可以得到的测试用例有：

- 10 名学生正脸坐在前排　　　　覆盖 1、2、3、5
- 50 名学生正脸站在后排　　　　覆盖 1、2、4、6
- 教室有 55 名学生　　　　　　覆盖 7
- 5 名学生侧脸抓拍　　　　　　覆盖 8
- 8 名学生后脑勺抓拍　　　　　覆盖 9
- 2 名学生趴在桌上　　　　　　覆盖 10
- 2 名学生站在门口　　　　　　覆盖 11

（2）边界值分析法

长期的测试经验告诉我们，大量的错误是发生在输入或输出范围的边界上，而不是发生在输入或输出范围的内部。因此针对各种边界情况设计测试用例，可以查出更多的错误。边界值（Boundary Value）分析法就是对输入或输出的边界值进行测试的一种黑盒测试方法。边界值分析法可以单独使用，也常常作为等价类划分方法的补充。在这种情况下，其测试用例来自等价类的边界。边界值分析法与等价类划分的区别为：

- 边界值分析不是从某等价类中任意选择一个作为代表，而是这个等价类的每个边界都要作为测试条件。
- 边界值分析不仅要考虑输入条件，还要考虑输出空间产生的边界情况。

和等价类划分类似，边界值也可以从需求规格说明、数据类型的大小推导出来。例如程序包含一个输入值，规格说明书上说它的合法取值是从 1 到 10 的数字，那么显然边界值测试会取 0 和 11 这两个不合法的数字，以及 1 和 10 这两个"刚好"合法的数字，来验证位于输入边界附近的数值会不会被系统接受。

因为边界值分析要求测试人员具有一定程度的创造性，以及对不同问题采取相应的处理办法，所以提供如何进行边界值分析的具体方法有一定困难。下面列举一些可以参考的常用指导原则。

如果输入条件规定了一个输入值的范围，那么应针对范围的边界设计测试用例，针对刚刚越界的情况设计无效输入测试用例。例如，如果输入值的有效范围是 −10.0～+10.0，那么边界值可以选择 −10.0、+10.0、−10.1 和 +10.1 来设计测试用例。

如果输入条件规定了输入值的数量，那么应针对最小数量输入值、最大数量输入值，以及比最小数量少一个、比最大数量多一个的情况设计测试用例。例如，如果某个表格可容纳 1～1000 条记录，那么应根据 0、1、1000 和 1001 条记录设计测试用例。

对输出条件来说，同样适用于上述两条原则。例如，某个扣税程序扣除税额的最小金额是 0.0 元，最大金额为 2000.0 元，则应该设计测试用例来测试刚好扣除 0.0 元和 2000.0 元的情况，还应设计导致扣除税额为负数或超过 2000.0 元的测试用例。如果某个搜索引擎显示关联度最高的 100 条结果，则应编写测试用例，使该搜索引擎显示 0 条、1 条和 100 条结果，以及设计出导致错误的 101 条结果。

如果程序的输入或输出是一个有序序列，则应特别注意序列的第一个和最后一个元素。例如，屏幕上光标在最左上、最右下位置，报表的第一行和最后一行，数组元素的第一个和最后一个等。

考虑编程环境中不同数据类型的最大和最小取值范围。例如，对 16 位的整数而言，

32 767 和 −32 768 是边界值。

考虑编程环境中循环控制语句的第 0 次、第 1 次和倒数第 2 次以及最后 1 次循环。

以智慧教室学生人脸考勤功能为例，假定教室座位为 50 个，最多只能坐 50 个学生，则边界值有 0、1、49、50 以及 51。

2. 玻璃盒测试

玻璃盒测试关注的是测试用例执行的程度或覆盖程序逻辑结构的程度。在完全的玻璃盒测试中，程序中每条路径都要执行到，然而对一个带有循环的程序来说，完全的路径测试并不切合实际，因此玻璃盒测试也需要有选择地进行。玻璃盒测试的测试方法有代码检查、静态分析法、逻辑覆盖法、基本路径测试法、符号测试等。本节主要介绍逻辑覆盖法。

逻辑覆盖包括语句覆盖、判定覆盖、条件覆盖、判定 / 条件覆盖、条件组合覆盖。这几种逻辑覆盖的定义如下。

- 语句覆盖：设计若干个测试用例，运行被测程序，使得每一条可执行语句至少执行一次。
- 判定覆盖：设计若干个测试用例，运行被测程序，使得程序中每个判定的每个分支至少执行一次。
- 条件覆盖：设计若干个测试用例，运行被测程序，使得程序中每个判定的每个条件取到各种可能的值。
- 判定 / 条件覆盖：设计若干个测试用例，运行被测程序，使得程序中每个判定的每个分支至少执行一次，同时每个判定中条件的所有可能取值至少执行一次，即同时满足判定覆盖和条件覆盖。
- 条件组合覆盖：设计若干个测试用例，运行被测程序，使得程序中每个判定中各条件的每一种组合至少出现一次。

下面以 Routine 方法为例，对各种覆盖方式进行介绍。

```
public void Routine (int A, int B, int X )
{
   if ( A >1 &&B ==0)
       X= X + B;
   if ( A ==2 || X > 1 )
       X= X * A;
}
```

（1）语句覆盖

最初的逻辑覆盖想法是将程序中的每条语句至少执行一次，即语句覆盖。这虽然是玻璃盒测试中较弱的覆盖标准，但是同样也具备了初步检查出错误的能力。

要实现语句覆盖，上述程序只需要一个测试用例，例如（A=5，B=0，X=8）就可以遍历到每一条语句。这种测试具有比较大的缺陷。例如，假设第一个判断程序员编写错误，（A>1 && B==0）处应是 "||"，而不是 "&&"，则用上述测试用例并不能发现这个错误，因为判断同样为真。此外，对于第二个判断（A==2 || X>1），当 A 为 2 时，该判断永远成立，则不论 X>1 是否有问题，都不会被发现。由此可知，语句覆盖对测试来说是不充分的，它会遗漏掉很多错误。

（2）判定覆盖

判定覆盖（也称分支覆盖）相对语句覆盖而言是较强一些的逻辑覆盖。判定覆盖要求必须编写足够的测试用例，使得每一个判断都至少有一个为真和为假的输出结果。也就是说，每条判定路径都必须至少遍历一次。判定语句包括 switch、do-while 和 if-else 等语句。由于每条分支都会被执行，在通常情况下，满足了判定覆盖，则相当于满足了语句覆盖。因此，判定覆盖也具有和语句覆盖类似的简单性。

判定覆盖要求每个判断都必须有"是"和"否"的结果，并且每条语句都至少被执行一次。例如，有如下程序：

```
if(a || b)
执行语句 1；
else
执行语句 2；
```

要达到这段程序的判断覆盖，采用两个测试用例：a 为真，b 为假；a 为假，b 为假，执行语句 1 和 2 都会被执行。在小程序 Routine 中，满足判定覆盖的两个测试用例可以是（A=3，B=0，X=3）和（A=2，B=0，X=1）。

判定覆盖虽然比语句覆盖更强，但仍然是比较弱的逻辑覆盖。在 Routine 方法中，如果第二个判断存在错误（例如把 X>1 写成了 X<1），那么上面的两个测试用例都无法找出这个错误。这是由于很多判定语句是由多个逻辑条件组合而成，若仅仅判断其整个最终结果，而忽略每个条件的取值情况，就会遗漏部分测试路径。

（3）条件覆盖

比判定覆盖更强一些的逻辑覆盖是条件覆盖。条件覆盖是指选择足够的测试用例，使得运行这些测试用例后，每个判断中每个条件的可能取值至少满足一次。对于 if(a || b) 来说，a 为真、a 为假、b 为真、b 为假这四种情况都必须覆盖到。

小程序 Routine 有四个条件：A>1、B==0、A==2 以及 X>1。因此需要足够的测试用例，使得在第一个判断处出现 A>1、A<=1，B==0 及 B!=0 的情况，在第二个判断处出现 A==2、A!=2、X>1 及 X<=1 的情况。可采用的测试用例为（A=2，B=0，X=4）和（A=1，B=1，X=1）。

虽然条件覆盖准则看上去似乎满足了判定覆盖准则，然而，条件覆盖未必能覆盖全部分支，即满足条件覆盖的程序，并不一定能够满足判定覆盖。例如按照条件覆盖准则也可以得到两个测试用例：（A=1，B=0，X=3）和（A=2，B=1，X=1）。虽然覆盖了全部的条件，但是对于第一个判定（A>1 &&B==0）来说，两个测试用例都为假，因此没有满足判定覆盖。

（4）判定 / 条件覆盖

解决条件覆盖的问题的方法就是判定 / 条件覆盖，它要求设计出足够的测试用例，将一个判断中的每个条件的所有可能的结果至少执行一次，将每个判断的所有可能的结果至少执行一次。例如对于一个判定 P && Q，一组符合判定 / 条件覆盖的用例需要满足：使得判定为真、使得判定为假、使得 P 为真、使得 P 为假、使得 Q 为真、使得 Q 为假。判定 / 条件覆盖准则是一种比较强的逻辑覆盖，但是它也有缺点。尽管看上去所有条件的所有结果全部执行到了，但由于编译器的原因有些条件还是会被屏蔽掉。因此，有时候，判定 / 条件覆盖测试也并不比条件覆盖测试更强。

（5）条件组合覆盖

条件组合覆盖准则是这五种逻辑覆盖里最强的一种，能够部分解决判定 / 条件覆盖的问题。该准则要求编写足够多的测试用例，使得每个判定中条件的各种可能组合都至少出现一次。显然，满足条件组合覆盖的测试用例集合是一定满足判定覆盖、条件覆盖和判定 / 条件覆盖的。

例如，小程序 Routine 中，测试用例必须覆盖以下 8 种组合：

① A>1,B=0　　　② A>1,B!=0

③ A<=1,B=0　　　④ A<=1,B!=0

⑤ A=2,X>1　　　⑥ A=2,X<=1

⑦ A!=2,X>1　　　⑧ A!=2,X<=1

要测试这 8 种组合并不一定需要设计 8 个测试用例。实际上，用 4 个测试用例就可以覆盖它们。下面是这些测试用例的输入，以及它们覆盖的组合：

① A=2,B=0,X=4　　　覆盖组合 1,5

② A=2,B=1,X=1　　　覆盖组合 2,6

③ A=1,B=0,X=2　　　覆盖组合 3,7

④ A=1,B=1,X=1　　　覆盖组合 4,8

但是，满足条件组合覆盖标准的测试数据并不一定能使程序中的每条路径都被测试。

7.4　测试驱动开发

7.4.1　TDD 的基本概念

测试驱动开发（Test Driven Development，TDD）是敏捷开发中的一项核心实践和技术，测试驱动开发的基本思想就是在开发功能代码之前先编写测试代码，然后只编写使测试通过的功能代码，从而以测试来驱动整个开发过程的进行。这有助于编写简洁可用和高质量的代码，有很高的灵活性和健壮性，能快速响应变化，并加速开发过程。这种开发方式与传统开发方式刚好相反。

在明确要开发某个功能后，TDD 首先要思考如何对这个功能进行测试，并快速编写出针对该功能的测试代码，测试代码只定义这个功能的外部接口，而非具体的实现细节。显然，此时的测试代码进行编译时会出现错误而无法通过。然后根据出现的错误编写相应的功能代码来满足测试用例直到全部测试通过为止。如果发现外部接口设计有问题，则在此过程中持续进行代码重构。接着，循环执行这个过程，添加其他功能，直到全部功能代码通过测试。每次代码修改之后，或者增加新功能之前，都需要使用已有的所有测试用例对代码进行回归测试。

TDD 提供了一种在需要时采取小步骤开发的方法。它允许程序员专注于当前的任务，因为第一目标是使测试通过。最初不考虑异常情况和错误处理，并且单独实现创建异常情况的测试。由于 TDD 确保了所有编写的代码至少由一个测试用例覆盖，为开发团队和用户提供了更高的代码信任度。TDD 的优势可以概括如下：

- 小步骤的方式时刻确保了每次添加或修改代码时，对任何已有的功能都是安全的。尤其是对于回归测试运行速度比较快的情况，有人甚至建议每新增或修改超过 10 行代码就运行一次回归测试。这样基本可以避免使用单步调试来发现错误，因为问题往往就出现在这十几行代码中。

- 由于有些客户也不是很明确自己的需求是什么，要写出能让开发人员易于理解的需求规格说明书十分困难。相对于可能具有二义性的成百页的文档来说，TDD 的测试用例描述的就是功能的实际使用场景，并且和代码同步，对开发人员来说，它其实就是一种准确、易于理解、易于维护的文档。
- TDD 对测试先行、重构、回归测试的良好支持，使得开发人员能够大胆地专注于实现或改进眼前的功能，提高了开发人员的信心和工作效率。
- 由于 TDD 要求开发人员根据可以独立编写和测试的小单元来考虑问题，这样易形成更小、更集中的类，更松散的耦合和更清晰的接口，因此带来了更灵活和可扩展性更强的代码。
- TDD 自动化测试往往覆盖每个代码路径，更容易检测到代码行为的任何意外变化。它不只使代码缺陷可控，而且使得开发因为有了测试框架的保障，更好地适应了客户需求的变化。代码可靠性大大增强，减少了很多因返工带来的花费，直接降低了开发时间和成本。

需要注意的是，并非所有类型的项目都适合使用 TDD 开发，比如图形 UI（User Interface）和数据库设计。虽然 TDD 需要开发更多的代码，但有经验表明整体实现时间很可能会缩短。

7.4.2　TDD 的实施步骤

TDD 实施步骤如图 7-10 所示。首先根据需要添加的一个功能，增加一个测试（开始测试代码编写），然后运行这个测试。如果编译结果失败，则改变一些代码，然后再次运行测试；重复修改代码，直到编译成功为止。该过程为循环过程，不断地增加测试，直到所有测试添加完毕。

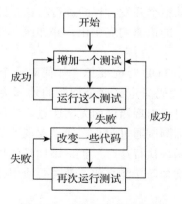

图 7-10　TDD 的实施步骤

TDD 的具体步骤如下所示。

1）增加一个测试：在 TDD 中，每个新功能都从编写测试开始。编写一个定义功能或功能改进的测试，应该非常简洁。要编写一个测试，开发人员必须清楚地了解该功能的规范和要求。

2）运行所有测试（包括新增加的测试）：多数情况下，新测试应该会和开发人员的预期一样是失败的。

3）改变一些代码：编写使得新的测试通过的代码。在这个阶段编写的新代码并不完美，这是可以接受的，因为它将在后续步骤中得到改进。此时编写代码的唯一目的是通过测试。需要注意的是，程序员不得编写超出测试范围的代码。

4）运行所有测试：如果现在所有测试用例都通过，程序员可以确信新代码符合测试要求，并且不会破坏或降低任何现有功能。

5）重复上述过程：从另一个新测试开始，重复该循环以推进功能的完善。单个步骤应始终保持小规模的修改。

6）重构代码：由于 TDD 的小模块特征，必须定期清理不断增长的代码库。例如，新代码可以移动到更符合逻辑的位置，删除重复代码，对象、类、模块、变量和方法名称应清楚地表示其用途，重新组织继承层次结构，并且在合适的地方使用设计模式。重构时也应该不断重新运行所有测试用例，以保证重构不会改变任何现有功能。

7.4.3　基于单元测试的 TDD 实例（Java）

对于单元测试来说，xUnit 框架使得单元测试变得直接、简单、高效和规范，这也是单元测试飞速发展为衡量一个开发工具和环境的主要指标之一的原因。正如 Martin Fowler 在《重构：改善既有代码的设计》中所述："软件工程有史以来，从没有如此多的人大大受益于如此简单的代码！"而且多数语言和平台的 xUnit 架构都大同小异，有的仅是语言不同，其中最有代表性的是 JUnit 和 NUnit，后者是对前者的创新和扩展。

下面，基于 Java 语言和 JUnit 框架来展示 TDD 的一个实例。

需求描述：通过一个矩形的长和宽来计算其面积和周长。

1）打开 Eclipse。

2）创建 RectangleTest 类。

```
public class RectangleTest extends junit.framework.TestCase
{
}
```

3）根据需求描述，在 RectangleTest 中创建矩形对象，分别添加计算矩形面积和周长的测试方法，以及长和宽分别为 2 和 3 的具有正确输入和输出的测试用例。

```
public class RectangleTest extends junit.framework.TestCase
{
    Rectangle rectl= new Rectangle ( );
    public void testArea ( )
    {
        assertEquals ( 6, rectl.Area ( 2, 3 ) );
    }
    public void testPerimeter ( )
    {
        assertEquals( 10, rectl.Perimeter ( 2, 3 ) );
    }
}
```

4）运行测试用例，编译失败，错误提示为缺少 Rectangle 类的定义。于是增加 Rectangle 类的定义，创建 Rectangle.java 文件。显然，方法缺少具体的计算过程，会导致编译错误，但是这并不要紧，我们会在后面的步骤中改进。

```java
public class Rectangle
{
    public int Area(int length, int width)
    {
        return 0;
    }
    public int Perimeter ( int length, int width )
    {
        return 0;
    }
}
```

5）编译成功，但是运行这个程序，断言显示测试用例失败，因为计算面积和周长的方法的返回值始终为 0。

6）先"傻瓜式"地修改两个函数的返回值，改为 return 6 和 return 10。重新编译、运行，断言结果为通过。

```java
public class Rectangle
{
    public int Area ( int length, int width )
    {
        return 6;
    }
    public int Perimeter ( int length, int width )
    {
        return 10;
    }
}
```

7）在 RectangleTest 中，增加测试用例数据。

```java
public class RectangleTest extends junit.framework.Testcase
{
    Rectanglerect1=new Rectangle ( );
    public void testArea ( )
    {
        assertEquals ( 6, rect1.Area ( 2 , 3 ));
        assertEquals ( 2, rect1.Area ( 1 , 2 ));
    }
    public void testPerimeter()
    {
        assertEquals ( 10, rect1.Perimeter ( 2 , 3 ));
        assertEquals ( 6, rect1.Perimeter ( 1 , 2 ));
    }
}
```

8）编译成功，但是运行这个程序，断言显示新增加的测试用例失败。

9）重构 Rectangle 类的 Area 和 Perimeter 函数如下，重新编译、运行，运行通过。

```
public class Rectangle
{
    public int Area ( int length, int width )
    {
        return length*width ;
    }
    public int Perimeter ( int length, int width )
    {
        return 2 * ( length + width ) ;
    }
}
```

10）在 RectangleTest 中，利用边界值增加新的测试用例。

```
public class RectangleTest extends junit.framwork.Test Case
{
    Rectanglerectl =new Rectangle ( );
    public void testArea ( )
    {
        assertEquals ( 6,rectl.Area(2,3));
        assertEquals ( 2,rectl.Area (1,2));
        assertEquals ( 0,rectl.Area ( 0, 1 ));
        assertEquals ( 0,rectl.Area (1,0 ));
        assertEquals ( 0,rectl.Area ( 0,0 ));
        assertEquals ( 0,rectl.Area (-1,2));
        assertEquals ( 0,rectl.Area (-1,0 ));
        assertEquals ( 0,rectl.Area (-1,-1 ));
        assertEquals ( 0,rectl.Area (0,-1 ));
    }
    public void testPerimeter()
    {
        assertEquals ( 6,rectl.Perimeter(2,3));
        assertEquals ( 2,rectl.Perimeter(1,2));
        assertEquals ( 0,rectl.Perimeter( 0, 1 ));
        assertEquals ( 0,rectl.Perimeter(1,0 ));
        assertEquals ( 0,rectl.Perimeter( 0,0 ));
        assertEquals ( 0,rectl.Perimeter(-1,2));
        assertEquals ( 0,rectl.Perimeter(-1,0 ));
        assertEquals ( 0,rectl.Perimeter(-1,-1 ));
        assertEquals ( 0,rectl.Perimeter(0,-1 ));

    }
}
```

11）编译成功，但是运行这个程序，断言显示新的测试用例失败。

12）根据测试用例的数据，重构 Rectangle 类的 Area 和 Perimeter 方法，如下：

```
public class Rectangle
{
    public int Area ( int length, int width )
    {
        if ( ( length> 0 ) &&(width>0))
        {
            return length * width;
        }
        return 0;
    }
    public int Perimeter (int length, int width)
    {
        if ( ( length> 0 ) &&(width>0))
        {
            return 2 * ( length + width );
        }
        return 0;
    }
}
```

13）重新编译，运行所有测试用例，全部运行通过。

7.5　集成

7.5.1　软件集成

软件集成是指根据软件需求，把现有软件构件进行组合，以较低的成本、较高的效率实现目的的技术。软件集成是软件复用的成功实践和技术应用之一。

考虑图 7-11 中描述的产品。软件产品集成的一个简单方法是独立地对每个构件编写代码和进行单元测试，再连接所有 7 个代码制品（大棒集成法），作为一个整体来测试产品。在这个操作中存在两个问题。

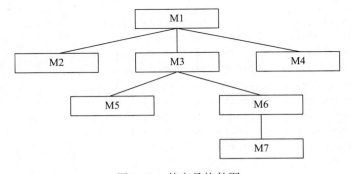

图 7-11　某产品构件图

首先，考虑构件 M1，它不能仅仅依靠自身进行单元测试，需要调用 M2、M3 和 M4。如果这三个模块都还没有开发好，那么想让构件 M1 通过编译是不可能的。这就需要编写三个模块分别代替 M2、M3 和 M4（函数名、返回值、传递的参数相同），这样 M1 构件才可以通过编译。编写的这三个模块就是存根模块或者桩模块。在较好的情况下，一个存根应该能够返回与测试用例符合的值。

其次，考虑构件 M7，测试时需要一个调用模块来模拟 M6 的行为，如果可能还要检查测试代码的返回值。这个调用模拟模块称为驱动模块。同样，测试 M3 需要一个驱动和两个存根模块。

因此，有人会认为，我们将精力都放在构建存根与驱动上了，而所有这些存根与驱动在单元测试完成后都将被抛弃。另外还有一个重要的问题是，缺乏错误隔离的手段。如果产品作为一个整体进行测试，在特定的测试用例下发生错误，那么错误就会存在于 7 个构件或者它们之间接口的任何位置。对一个大型的软件来说，构件和接口数量只会更多。解决问题的主要办法是将单元测试与集成测试结合起来。

（1）自顶向下的集成

自顶向下的集成从顶层模块开始，采用同设计顺序一样的思路对被测系统进行测试。自上而下按照深度或者广度优先策略，对各个模块一边组装一边进行测试。若图 7-11 中的产品是自顶向下实现与集成的，一种可能的自顶向下的次序是 M1、M2、M3、M4、M5、M6和 M7。例如，对 M1 编码并使用作为存根实现的 M2、M3 和 M4 模块来测试 M1。实现与集成按照这种方式进行下去，直至所有构件都集成到这个产品中去。

若构件 a 在一个特定的测试用例上能正确执行，构件 b 在完成编码并与 a 集成后，用同样的测试用例再进行测试时发现测试失败，则这个错误可能存在于构件 b 或者是 a 与 b 的接口。因此自顶向下的集成支持错误隔离。自顶向下集成的另一个优点是主要的设计错误能够较早发现。不过，自顶向下的集成方法有一个缺点就是底层构件可能会测试不充分。

（2）自底向上的集成

自底向上的集成从依赖性最小的底层模块或构件开始进行组装，逐层向上集成。对于某一个层次的特定构件，因为它的下属构件已经组装并测试完成，所以不再需要桩模块。图 7-11 中一个可能的自底向上的次序是 M7、M6、M5、M3、M2、M4 和 M1。当使用自底向上的策略时，底层构件能被充分地测试。尽管自底向上的集成解决了自顶向下集成的主要问题并且与自顶向下集成一样具有错误隔离的优点，但它自身也有比较大的问题。如果有重大的设计错误，在项目后期需要花费巨大的精力来重新设计与编写大部分的产品代码。

（3）三明治集成

由于自顶向下与自底向上的集成各具优势与不足，产品开发的解决办法就是结合这两种策略，利用它们的优点去弥补不足，这就带来了三明治集成的理念。考虑图 7-11 所示的互连图。例如，以 M2-M3-M4 层为界，在 M2-M3-M4 层以上采用自顶向下测试方法，在 M2-M3-M4 层以下采用自底向上测试方法。M2-M3-M4 层以上用自顶向下的方法集成，从而能够尽早地发现主要问题。M2-M3-M4 层以下进行自底向上集成，使得底层构件能够接受彻底的测试。当所有构件都被正确地集成时，两组构件之间的接口再一个一个地进行测试。整个过程中均有错误隔离的手段。

整个集成过程必须在 SQA 小组的管理下进行。SQA 小组负责人应为集成测试的各方面负责，必须决定哪些构件应自顶向下地实现与集成，哪些构件应自底向上地实现与集成，并且决定分配合适的人选进行实现与集成的测试任务。

7.5.2　持续集成

假设在传统的开发和测试过程中，某程序员某天修改了一个 bug，虽然通过了单元测试，但是他并不知道修改后会不会引起问题，会不会对其他代码造成一些影响。由于还没到集成测试的时候，只能等到集成测试再来看。过了几天，各模块终于可以集成在一起进行集成测试了，可是程序一运行就出现了问题，于是开发团队成员都分头去找原因，但是找了很久也找不到原因。最后，只能将出错的代码拿出来一起进行代码审查，才找到问题原因。但是为了找到这一个 bug，成本已经远远超出了预期，开发进度也延迟了。

因此，如果能在单元测试的基础上进行持续集成，绝大多数 bug 都可以在引入的同一天就被发现。而这些 bug 由于引入的时间并不长，一天之内出现的 bug 数一般也是有限的，因此很容易找到问题的根源，能够很快解决问题。

持续集成（Continuous Integration，CI）是针对上述问题的一种解决方法。它要求在开发过程中，编程人员不断地将修改或新增的代码提交到一个统一的代码版本控制库中，并通过回归测试来检验这些代码是否正确、是否对其他部分产生了影响、是否引入了新的 bug。持续集成一般分为代码提交、自动化创建、自动化测试三个主要环节。

持续集成是跟敏捷开发方法密切相关的一种重要且实用的实践。持续集成要求开发团队每日至少进行一次产品级构建，多次个人构建，并对每次构建执行自动化的单元测试、集成测试以及功能测试等与质量相关的测试过程，进而快速地给出对本次构建的反馈。只有当构建中所有问题都处于已解决状态时，才可将代码提交到版本控制库。这种方式保证了每次提交的代码都是可交付的。据有关资料统计，修改 bug 的时间与持续集成间隔时间的平方成正比。因此，持续集成可以减少集成阶段修复 bug 消耗的时间，从而最终提高生产力。

持续集成的优点有以下三点：

- 快速发现错误。每完成一点更新，就将其集成到代码主干，这样可以快速发现错误，定位错误也比较容易。
- 防止代码分支大幅偏离代码主干。如果不是经常集成，代码主干又在不断更新，会导致以后集成的难度变大，甚至难以集成。
- 增强项目的透明度。集成服务器能够持续地反馈集成信息，包括集成是否成功、bug 的修复时间等。

持续集成过程的拓扑图见图 7-12，包括以下几个要点：

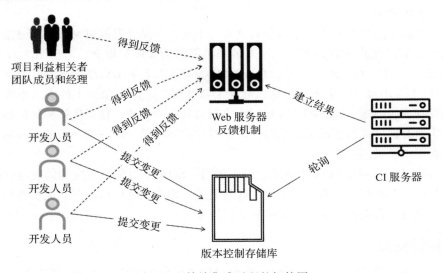

图 7-12　持续集成过程的拓扑图

- 有一个统一的代码版本控制存储库，将所有的源代码统一保存在这个代码库上，而且所有与之有关的人员都可以从代码库中获取最新的源代码。
- CI 服务器通过自动化脚本的执行，自动完成软件代码的编译和测试过程。
- 通过开发人员提供的测试用例代码，很容易就能够执行测试命令完成所有的自动化测试任务。当测试发现错误时，自动通知整个开发团队成员，并记录错误日志。
- 开发人员频繁提交修改后的代码，并总是可以及时地得到最新的代码和文件。

练习和讨论

1. 国家标准中与软件质量保证相关的标准有哪些？
2. 请查阅有关资料，回答一条高质量的软件缺陷记录应该包含哪些内容。
3. 请查阅与静态代码分析工具有关的资料，以其中一种工具为例（例如开源工具 FindBugs），分析其如何提高代码规范。
4. 在创建等价类时，为什么要求单个测试用例仅覆盖一个无效等价类？
5. 针对以下问题：某一种 8 位计算机，其十六进制常数的定义是以 0x 或 0X 开头的十六进制整数，其取值范围为 –7f～7f（不区分大小写字母），如 0x13、0x6A、–0x3c。请采用等价类划分的方法设计测试用例。
6. 请分析单元测试和代码调试的区别。
7. 有一幢楼 10 层高，有 2 部联动电梯，该电梯交付前需要进行测试，请用文字描述具体可以进行哪些测试。
8. 假定有一个聊天工具（例如 QQ），请简述聊天消息收发的测试思路。
9. 如果你是测试人员，在测试中发现了一个 bug，但是开发经理认为这不是一个 bug，你应该怎样解决？
10. 以 Windows 对文件的复制粘贴功能为例，写出你的测试思路，至少包含三类测试。
11. 许多公司的项目进度紧张、人员较少、根本没有需求文档或者需求文档很不规范，但是这些公司既不想投入过多，又想保证质量。你认为在这种情况下怎样保证软件的质量？
12. 在没有产品说明书和需求文档的情况下能够进行黑盒测试吗？
13. 团队作业：实现软件自选项目，选取其中一个模块，采用合适的黑盒测试方法和玻璃盒测试方法编写测试用例并给出测试结果。

第 8 章

软件维护与演化

学习目标
- 了解软件维护的类型
- 掌握软件维护的基本流程
- 熟悉软件部署的基本方法
- 掌握软件部署工具的使用方法
- 了解软件配置管理的基本概念
- 熟悉常用软件配置管理工具的使用方法

软件演化是指对软件进行维护和更新的一种行为，它是软件生命周期中始终存在的变化活动。软件演化可分为开发演化和运行演化。开发演化是创造一个新软件的过程，在一定的约束条件下从头开始实施。运行演化又称软件维护，是软件系统交付使用以后，为了改正错误或满足新的需要而修改软件的过程，一般是在现有系统的限定和约束条件下进行。因此，软件演化过程包括软件维护与更新、软件部署、软件配置管理等内容。

8.1 软件维护与更新

软件维护是软件生命周期中的最后一个阶段，也是历时最长的一个阶段，从系统投入生产运行以后一直持续到软件生命周期结束。软件维护与普通的商品维护不一样，因为软件产品在重复使用的过程中不会像车辆、电器那样有磨损现象。软件维护是指软件系统交付使用以后，为了改正软件运行错误，或者为了满足新的需求而加入新功能的修改软件的过程，以保证软件的日常良好运行。

软件系统在使用过程中会出现很多问题，如新增需求或缺陷修复、硬件及软件环境的更新等。为了使系统能够适应这种变化，更好地发挥软件的作用，产生良好的社会效益及经济效益，就要进行系统维护工作。

8.1.1　软件的可维护性

在软件开发过程中需要始终强调软件的可维护性。一个应用系统由于需求和环境的变化以及自身暴露的问题，在交付用户使用后，对它进行维护是不可避免的。许多大型软件公司为维护已有软件耗费大量人力、财力。

许多软件的维护十分困难，原因在于这些软件的开发没有严格按照软件工程的规范和准则，存在如文档不全、质量差、开发过程没有采用合适的方法、忽视程序设计风格等问题，造成软件维护工作量增加、成本上升、修改出错率升高等后果。许多软件维护要求并不是因为程序出错而提出的，而是为适应环境的变化或需求提出的。为了使软件易于维护，必须考虑软件的可维护性。

软件的可维护性是指软件能够被理解，并能纠正软件系统出现的错误和缺陷，以及为满足新的要求进行修改、扩充或压缩的容易程度。软件的可维护性取决于可理解性、可测试性、可修改性、可靠性、可移植性、可使用性与效率。

- 可理解性。可理解性表现为人们理解软件的结构、接口、界面功能和内部过程的难易程度。模块化、详细设计文档完整、结构化设计、风格一致完整等，都有助于提高可理解性。
- 可测试性。可测试性是指软件程序能够被测试的难易程度。良好的文档有利于测试设计和测试执行，并以此来诊断和发现故障。此外，程序结构、高性能测试工具和调试工具以及测试工序也是非常重要的。常见的可测试性特征包括：可操作性、可观察性、可控制性、可分解性、简单性、稳定性、易理解性等。
- 可修改性。可修改性是指软件程序是否便于修改及升级。一个可修改程序应该是易理解、通用、灵活、简单的。由于修改程序会引起潜在连锁反应，导致大量的软件维护工作量。因此，软件的可修改性被看作是软件可维护性的一个主要属性。
- 可靠性。可靠性是指软件产品在规定的时间和条件下，按照客户要求及目标完成任务的能力。软件系统越复杂、规模越大，其可靠性就越难保证。影响软件可靠性的因素有很多，主要包括：需求定义错误、设计错误、编码错误、测试错误、文档错误等。
- 可移植性。可移植性是指软件系统源代码转移到不同的环境下，需要改动的程度。程序修改的内容越少，移植性越好。一个可移植的软件程序应该具有良好的结构、易安装性、易替换性或者不依赖于某一具体操作系统的特性。
- 可使用性。可使用性是指软件系统操作方便、易理解、实用性强、满足用户易用性等，可以及时且明确地提供操作反馈。
- 效率。效率是指系统性能覆盖面广，程序按照预定执行且不浪费资源的程度。一般包括执行效率、设备效率、网络效率等。

8.1.2　软件维护类型

按照软件维护的目的可分为以下四种类型。

- 改正性维护。软件在交付使用后，难免存在软件自身隐含的错误及软件缺陷。改正性维护就是为了改正潜藏及遗留下来的错误而进行的活动。这方面的维护工作量占整个维护工作量的 20% 左右。所发现的错误有的不影响系统的正常运行，其维护工作可随时进行；而有的错误非常关键，甚至影响整个系统的正常运行，其维护工作必须先制订计划，再进行修改，并且要进行复查和控制。

- 适应性维护。适应性维护是指使软件适应技术变化和管理需求变化而进行的修改。这方面的维护工作量占整个维护工作量的 25% 左右。对于一些中小型的系统，人们常常为改善系统硬件环境和运行环境而产生系统更新换代的需求；而对于一些大中型系统，由于企业的外部市场环境和管理需求的不断变化，各级业务或管理人员不断提出新的系统需求。这些因素都将导致适应性维护工作的产生。进行这方面的维护工作也要像系统开发一样，有计划、有步骤地进行。
- 完善性维护。完善性维护是为扩充功能和改善性能而进行的修改，主要是指对已有的软件系统增加一些在系统分析和设计阶段中没有规定的功能与性能特征。这些功能对完善系统功能是非常必要的。另外，还包括对处理效率和编写程序的改进。完善性维护占整个维护工作的 50% 左右，比例较大，也是关系到系统开发质量的重要方面。这方面的维护除了要有计划、有步骤地完成外，还要注意将相关的文档资料加入到前面相应的文档中去。
- 预防性维护。预防性维护是指为了改进应用软件的可靠性和可维护性，为了适应未来的软、硬件环境的变化，主动增加预防性的新的功能，使应用系统适应各类变化而不被淘汰。例如，将专用报表生成功能改成通用报表生成功能，以适应将来报表格式的变化。预防性维护工作量占整个维护工作量的 5% 左右。

在整个软件维护阶段，完善性维护所占比例最大，如图 8-1 所示。这说明大部分的维护工作是改进和加强软件，而不是纠错。另外，对于不同的软件系统，这个比例也会有所不同。对于行业软件，如金融服务软件，随着业务的发展，适应性维护任务的数量也可能超过完善性维护任务的数量。

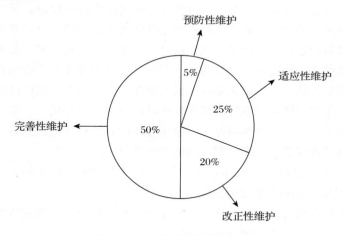

图 8-1 四种维护类型的占比

表 8-1 给出了改正性维护、适应性维护、完善性维护与可维护性的七种质量特性之间的关系，在不同的维护种类中，各种特性的侧重点也不同。

表 8-1 七种质量特性在各类维护中的侧重点

可维护性特性	改正性维护	适应性维护	完善性维护
理解性	√		

（续）

可维护性特性	改正性维护	适应性维护	完善性维护
可测试性	√		
可修改性	√	√	
可靠性	√		
可移植性		√	
可使用性		√	√
效率			√

8.1.3 软件维护流程

软件维护工作首先要确定维护类型，当外部或内部组织提出申请后，软件运行维护组织首先判断维护类型，并对维护需求进行分类；其次根据排序的优先级进行统一版本规划，根据维护策略进行软件维护，并记录软件维护过程；最后对工作进行评价。软件维护的基本流程如图 8-2 所示。

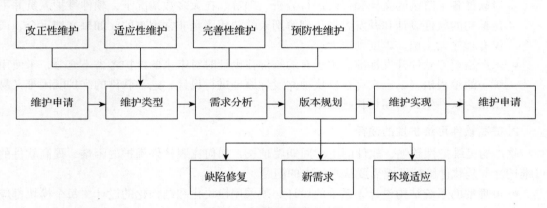

图 8-2　软件维护基本流程

对于任何类型的软件维护来说，维护实施的技术工作基本都是相同的。软件程序代码、文档的修改往往都会影响其他部分。因此软件维护工作需要有计划、有步骤、有审核地安排，严格按照维护工作流程进行。

软件维护通常执行以下步骤：

1）提交维护申请。

2）选择符合申请的维护类型。

3）分析修改的内容及必要性，确认修改后对原有系统的影响程度。

4）审核同意或否决维护申请。

5）为每个提交的维护申请排优先级，并且安排工作进度及人员。

6）修改代码，记录所修改的内容并评审，保证程序运行正常。

7）评审编码情况，详细填写维护工作记录表。

8）不仅测试所修改的部分，还要对其他部分进行全面测试，确认是否对其他部分有影响。

9）必须保持程序与文档的一致性，应实时更新相关文档。

10）软件版本发布，确保发布后的程序可在系统程序中安全运行。

11）每日查看数据库备份情况，并定期完成数据清理。

8.1.4　软件维护的困难及对应策略

1. 软件维护的困难

软件维护中常常遇到以下困难。

- 文档缺失、不充分或过期。文档缺失、不充分或过期主要表现在各类文档之间的不一致、文档与程序之间的不一致及文档缺失，从而导致维护人员不知如何进行修改和维护，加大了维护的难度。
- 软件升级频繁。由于业务发展或市场竞争因素，软件的适应性维护内容多，软件升级频繁，有时每周可能会有几次版本的升级，由此加大了系统的不稳定性，增加了软件维护的难度。
- 软件维护人员变动。软件维护是一个长期的过程，当软件需要维护时，维护者首先要对软件各个阶段的文档和代码进行分析、理解。在大多数情况下，软件维护人员并不是最初的软件设计和开发人员，理解别人的源程序是非常困难的，如果文档不全，或仅有程序无文档，难度则更大。
- 未严格遵守软件开发标准。由于有的软件在设计时对未来的维护考虑不充分，未使用统一的编程语言，也没有按模块独立设计原理进行设计，这种软件的维护既困难又易出错，软件生命周期越长越难维护。

2. 提高软件可维护性的途径

软件的可维护性越强，软件的生命周期就越长，如何克服软件维护的困难，提高软件的可维护性，是软件维护组织需要认真解决的问题。

- 可理解的系统结构设计。系统的设计必须采用模块化和结构化的设计，每个模块都应具有独立的功能，需要满足高内聚、低耦合的原则。采用可理解的结构设计，可以帮助维护人员进行维护，因为结构化设计不仅可以使得模块结构标准化，还可以将模块间的相互作用也标准化，由此可以得到良好的程序结构。
- 标准化的程序设计语言。程序设计语言的选择，直接影响到软件的维护。因为语言的功能越强，生成程序的模块化和结构化程度越高，所需的指令数就越少，程序的可读性越好。源代码都必须具有良好的结构，所有代码都必须文档化。
- 结构化的文档。软件维护人员在维护软件时只能通过阅读、理解和分析源代码来了解系统的功能、结构、设计模式等，如果没有这些结构化文档就会给维护带来困难。要弄清某个系统就必须花费大量的人力和物力，这样势必影响到软件的可维护性。因此需要及时创建各个阶段的文档，文档的设计风格也要简洁一致，及时更新完善相关文档，固定存放文档，为今后维护工作提供帮助。
- 有效的软件维护管理。建立问题处理流程与机制，针对不同的维护内容，明确是由维护人员还是开发人员解决处理。可以定期安排软件人员开发任务和维护任务的适当轮换，这样可以使软件人员体会到开发和维护工作的具体要求以及两者的关系，有利于提高软件人员的技术水平和软件系统的质量。
- 明确软件质量目标及优先级。当版本更新的任务很多时，针对各类改正性维护、适应性维护、完善性维护，明确软件的质量目标，筛选问题的优先处理级别。

● 明确的质量保证审查。软件修改或完善后，在版本上线前要尽可能地进行更多的软件测试和质量保证审查活动。

8.2　软件部署

软件部署环节是指将软件项目本身，包括配置文件、用户手册、帮助文档等进行收集、打包、安装、配置、发布的过程。

8.2.1　软件部署的概念

软件部署是一个复杂过程，包括从开发者发放产品，到用户在计算机上实际安装并维护应用的所有活动。这些活动包括开发者的软件打包，企业及用户对软件的安装、配置、测试、集成和更新等。

软件部署工具可以帮助软件开发团队更好地编写代码、进行测试、让软件在其环境中运行并定期更新。软件部署是一个宽泛的术语，它包含所有用于使软件应用程序可用的活动。软件部署工具使得发布和更新软件的过程尽可能简单，通常这些任务是自动的或按计划的，使软件开发人员能够专注于他们最擅长与最熟悉的工作——写代码。软件部署工具还允许开发人员在其项目上进行协作、跟踪进度、管理变更，以及使用持续集成和持续部署去部署软件，为最终用户提供无缝更新。一个好的软件部署工具可以帮助开发团队简化他们的工作流程，优化效率以交付高质量的软件。

目前，软件工程领域已有很多可使用的软件部署工具，比较常用的工具包括 Docker、Terraform、Ansible、Packer、Kubernetes 等。开发团队可以利用这些软件部署工具定期发布代码、自动化部署、并将持续集成和持续交付作为发布过程的一部分。

8.2.2　软件部署工具 Docker

Docker 是近年来较为流行的软件部署工具之一，它是一个开源的应用容器引擎，基于 Go 语言并遵从 Apache 2.0 协议开源。Docker 可以让开发者打包他们的应用以及依赖包到一个轻量级、可移植的容器中，然后发布到任何流行的 Linux 机器上，也可以实现虚拟化。其中容器完全使用沙箱机制，相互之间不会有任何接口，且容器性能开销极低。使用 Docker 的典型场景有应用的打包与部署自动化，创建轻量、私密的 PAAS 环境，实现自动化测试和持续的集成和部署，以及部署与扩展 Web App、数据库和后台服务。

1. Docker 架构

一个完整的 Docker 由客户端（client）、守护进程（daemon）、镜像（image）和容器（container）这四个部分组成。Docker 架构及各部件的作用分别如图 8-3 和表 8-2 所示。Docker 使用客户端 / 服务器（C/S）架构模式，使用远程 API 来管理和创建 Docker 容器。Docker 容器通过 Docker 镜像来创建。容器与镜像的关系类似于面向对象编程中的对象与类。

Docker Daemon 作为服务器端接收来自客户的请求，并处理这些请求（创建、运行、分发容器）。客户端和服务器端既可以运行在一个机器上，也可通过 socket 或者 RESTful API

来进行通信。Docker Daemon 一般在宿主主机后台运行，等待接收来自客户端的消息。Docker 客户端则为用户提供一系列可执行命令，用户用这些命令实现跟 Docker Daemon 的交互。

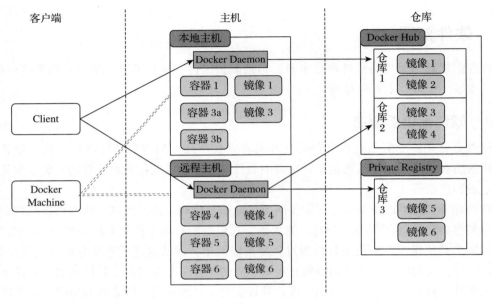

图 8-3　Docker 架构

表 8-2　Docker 各部件作用

部件	作用
Docker 镜像（Image）	Docker 镜像是用于创建 Docker 容器的模板
Docker 容器（Container）	容器是独立运行的一个或一组应用
Docker 客户端（Client）	Docker 客户端通过命令行或者其他工具使用 Docker API 与 Docker 的守护进程通信
Docker 主机（Host）	一个物理或者虚拟的机器，用于执行 Docker 守护进程和容器
Docker 仓库（Registry）	Docker 仓库用来保存镜像，可以理解为代码控制中的代码仓库
Docker Machine	Docker Machine 是一个简化 Docker 安装的命令行工具，通过一个简单的命令行即可在相应的平台上安装 Docker
Docker 守护进程（Daemon）	Daemon 作为服务器端接收来自客户的请求，并处理这些请求

2. Docker 的优点

作为一个被广泛使用的软件部署工具，Docker 在持续集成、可移植性、版本控制、隔离性和安全性方面有着相当大的优势。

（1）持续集成

Docker 在开发与运维领域中具有极大的吸引力，因为它能保持跨环境的一致性。在开发与发布的生命周期中，不同的环境具有细微的不同，这些差异可能是由于不同安装包的版本和依赖关系引起的。然而，Docker 可以通过确保从开发到产品发布整个过程环境的一致性来解决这个问题。Docker 容器通过相关配置，保持容器内部所有的配置和依赖关系始终不变。最终，可以在开发到产品发布的整个过程中使用相同的容器来确保没有任何差异或者人工干预。

开发者不需要配置完全相同的产品环境，就可以在他们自己的系统上通过 VirtualBox 建立虚拟机来运行 Docker 容器。如果开发者需要在一个产品发布周期中完成一次升级，也可以很容易地将需要变更的东西放到 Docker 容器中测试它们，并且使已经存在的容器执行相同的变更。Docker 可以构建、测试和发布镜像，而且镜像可以跨多个服务器进行部署。

（2）可移植性

近年来，主流的云计算提供商，包括亚马逊 AWS 和谷歌 GCP，都将 Docker 融入了自己的平台。Docker 容器能运行在亚马逊的 EC2 实例、谷歌的 GCP 实例、Rackspace 服务器或者 VirtualBox 等主机操作系统的平台上。比如，运行在亚马逊 EC2 实例上的 Docker 容器可以移植到其他几个平台上，并且达到类似的一致性和功能性。

（3）版本控制

Docker 容器可以像 Git 仓库一样提交变更到 Docker 镜像中，并通过不同的版本来管理。设想如果因为一个组件的升级而导致整个环境的损坏，Docker 可以轻松地回滚到这个镜像的前一个版本，整个过程可以在几分钟内完成。和虚拟机的备份或者镜像创建流程对比，Docker 可以快速地进行复制和实现冗余，具有相当高的效率。此外，启动 Docker 就和运行一个进程一样快。

（4）隔离性

Docker 可以确保应用程序与资源是分隔开的。考虑这样一个场景，在虚拟机中运行了很多应用程序，这些应用程序包括团队协作软件（例如 Confluence）、问题追踪软件（例如 JIRA）、集中身份管理系统（例如 Crowd）等。由于这些软件运行在不同的端口上，所以必须使用 Apache 或者 Nginx 来做反向代理。但是随着环境向前推进，需要在现有的环境中配置一个内容管理系统（例如 Alfresco）。这时候问题发生了，该软件需要一个不同版本的 Apache Tomcat。为了满足这个需求，只能将现有的软件迁移到另一个版本的 Tomcat 上，或者找到适合你现有 Tomcat 的内容管理系统（Alfresco）版本。

对于上述场景，使用 Docker 就可以避免这些问题。Docker 能够确保每个容器都拥有自己的资源，并且和其他容器是隔离的。可以用不同的容器来运行使用不同堆栈的应用程序。除此之外，如果想在服务器上直接删除一些应用程序是比较困难的，因为这样可能引发依赖关系冲突。而 Docker 可以帮助确保应用程序被完全清除，因为不同的应用程序运行在不同的容器上。如果不再需要一款应用程序，那可以简单地通过删除容器来删除这个应用程序，并且在宿主机操作系统上不会留下任何的临时文件或者配置文件。

此外，Docker 还能确保每个应用程序只使用分配给它的资源（包括 CPU、内存和磁盘空间）。某些特殊的软件将不会使用全部的可用资源，否则会导致性能降低，甚至让其他应用程序完全停止工作。

（5）安全性

从安全角度来看，Docker 确保运行在容器中的应用程序和其他容器中的应用程序是完全隔离的，在通信流量和管理上赋予完全的控制权。Docker 容器不能窥视运行在其他容器中的进程。从体系结构角度来看，每个容器只使用自己的资源（从进程到网络堆栈）。

作为紧固安全的一种手段，Docker 将宿主机操作系统上的敏感挂载点（例如 /proc

和 /sys）作为只读挂载点，并且使用一种写时复制系统来确保容器不能读取其他容器的数据。Docker 也限制了宿主机操作系统上的一些系统调用，并且可以很好地和 SELinux 与 AppArmor 一起运行。此外，在 Docker Hub 上使用的 Docker 镜像都可以通过数字签名来确保其可靠性。由于 Docker 容器是隔离的，并且资源是受限制的，所以即使其中一个应用程序被黑客攻击，也不会影响运行在其他 Docker 容器上的应用程序。

8.3　软件配置管理

软件配置管理（Software Configuration Management，SCM）应用于整个软件工程过程。在软件建立时变更是不可避免的，而变更加剧了项目中软件开发者之间的混乱。SCM 活动的目标就是为了标识变更、控制变更、确保变更正确地实现，并向其他有关人员报告变更。从某种角度讲，SCM 是一种标识、组织和控制修改的技术，目的是使错误降为最小并最有效地提高生产效率。软件配置管理包括六个子域，即软件配置管理过程管理、软件配置标志、软件配置控制、软件配置状态统计、软件配置审核、软件发行管理和交付。

8.3.1　软件配置管理的作用

软件配置管理在整个软件的开发活动中占有很重要的位置。每一个软件项目都需要经历需求分析、系统设计、编码实现、用例设计和维护过程，在此过程中将会产生大量的文档和程序代码。在应对软件变更所带来的文档及程序代码变化的相关问题中，软件配置管理起到了关键性的作用，主要如下：

- 版本控制。版本控制是软件配置管理的基本要求，它可以保证在任何时刻恢复任何一个版本。版本控制记录每个配置项的发展历史，这样就保证了版本之间的可追踪性，也为查找错误提供了帮助。
- 并行开发。因开发和维护的原因，配置管理能够实现开发人员同时在同一个软件模块上工作，同时对同一个代码部分做不同的修改，即使是跨地域分布的开发团队也能互不干扰，协同工作，而又不失去控制。
- 变更控制。管理、计划软件的变更，跟踪与记录每次变更的相关信息（变更原因、变更的实施者及变更内容等），从而加快问题和缺陷的确定。
- 配置管理。开发人员可以明确地了解分配给他的开发任务，并根据优先级依次完成；项目经理能够随时清晰地了解项目的状态，掌握工作进度，实现强大的过程控制。

8.3.2　软件配置管理过程

配置管理过程是对处于不断演化、完善过程中的软件产品的管理过程，其最终目标是实现软件产品的完整性、一致性、可控性，使产品极大程度地与用户需求相吻合。它通过控制、记录、追踪对软件的修改和每个修改生成的软件组成部件来实现对软件产品的管理功能。

- 制订配置管理计划。配置管理员制订"配置管理计划"，主要内容包括配置管理软硬件资源、配置项计划、基线计划、交付计划、备份计划等。由变更控制委员会（Change Control Board，CCB）审批该计划。

- 配置库管理。配置管理员为项目创建配置库，并给每个项目成员分配权限。各项目成员根据各自的权限操作配置库。配置管理员定期维护配置库，如清除垃圾文件、备份配置库等。
- 版本控制。在项目开发过程中，绝大部分的配置项都要经过多次的修改才能最终确定下来。对配置项的任何修改都将产生新的版本。由于不能保证新版本一定比老版本"好"，所以不能抛弃老版本。版本控制的目的是按照一定的规则保存配置项的所有版本，避免发生版本丢失或混淆等现象，并且可以快速、准确地查找到配置项的任何版本。配置项的状态一般有 3 种："草稿""正式发布"和"正在修改"。配置计划中需要制定配置项状态变迁与版本号的规则。
- 变更控制。在项目开发过程中，配置项发生变更几乎是不可避免的。变更控制的目的就是防止配置项因被随意修改而导致混乱。修改处于"草稿"状态的配置项不算是"变更"，无需 CCB 的批准，修改者按照版本控制规则执行即可。当配置项的状态成为"正式发布"，或者被"冻结"后，任何人都不能随意修改，必须依据"申请——审批——执行变更——再评审——结束"的规则执行。
- 配置审计。为了保证所有人员（包括项目成员、配置管理员和 CCB）都遵守配置管理规范，质量保证小组要定期审计配置管理工作。配置审计是一种"过程质量检查"活动，是质量保证人员的工作职责之一。

8.3.3　常用的软件配置管理工具

软件配置管理概念最早是在 20 世纪 60 年代末至 70 年代初提出的。目前，软件工程领域常见的软件配置管理工具有 IBM Rational Software 提供的 ClearCase、Microsoft 提供的 VSS（Visual Source Safe）、CollabNet 提供的 SVN（Subversion）以及 GitHub 等。

1. Visual Source Safe（VSS）

VSS 的主要任务是负责项目文件的管理，几乎可以适用于任何软件项目。VSS 是一种源码控制系统，它提供了完善的版本和配置管理功能，以及安全保护和跟踪检查功能。VSS 通过将有关项目文档（包括文本文件、图像文件、二进制文件、声音文件、视频文件）存入数据库进行项目研发管理工作。用户可以根据需要随时快速、有效地共享文件。文件一旦被添加进 VSS，它的每次改动都会被记录下来，用户可以恢复文件的早期版本。项目组的其他成员也可以看到有关文档的最新版本，并对它们进行修改，VSS 也同样会将新的改动记录下来。通过用 VSS 来组织管理项目，项目组间的沟通与合作更简易、直观。

VSS 的优点是可管理软件开发中各个不同版本的源代码和文档，占用空间小，并且方便各个版本代码和文档的获取，在开发小组中对源代码的访问进行有效协调。VSS 可以同 Visual Basic、Visual C++、Visual J++、Visual Inter Dev、Visual FoxPro 开发环境以及 Microsoft Office 应用程序集成在一起，提供了方便易用、面向项目的版本控制功能。

VSS 使用过程中要遵循的是"锁定——修改——解锁"流程，即开发人员首先将自己要修改的源代码和文档从 VSS 服务器主备份文件上检出（Checkout）到本地，同时锁定服务器上的源代码和文档（Multi-Checkout 情况除外），修改完成后检入（Checkin）到服务器上，同时解除服务器上文件的锁定。服务器集中控制所有的源程序和文档。图 8-4 所示为 VSS 6.0 的工作界面。主要工作步骤如下：

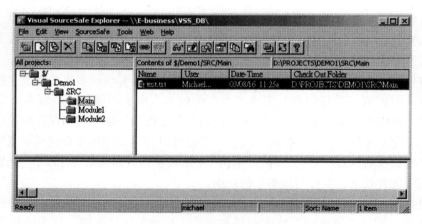

图 8-4　VSS 6.0 工作界面

（1）VSS 6.0 服务器的配置和管理

在 VSS 6.0 服务器安装完毕后，就可以针对开发项目进行 VSS 服务器的配置和管理，这些工作均需由 VSS 管理员来完成。

1）为整个项目创建一个 VSS 数据库。

2）为新创建的数据库建立用户。

3）在该新建的数据库中创建项目 Project。

至此 VSS 服务器的配置基本已经完成，创建了数据库和项目，并为它们建立了相应的用户。用户在客户端可以直接登录到 VSS 服务器上，进行在 VSS 控制管理下的开发工作。

（2）VSS 6.0 客户端的使用步骤

1）打开 VSS 客户端软件，登录到 VSS 服务器。

2）如果是第一次登录到 VSS 服务器，先设定工作目录。

3）检出（Checkout）文件到本地工作目录中。

4）对本地工作目录中的文件进行修改、调试。

5）将工作目录中已修改的文件检入（Checkin）。

2. Subversion（SVN）

SVN 是一个开放源代码的版本控制系统。VSS 较为易学易用，目前多用于小型项目，或用于 Team 级项目，而 SVN 广泛应用于企业级。此外，由于 SVN 的源代码开放，使得 SVN 得到了广泛的应用。

SVN 的当前版本可以随时变更，不会被设定成只读，只在提交版本的时候才进行版本更新。SVN 采用的是"复制——修改——合并"模型；而 VSS 使用的是"锁定——修改——解锁"模型。这对用户来说是两种完全不同的工作方式。

与 VSS 相比，除了免费之外，SVN 还有以下几个优点：

（1）支持重命名

为了得到更好的代码，开发中需要经常进行重构，重构会经常涉及文件的重命名，而重命名对开发来说非常重要。SVN 支持重命名，但 VSS 不支持。

（2）锁定文件

锁定文件会导致重构不方便。另外，VSS 不能离线开发，而 SVN 则不同，开发人员可以进行异地开发，返回后提交即可。

（3）多平台支持

SVN 支持多个平台下的操作，广泛应用于 UNIX / Linux 平台上；VSS 仅支持 Windows 平台。

（4）外围工具的集成

SVN 有多种用于服务器端的外围工具，满足多种需要。如果有需要，其开放的架构允许自己写插件或管理脚本，而 VSS 不具备这些优势。

SVN 集中式管理的工作流程如图 8-5 所示。集中式代码管理的核心是服务器，所有开发者在开始新的工作之前必须先从服务器获取代码，然后进行开发，最后解决冲突并提交。所有的版本信息都放在服务器上。

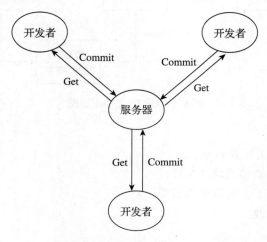

图 8-5　SVN 集中式管理工作流程

下面举例说明经典的 SVN 工作流程：

1）从服务器下载项目组最新代码。

2）进入自己的分支进行工作，每隔一个小时向服务器提交一次代码。

3）工作完成，把自己的分支合并到服务器主分支上。

3. GitHub

GitHub 是一个面向开源及私有软件项目的托管平台，支持 Git 作为唯一的版本库格式进行托管，并提供一个 Web 界面。与其他像 SourceForge 或 Google Code 这样的服务不同，GitHub 的独特性在于从另外一个项目进行分支的简易性。通过使用 Git 来操作 GitHub 实现代码的共享。Git 主要包括本地仓库（如图 8-6 所示）和远程仓库（托管在网络端的仓库）。

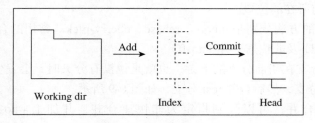

图 8-6　本地仓库组成

从图中也可看出，本地仓库由 Git 维护的三棵"树"组成。第一棵树是工作目录，持有实际文件；第二棵树是暂存区（Index），它像个缓存区域，临时保存本地用户的改动；最后一棵树是 Head，指向最后一次提交的结果。

如图 8-7 所示，从本地仓库将文件 Git 到远程仓库流程如下：工作区→暂存区→本地仓库→远程仓库。

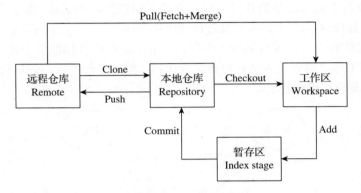

图 8-7　Git 中文件流通图

（1）Git 工作流程

1）克隆 Git 资源作为工作目录。

2）在克隆的资源上添加或修改文件。

3）如果其他人修改了，可以更新资源。

4）在提交前查看修改。

5）提交修改。

6）在修改完成后，如果发现错误，可以撤回提交并再次修改后提交。

（2）Git 分支

使用 GitHub 时为使每个开发模块都不会相互影响，用户在分支上做开发，调试好后再合并到主分支。

（3）分支使用策略

Master 是默认存在的一个分支，通常称它为主分支；日常开发应该在另一条分支上完成，可以命名为 Develop；此外还有临时性分支，用完后最好删除，以免分支混乱。例如功能分支、预发布分支、修补 bug 分支。

多人开发时，每个人还可以分出一个自己专属的分支，当阶段性工作完成后应该合并到上级分支。Git 中的分支非常轻量级，文件里面记录了分支所指向的 commit id。图 8-8 中有两个分支，分别是 master 和 test，它们都指向了 A2 这个提交。HEAD 是一个特殊的指针，它永远指向用户当前所在的位置。

Git 中合并分支的方法分别是 merge、rebase、cherry-pick。常用的合并为 merge 中的快速合并（fast-forward）及非快速合并（no-ff）。

如果待合并的分支在当前分支的下游，也就是说没有分叉时，会发生快速合并，从 test 分支切换到 master 分支，然后合并 test 分支，如图 8-9 所示。

如果不想快速合并，可以强制指定为非快速合并，并加上 --no-ff 参数，如图 8-10 所示。

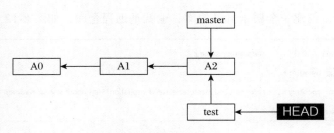

图 8-8　分支示意图

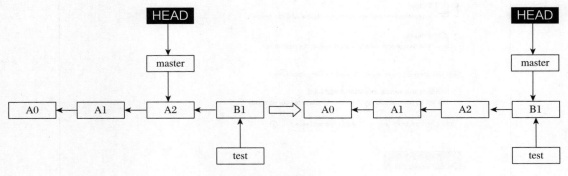

图 8-9　快速合并

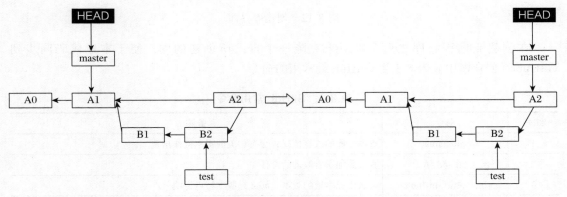

图 8-10　非快速合并

（4）GitHub 使用流程

在 GitHub 新建托管项目，首先要进入 github.com 注册 GitHub 账号，如图 8-11 所示。

图 8-11　GitHub 注册界面

　　注册完成之后，创建一个属于自己的库，也就是远程仓库，如图 8-12 所示。

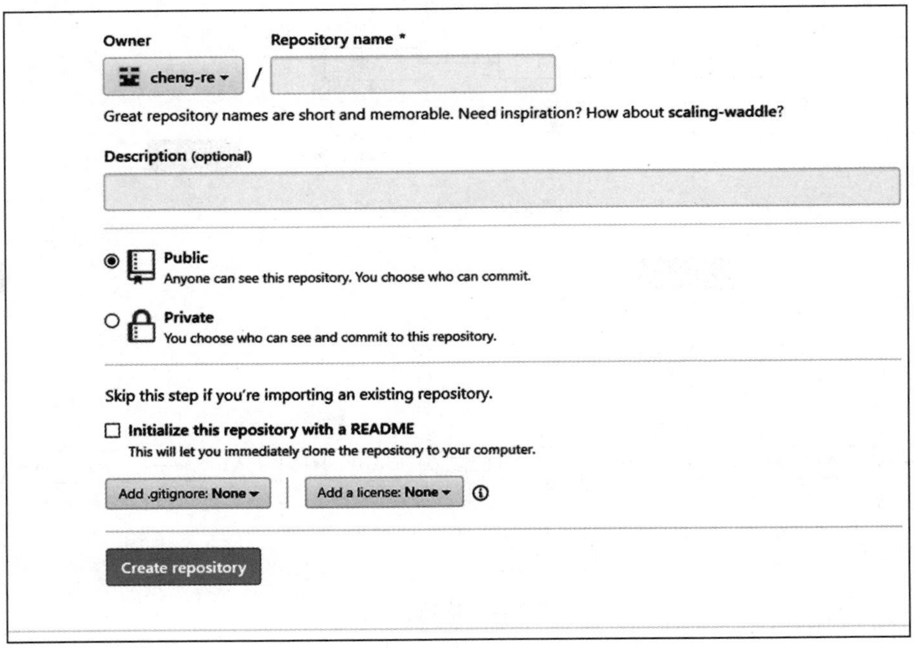

图 8-12　创建库界面

　　在创建完远程仓库之后，接下来克隆一个自己所创建的库，便于本地代码同步到 GitHub 远程仓库中。表 8-3 为 GitHub 最常用的命令。

表 8-3　GitHub 常用命令

编号	命令	备注
1	git status	查看仓库的改变情况，会有相关的提示操作出现
2	git add -A	直接添加所有改动的文件
3	git commit -m "note"	确认生成本地的版本，note 是版本特点说明
4	git push	将改动上传到 GitHub，若没有指定分支，则需要使用 git push origin master
5	git log	查看版本更新情况
6	git reset -hard x	回退到某个本地版本，x为 git log 中出现的 hash 值的前七位
7	git clean -xf	清除所有的未提交文件

练习和讨论

1. 为什么要进行软件维护？请描述软件维护的优点。
2. 有哪几种软件维护类型？请分析它们之间的区别。
3. 假设一个城市开发了"共享单车"软件系统，请描述对该软件进行维护的流程。
4. 请列出在对上一题中的软件进行维护时可能遇到的困难，并给出相应的解决方案。
5. 如果由你来开发"共享单车"软件，你会从哪些方面保证该软件的可维护性？

6. 请列出你所知道的软件部署工具，并描述软件部署工具在软件开发中起到了什么作用。

7. 请使用 Docker 对你的项目进行部署，并说明包含哪些主要步骤。

8. 请尝试使用本章提到的软件配置管理工具对软件进行管理，并比较它们之间的区别。

9. 团队作业：组织由 4~6 人组成的项目小组，一起讨论并确定一个软件自选项目，要求包含软件维护、软件部署和软件配置管理等内容。

第9章

软件项目组织与管理

学习目标

- 了解软件工程项目管理的相关知识
- 了解软件团队管理的基本方法
- 熟悉需求变更管理的基本方法
- 熟悉软件工程中常用的计划与估算方法
- 熟悉软件项目风险管理的基本方法
- 掌握软件项目管理计划的制定方法

软件项目管理的对象是软件工程项目，所涉及的范围覆盖整个软件工程过程。为使软件项目开发获得成功，关键问题是掌握软件项目的工作范围、可能风险、需要的资源（人、硬件、软件）、要实现的任务、经历的里程碑、花费工作量（成本）、进度安排等。软件项目管理在技术工作开始之前就应当开始，在软件从概念到实现的过程中持续进行，在软件工程过程最后结束时终止。软件项目管理是为了使软件项目能够按照预定的成本、进度、质量顺利完成，而对人员（people）、产品（product）、过程（process）和项目（project）进行分析和管理的活动。软件项目管理的根本目的是让软件项目尤其是大型项目的整个软件生命周期（从分析、设计、编码到测试、维护的全过程）都能在管理者的控制之下，以预定成本按期、按质地完成软件并交付用户使用。

9.1 软件工程项目管理

软件工程项目管理是一种应用于软件工程技术的管理过程。因为软件是知识产品，所以其开发进度和质量很难估计和度量，开发及测试工作的效率也难以预测和保证。软件系统的复杂性也会导致开发过程中的各种风险难以预见和控制。大型的软件开发项目有数百名程序员、测试员，甚至会有多名项目经理。对于这样庞大的项目，如果没有管理，其质量保障是难以想象的。

在软件工程项目管理方面比较权威的体系是项目管理知识体系（Project Management

Body Of Knowledge，PMBOK），它是由美国项目管理协会（Project Management Institute，PMI）发起的。PMBOK 对项目管理所需的知识、技能和工具进行了全面的阐述。它包括十大知识领域和 47 个项目管理过程。十大知识领域包含：项目整合管理、项目范围管理、项目时间管理、项目成本管理、项目质量管理、项目人力资源管理、项目沟通管理、项目干系人管理、项目风险管理、项目采购管理等。

本章将结合项目管理知识体系和项目管理中常见的内容，介绍项目启动管理、计划管理、人员的组织与管理、变更管理和风险控制。

9.1.1　项目启动管理

项目启动是指正式开始一个项目或继续到项目的下一个阶段。项目启动阶段是非常重要的阶段。

项目启动时一般需要明确以下几个问题：

- 项目范围、项目周期、关键里程碑点。
- 识别相关人员，明确沟通、汇报渠道及各个角色的职责。
- 项目规则约定、表单模板、流程。
- 项目资源、费用预算。
- 产品业务需求、技术需求，以及用户群体。
- 识别可能存在的项目风险。
- 需要什么样的技术支持，是否需要前期学习和调查。

项目启动会是项目小组进行认识和会面的过程。项目启动会的成功开展，有助于明确项目目标，同时向项目经理和项目小组成员进行授权。它有助于调动员工的积极性，让项目各方自上而下达成共识，为日后开展相关的工作扫除障碍。项目启动阶段准备工作的充足与否往往决定着一个项目的成败。

在项目启动准备期，可以准备一个项目启动检查清单，以确保项目启动工作有序进行，避免疏漏。一般说来，启动会准备工作包括建立项目管理制度、整理启动会资料等，其中建立项目管理制度是非常关键且容易忽略的一项工作，主要包括：

- 项目考核管理制度。
- 项目例会等沟通管理制度。
- 项目汇报制度。
- 项目计划管理制度。明确各级测试项目计划的制订、检查流程，如整体计划、阶段计划、周计划等。
- 项目文件管理流程。明确各种测试文件名称的管理和文件的标准模板，如测试需求编写规范、测试用例编写规范、缺陷编写规范、汇报模板、例会日志模板等。

9.1.2　项目计划管理

项目计划管理是在项目计划阶段对项目实施的管理，包括范围管理、进度管理和综合管理。一个科学的计划，不仅可以保证项目工期，减少资源浪费，还可以对项目的进程进行跟踪控制管理，从而保证项目的按期完成。

在执行计划时，需要和客户沟通好时间、范围、成本、质量等方面的内容。在完成项目计划后，计划需要通过项目管理团队评审，并与客户沟通，得到书面认可。在项目实施过程中，需要保证项目组成员理解并按照计划实施。

项目计划应在项目启动初期制订出来，并随着工程的进展渐进明细。在项目初期，通常由于需求模糊以及它的不确定性，前期的工作重点都放在需求确认以及了解相关行业的业务知识上。进度计划管理主要包括开发进度计划制订和计划跟踪监控。

1. 开发进度计划制订

项目进度安排的正确方法是首先识别一组项目任务，建立任务间的相互关联，然后估计各个任务的工作量，分配人力和其他资源，并指定进度时序。项目进度的安排可以有两种考虑方式：一种是系统最终交付日期已经确定，项目组织必须在规定期限内完成；另一种是系统最终交付日期只确定了大致时限，确切日期由项目小组确定。在第一种方式中，延迟交付会引起用户的不满，某些用户甚至还会要求赔偿经济损失，因此需要在规定的期限内合理地分配人力资源和安排进度。第二种方式对软件项目进行细致分析，可以高效地利用资源，合理分配工作，最后的交付日期也可以在详细分析之后确定下来。

项目进度计划需要将项目的所有工作分解为若干个独立的活动，并判断这些活动所需的时间，其具体过程如图 9-1 所示。

图 9-1 项目进度计划

项目进度计划的制订对一个项目的成功与否起着至关重要的作用。在做项目进度计划的时候，常常采用项目管理中的一些技术，如工作分解结构（Work Breakdown Structure，WBS）、甘特图（GANT）及计划评审技术（Program Evalution and Review Technique，PERT）估算法等。项目进度计划通常用一系列的图表来表示，并通过这些图表可以直观地了解任务分解、活动依赖关系和人员分配情况。

Microsoft Project 是由微软公司开发销售的项目管理软件，也常常用于制订软件项目计划。Microsoft Project 软件可以协助项目小组制订开发计划，为任务分配资源、跟踪进度、管理预算和分析工作量。

Microsoft Project 软件编制项目进度计划主要包括以下步骤：

1）日历设置（工作日、非工作日、项目日历、任务日历、资源日历）。

2）WBS 分解（分级的层次结构建议，任务备注如何使用，80h 法则）。

3）工期设置（分钟、小时、天、周、月，弹性工期，摘要任务工期计算、估计工期用法）。

4）关联性设定（4 种关联性、网络图解释、关联设置方法与技巧）。

5）关键路径（概念、作用、实践的用法）。

6）项目进度压缩方法（赶工、快速跟进、并行工程、修改日历）。

7）检查进度计划是否满足要求，如果不满足如何调整。

8）进度计划评审与确认。

项目进度计划制订过程中需要对项目所有任务及子任务，从工期、开始时间、完成时间、前置任务、资源名称、输出物等方面进行规划。另外，项目进度计划管理也常常采用甘特图来显示项目、进度和其他时间相关的系统进展的内在关系随着时间进展的情况，如

图 9-2 所示。甘特图可以直观地表明任务计划在什么时候进行，以及实际进展与计划要求的对比情况。管理者可以了解到每一项任务（项目）还剩下哪些工作要做，并可评估工作是提前、滞后，还是正常进行。

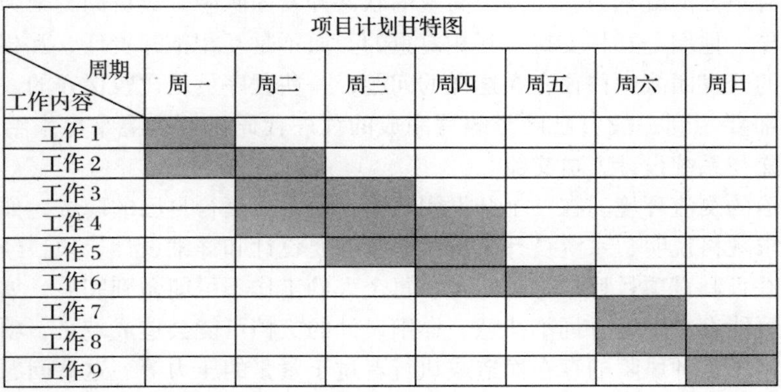

项目计划甘特图							
周期 工作内容	周一	周二	周三	周四	周五	周六	周日
工作 1	■						
工作 2	■						
工作 3		■					
工作 4			■				
工作 5			■				
工作 6				■			
工作 7						■	
工作 8						■	
工作 9							■

图 9-2　项目进度计划甘特图

2. 计划跟踪与监控

计划做得再好，如果没有有效执行，也等于没做。项目进度的跟踪与控制过程需要采用日志的方式或相应的工具，让项目组成员每天填写工作完成情况。项目经理可以及时了解项目进展情况和每个人的工作情况，及时发现项目当前存在的问题并且快速做出相应的调整。对于未按计划完成的任务，需要与相关人员沟通，明确原因，找到解决办法，并尽快采取措施解决问题，避免进度偏差扩大化。与此同时，所有的工作成果必须上传到配置管理服务器上，方便工作成果的抽检，做好项目进度控制。计划跟踪监控主要包括以下三项内容：

- 计划跟踪。对计划中各里程碑进行必要的跟踪，了解项目进度、范围的覆盖情况、人员状况、开发与测试中的问题等。
- 分析偏差。根据里程碑计划跟踪任务的完成情况，对项目的实际数据信息进行分析，并与项目里程碑计划进行比对，分析进度偏差情况，对偏差产生的原因进行必要分析。
- 进度汇报。负责汇总项目进度情况，并定期向公司管理人员和客户项目管理人员汇报。对于与实际情况偏差较大的计划，须经项目管理人员批准后变更计划。

9.1.3　人员组织与管理

人员是软件工程项目中最重要、最为活跃的资源因素。如何组织得更加合理，管理得更加有效，从而最大限度地发挥这一重要的资源潜力，对于软件项目的成功至关重要。

高效的软件开发团队是建立在合理的开发流程及团队成员密切的合作基础之上的。高效的开发团队一般具有以下特征。

- 具有明确和挑战性的共同目标。一个具有明确的而且有挑战性目标的团队比目标不明确或不具有很大的挑战性目标的团队效率高得多。通常技术人员往往会因为完成某个明确的任务，而且这个任务的完成具有挑战性的意义而感到自豪；反过来团队成员为了获取这种自豪的感觉而更加积极地工作从而带来团队开发的高效率，如作为系统设计人员很清楚地知道在什么时候要做到什么，什么时候开始做，什么时候必须完成。提前考虑项目过程中可能要面临的挑战与困难，为设计出一个高质量的软件项目提供重要保障。

- 团队具有很强的凝聚力。在一个高效的软件开发团队中，成员们凝聚为一个整体共同进行工作。他们是互相支持、互相尊重的，而不是互相推卸责任、互相指责的。在一些散乱的开发团队中往往存在这样的问题，一些程序员是比较保守的，明明知道其他模块中需要用到一段自己已经编写完成的程序代码，但不愿拿出来给其他程序员共享，不愿与系统设计人员交流。
- 具有融洽的交流环境。在一个开发团队中，每个人履行自己的职责，如需求分析人员制定需求规格说明、系统设计人员做系统概要设计和详细设计、项目经理配置项目开发环境并且制订项目计划等。但是，每个人的工作不可能做到完美，如系统概要设计的文档可能有个别地方词不达意，详细设计的文档可能会造成歧义，项目管理计划中可能忽略了某种风险的存在而造成执行者过于紧张的压力等。这些问题都需要大家通过交流、反馈、协商的方式去解决。因此高效的软件开发团队是具有融洽的交流环境的，而不是那种简单的命令执行式。
- 具有共同的工作规范和框架。高效软件开发团队应具有规范性及框架统一性。开发团队对于项目管理具有规范的项目开发计划，对于分析设计具有规范和统一框架的文档及审评标准，对于代码具有程序规范条例，对于测试有规范且可推理的测试计划及测试报告等。此外，所有的团队成员应该明白自己的职责，知道必须完成什么计划、由谁来完成、什么时候开始、什么时候结束、按什么顺序。总之，一个高效的开发团队无论是工作内容还是工作流程都具有不同程度的规范性和标准风格的框架。
- 采用合理的开发过程。软件的开发不同于一般商品的研发和生产。软件开发过程中会面临着各种难以预测的风险，比如需求的变化、人员的异动、技术的瓶颈、同行的竞争等。高效的软件开发团队需要采用合理的开发过程去控制开发过程中的风险、提高软件的质量、降低开发费用。这样的团队会根据自身的必要程度决定要执行哪些工作，如配置管理、资源管理、版本控制、代码控制等。团队还需要合理地划分并定义开发过程的里程碑，决定每项活动内容的底线和审评标准，决定各项活动的先后关系或迭代关系等。

9.1.4　变更管理

需求变更可能发生在任何阶段，即使到项目后期也会存在。后期的变更往往会对项目产生一些负面的影响。需求变更是软件开发过程中开发人员和管理者们最为头疼的一件事情。有一些软件项目由于需求的频繁变更，以及缺乏有效的变更管理导致项目失败。需求变更管理是组织、控制和文档化需求的系统方法。需求开发的结果定义了开发工作的需求基线，在客户和开发人员之间构筑了一个需求约定。需求变更管理包括在项目进展过程中维持需求约定一致性和精确性的活动，一般需要完成以下几个任务：

- 确定变更控制过程。确定一个选择、分析和决策需求变更的过程；所有的需求变更都需遵循此流程。
- 建立一个由项目风险承担者组成的软件变更控制委员会（Software Chang Control Board，SCCB），由他们来评估和确定需求变更。

- 进行变更影响分析，评估需求变更对项目进度、资源、工作量和项目范围以及其他需求的影响。
- 跟踪变更影响的产品，当进行某项需求变更时，根据需求跟踪矩阵找到相关的其他需求、设计文档、源代码和测试用例；这些相关部分可能也需要修改。
- 建立基准和控制版本；需求文档要确定一个基线，之后的需求变更遵循变更控制过程即可。
- 维护变更的历史记录；记录变更需求文档版本的日期、所做的变更及其原因，还包括由谁负责更新和更新后新版本号等情况。
- 跟踪每项需求的状态；状态包括"确定""已实现""暂缓""新增""变更"等，建立一个数据库，其中每一条记录一项需求。
- 衡量需求稳定性；记录基线需求的数量和每周或每月的变更（添加、修改、删除）数量。

在出现需求变更时，首先需要相关人员填写"需求变更申请表"，对变更进行较为详细的记录，其模板如表 9-1 所示。

表 9-1 需求变更申请表模板

项目名称		变更类型	
项目编号		变更申请人	
项目经理		申请时间	

需求变更原因及内容（提供变更依据并详细描述，相关资料可附后）

变更原因：市场要求？用户业务需求改变？需求理解的歧义？

变更内容：填写需求变更、变更的可行性、涉及的内容、需求变更的优先级和重要程度等

变更影响分析

变更涉及范围和影响评估，即涉及的资源和需修改的其他关联内容，对项目成本、进度、质量的影响，变更实施的可行性和涉及的风险等

需求开发工作量	设计开发工作量	实施工作量	计划实施该变更时间

建议的解决方案

建议的解决方案可由项目经理或者变更相关人员填写：变更实现所涉及的风险等其他相关问题

接收方意见

相关接收人员签字

年　月　日

9.1.5 风险管理

软件项目风险管理是软件项目管理的重要内容之一。软件项目风险是指在软件开发过程中遇到的预算和进度等方面的问题，以及这些问题对软件项目的影响。软件项目风险会影响项目计划的实现。如果项目风险变成现实，就有可能影响项目的进度，增加项目的成本，甚至使软件项目不能实现。如果对项目风险进行有效管理，就可以最大限度地减少风险的发生。

项目风险管理的目标在于提高项目中积极事件的概率和影响，降低项目中消极事件的概率和影响。在进行软件项目风险管理时，首先要识别风险，评估它们出现的概率及产生的影响，然后建立一个规划来管理风险。具体地，项目风险管理可划分为识别风险、分析风险、规划风险应对和控制风险等过程。

1. 识别风险

识别风险是判断哪些风险会影响项目并记录其特征的过程。一般来说，识别风险的过程主要就是对已有的风险进行文档化并对其进行管理，目的是为项目团队预测未来事件积累知识和技能。识别风险是一个反复进行的过程，因为在项目生命周期中，随着项目的不断进行，可能会产生新的风险并暴露出来。对于一个项目团队或组织，需要做一般项目风险的收集，或称风险库，以更好地指导未来项目的实践。软件项目常见的一些风险如表 9-2 所示。

表 9-2　风险清单

序号	大类别	小类别	风险描述
1	估算	项目规模超过实际工程能力	没有正确估算工程规模
2			相关人员估算能力不足
3			缺乏相应预算或人力资源保证
4		需求不明确	作为估算前提条件的系统需求不明确或实现有困难
5			客户对自己需求不明确
6			主要系统需求是从客户谈话中推测出来或口头确认的
7		潜在需求	有潜在需求或预测可能会影响日程、成本的需求变更
8			客户的一些非功能需求描述不清楚
9			包括潜在需求、主要需求以外的变更要求
10		容量/性能需求	容量/性能需求不明确，或者实现有困难
11			能确认容量/性能需求的可行性，但需要一定时间的验证
12		估算方法	估算中有欠客观的地方
13			公司现有的估算方法不适应现在项目的估算
14			规模、工时、成本通过客观的方法来估算
15			估算书/开发设计书没有制作
16		估算结果	不存在以工作量为基础的成本估算
17			有各阶段的粗略的工作量和成本估算
18	客户	与客户方交流障碍	缺乏相应的语言（日语、德语等）基础
19			未建立完善的沟通渠道
20			没有形成沟通的意识
21		客户的诚信度	新客户
22			虽是老客户，但过去有交货延期、成本超支等严重问题
23		客户需求	客户需求确定慢或者在测试过程中需求变更多
24		合同	合同没有签订
25		责任不明确	和客户分担的工作、工作产品不明确

（续）

序号	大类别	小类别	风险描述
26	工作条件	工作环境	对工作环境缺乏足够的重视
27			对员工的关心不够
28			缺乏相应的激励机制
29			必要的工作环境（工具、场所）无法确保
30		系统难易度	系统特殊性、复杂度太高
31			系统的影响范围和测试范围很难确定
32	进度	目标不明确	成本、交货期、项目目标不明确、欠详细
33		项目时间太紧	因商业目的而制定了较短的工期
34			项目启动太晚
35			项目初期缺乏紧迫感，组织不力
36		项目后期变动频繁	客户需求模糊或未能正确理解需求
37			客户需求发生变动或项目变更太多
38			缺少有效的需求变化管理和相关分析
39		交货期延迟	工作延迟等组织本身的原因，最终交货期比预期的晚
40			客户的一些原因，最终交货期比预期的晚
41		工作延迟	比主进度计划延迟，需修改日程计划
42			比主进度计划延迟，但能够挽回
43		加班过多	半数以上成员加班时间一个月超过 6h
44			特定成员加班时间一个月超过 60h
45		进度管理	没有定期地进行项目内的进度报告，也没有记录
46		组织内进度报告	没有定期地向上级管理者（部长、部长以上）汇报进度
47		客户进度报告	没有定期地向客户汇报进度
48	人事	关键人员的影响	对关键人员的职责安排不明确
49			人事安排不当或冲突
50			缺合作的团队素质
51			关键人员的离职
52		人员变动	工作环境恶劣、项目缺乏吸引力、报酬不公，造成人员离职
53			管理不善造成人员离职
54			人员能力不足或无法管理被清退
55			被公司其他项目组调用
56		缺乏人力	培训不足
57			公司相关技术人员缺少
58			项目过多，人力分散
59			人员使用不合理
60	技术	技术方面的问题	对采用的技术缺乏深入了解
61			对开发方法、工具和技术的理解不够或缺乏相应的支持
62			对业务知识不了解或掌握不够
63		经验缺乏	缺乏按同一开发过程的开发习惯和能力
64			人员缺乏同类项目的开发经验
65			测试人员技术不足
66			相关人员缺乏培训的机会
67			没涉足过相关应用领域

（续）

序号	大类别	小类别	风险描述
68	管理	管理能力不足	没有专职的项目经理，或不能确保必要的管理工时
69			管理人员缺乏相应的管理能力
70			管理人员陷入技术事务
71			计划和任务定义不够充分
72		计划不明确	没有主进度计划
73			过程行动计划不明确
74			没有 WBS 或不完全，或者和主进度计划的工程不一致

2. 分析风险

风险分析是评估并综合分析风险的发生概率和影响的过程。这一过程用来确定风险对项目可能的影响，以及对风险进行排序。它在明确特定风险和指导风险应对方面十分重要。对风险的分析可以从以下角度考虑：

- "风险类型"一般包括"技术、人员、需求、测试环境、测试管理、项目协调管理、其他"。
- "发生概率"是对风险出现的可能性进行评估。可能的结果有：非常小（<10%）；小（10%~25%）；中等（25%~50%）；大（50%~75%）；非常大（>75%）。
- "风险影响"是对风险的严重性进行评估，可能的结果有：灾难性（进度延迟一个月以上，或者无法完成项目）；严重（进度延迟二周至一个月，或者严重影响项目完成）；中等（进度延迟一周至二周，或者对项目完成有一定影响）；低（进度延迟一周以下，或者对项目完成稍有影响）。
- "发生时段"是对风险可能发生的时间进行估计，一般包括：近期，可能在本阶段发生；中期，可能在下一阶段发生；远期，可能在下一阶段之后发生。

3. 规划风险应对

规划风险应对是针对项目目标，制定提高机会、降低威胁的方案和措施的过程。规划风险应对是针对已识别的风险进行的；对于未来未知的风险，不可能预先制订相应的应对计划或应急计划。制订风险应对措施需要理解风险处理机制，这是一种可据此分析风险应对计划是否正在发挥应有作用的机制，其中包括确定和分配某个人（风险应对责任人）来实施已获同意和资金支持的风险应对措施。

通常应对措施有以下几种：

- 规避策略。改变项目计划或缩小项目工作范围以及采用更成熟的技术方案来进行风险规避。
- 转移策略。把风险的影响和责任转嫁给第三方，该风险还是存在的。这种方式通常是要给第三方报酬的。
- 减轻策略。降低不利风险发生的可能性，如选择更好的方案、更可靠的供应商等。
- 接受策略。面对风险选择"坦然接受"，不对项目计划做任何改变，最常用的措施是风险储备金，如费用、资源、时间等。

4. 控制风险

风险控制是指风险管理者采取各种措施和方法，消灭或减少风险事件发生的各种可能性，或风险控制者减少风险事件发生时造成的损失。控制风险是在整个项目中实施风险应对计划、跟踪已识别风险、监督残余风险、识别新风险以及评估风险过程有效性的过程。控制风险会涉及选择替代策略、实施应急或弹回计划、采取纠正措施以及修订项目管理计划等。风险应对责任人应定期向项目经理汇报计划的有效性、未曾预料到的后果以及为合理应对风险而需要采取的纠正措施。在控制风险过程中，还应更新项目经验教训数据库或风险库，以使未来的项目受益。

9.2　计划与估算

构建一个软件产品并没有什么快捷之道，完整构建一个大型软件产品需要一定的时间和资源。像其他大型构建项目一样，在项目开始阶段是否有准确的规划是决定项目成败的最重要的因素之一。当然，只有初始的计划是远远不够的。计划与测试一样，必须在软件开发和维护过程中不断地进行。尽管需要不断地计划，但在拟制规格说明之后，设计活动开始之前，这些计划活动会达到一个顶点。此时，需要计算有意义的周期和成本估算，并生成完成该项目的具体计划。

本节具体介绍两种类型的计划，一个是贯穿项目始终的计划，另一个是完成规格说明之后必须产生的详细计划。

9.2.1　计划

计划驱动的开发或者基于计划的开发，它是给开发过程制订详细计划的软件工程方法。首先是要创建项目计划。项目计划完整地记录以下内容：要完成的工作，谁将执行此项工作，开发进度安排，以及项目的成果是什么。管理者使用计划支持项目决策并将其作为衡量项目进展的方法。计划驱动开发基于工程项目管理技术，可以看作管理大型软件开发项目的传统方法。

计划驱动的开发的问题是，由于软件开发和使用的环境的变化，必须修改许多早期的决策。推迟计划决策能够避免不必要的重复工作。赞同计划驱动的理由是，早期计划能够很好地考虑组织问题（组织员工等），能够在项目开始前发现潜在的问题和依赖性，而不用等到项目开发时才发现。

项目计划较好的做法是将计划驱动方法和敏捷开发结合起来，其中的平衡取决于项目的类型和人员的技术水平。在极端的情况下，大型信息安全和安全关键性系统需要大量的前期分析，在投入使用前必须万无一失。这种系统大都是计划驱动的。在另一种极端情况下，部署在快速变化环境中的小型或中型信息系统应该使用敏捷方法开发。当几个公司合作开发项目时，通常使用计划驱动的方法协调各个开发地点的工作。

1. 项目计划

在计划驱动的项目开发中，项目计划包括项目可用资源的分配、工作分解以及完成工作的进度安排。计划应该指出开发的项目和软件的风险以及用于风险管理的方法。项目计划书的具体内容随着项目和开发组织类型的不同而改变。不过，多数的计划书应该包括以下几个部分。

- 引言。这一部分简要论述项目的目标，并列出影响项目管理的种种约束条件，如预算、时间的限制等。

- 项目组织。这一部分阐述开发团队的组织方式、人员构成及其分工。
- 风险分析。这一部分分析项目可能存在的风险以及这些风险发生的可能性，并提出降低风险的策略。
- 硬件和软件资源需求。这一部分介绍完成开发所需的硬件和支持软件。如果需要购买硬件，应注明估算的价格和交付的时间。
- 工作分解。这一部分把项目分解成一系列的活动，并且识别每个项目活动的输入和输出。
- 项目进度安排。这一部分要描述项目中各活动之间的依赖关系，到达每个里程碑预期所需的时间以及人员在活动中的分配。
- 监控和报告机制。这一部分说明要提交哪些管理报告、什么时候提交，以及使用什么样的项目监控机制。

主项目计划应当总是包含项目风险评估和项目进度安排。此外，还要制订多个补充计划，用于支持其他过程活动，例如测试和配置管理。表 9-3 给出了一些可能使用的补充计划。在开发大型复杂的项目时需要使用这些补充计划。

表 9-3　项目补充计划

计划	描述
配置管理计划	描述所要采用的配置管理规程和结构
部署计划	描述软件和相关的硬件（如果需要）在客户的环境下会怎样部署。其中应该包含一个从现有系统迁移数据的计划
维护计划	预测维护需求、成本以及工作量
质量计划	描述在项目中所要使用的质量过程和标准
确认计划	描述用于系统确认的方法、资源和进度安排

2. 计划过程

项目计划是一个迭代的过程，在项目的启动阶段，初始项目计划的创建就开始了。图 9-3 是 UML 活动图，给出了典型的项目计划过程的工作流。计划不可避免地会改变。由于在项目进行期间不断产生新的关于系统和项目团队的信息，所以必须经常性地修正原有计划，反映需求、进度安排以及风险的变更。业务目标发生改变，也会导致项目计划相应改变。业务目标发生改变会影响所有的项目，因此这些项目必须重新计划。

在计划过程的开始阶段，应该从评估影响项目的各种约束条件开始。这些约束条件包括项目的交付日期、现有的人员情况、总体预算、可用工具等。另外还要定义项目的里程碑和可交付物。里程碑是进度安排中的能够估计项目进展的那些位置点，比如移交系统进行测试。可交付物是交付给客户的项目成果（比如系统的需求文档）。

接下来，计划过程进入一个循环，直到项目完成时结束。拟定项目的进度安排，并启动进度安排中的各种活动或继续某些活动。在一段时间之后（通常约 2～3 周），检查项目的进展状况，注意项目进展与进度安排的偏差。因为最初对项目参数的估算肯定是近似的，存在小的拖延是正常的，所以需要不断修改计划。

当定义一个项目计划时，应该做出现实的而不是乐观的假设。在一个项目中一些问题会不停地出现，这将导致项目的延期。项目开始时的假设和进度安排应该适当保持悲观，并且将非预期的问题也考虑进来。在拟定计划时应该把各种偶然因素考虑进去，这样假如发生问题，交付进度不会被严重地中断。

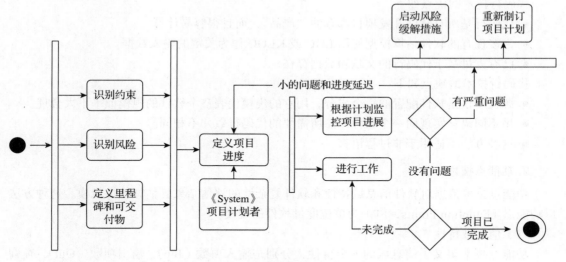

图 9-3 项目计划过程

如果开发工作发生严重的问题，可能导致项目很大的延期，就需要采取风险缓解措施减少项目失效的风险。除了这些措施，还需要重新计划项目，可能就项目的种种约束条件和可交付物的有关事宜，重新与客户协商。应该重新建立新的何时完工的进度安排，并征得客户同意。如果协商不成或者风险缓解措施没有效果，就应该安排正式的项目技术评审。评审的目标是找到能够使得项目继续进行的替代方法，评审也要检查客户的目标是否发生变化以及项目是否与目标一致。

评审的结果可能是做出取消项目的决定。这可能是技术上或者管理上的失败，但是更可能是外部变化影响项目的结果。大型软件的开发时间可能长达数年。在开发过程中，业务目标和企业优先考虑的事情不可避免地会发生变化。如果这些变化表明不再需要这套软件或者原始项目需求不妥，管理人员可能决定停止软件开发，或者对项目做出重大改变以反映组织的目标变化。

9.2.2 软件规模估算

1. 代码行技术

代码行技术是比较简单的定量估算软件规模的方法。这种方法根据以往开发类似产品的经验和历史数据，估计实现一个功能需要的源程序行数。当有以往开发类似项目的历史数据可供参考时，用这种方法估计出的数据还是比较准确的。把实现每个功能需要的源程序行数累加起来，就得到实现整个软件需要的源程序行数。

为了使对程序规模的估计更接近实际值，可以由多名有经验的软件工程师分别做出估计。每个人都估计程序的最小规模（a）最大规模（b）和最可能的规模（m），分别算出这 3 种规模的平均值 $\bar{a}$、$\bar{b}$ 和 $\bar{m}$ 之后，再用下式计算程序规模的估计值：

$$L = \frac{\bar{a} + 4\bar{m} + \bar{b}}{6}$$

用代码行技术度量软件规模，当程序较小时常用的单位是代码行数（Lines of Code，LOC），当程序较大时常用的单位是千行代码数（Kilo Lines of Code，KLOC）。

代码行技术的优点如下：

- 代码行是所有软件开发项目都有的"产品"，而且很容易计算。
- 许多现有的软件估算模型使用 LOC 或 KLOC 作为关键的输入数据。
- 已有大量基于代码行的文献和数据存在。

代码行技术的缺点如下：

- 源程序仅是软件配置的一个成分，用它的规模代表整个软件的规模似乎不太合理。
- 用不同语言实现同一个软件产品所需要的代码行数并不相同。
- 这种方法不适用于非过程语言。

2. 功能点技术

功能点技术依据对软件信息域特性和软件复杂性的评估结果，估算软件规模。这种方法以功能点（Function Points，FP）为单位度量软件的规模。

（1）信息域特性

功能点技术定义了信息域的 5 个特性，分别是输入项数（Inp）、输出项数（Out）、查询数（Inq）、主文件数（Maf）和外部接口数（Inf）。下面讲述这 5 个特性的含义。

- 输入项数：用户向软件输入的项数，这些输入给软件提供面向应用的数据。
- 输出项数：软件向用户输出的项数，它们向用户提供面向应用的信息，如报表、屏幕、出错信息等。报表内的数据项不单独计数。
- 查询数：所谓查询是一次联机输入，它导致软件以联机输出方式产生某种即时响应。
- 主文件数：逻辑主文件（即数据的一个逻辑组合，它可能是某个大型数据库的一部分或是一个独立的文件）的数目。
- 外部接口数：机器可读的全部接口（如磁带或磁盘上的数据文件）的数量，用这些接口把信息传送给另一个系统。

（2）估算功能点的步骤

用下述 3 个步骤，可以估算出一个软件的功能点数（即软件规模）。

1）计算未调整的功能点数（UFP）。首先，把产品信息域的每个特性（即 Inp、Out、Inq、Maf 和 Inf）都分类成简单级、平均级或复杂级。根据其等级，为每个特性都分配一个功能点数。例如，一个平均级的输入项分配 4 个功能点，一个简单级的输入项是 3 个功能点，而一个复杂级的输入项分配 6 个功能点。

然后，用下式计算 UFP：

$$UFP = a_1 \times Inp + a_2 \times Out + a_3 \times Inq + a_4 \times Maf + a_5 \times Inf$$

其中，a_i（$1 \leqslant i \leqslant 5$）是信息域特性系数，其值由相应特性的复杂级别决定，如表 9-4 所示。

表 9-4 信息域特性系数值复杂级别

特性系数	简单	平均	复杂
输入系数 a_1	3	4	6
输出系数 a_2	4	5	7
查询系数 a_3	3	4	6

（续）

特性系数	简单	平均	复杂
文件系数 a_4	7	10	15
接口系数 a_5	5	7	10

2）计算技术复杂性因子（TCF）。这一步将度量 14 种技术因素对软件规模的影响程度。这些因素包括高处理率、性能标准（如响应时间）、联机更新等，表 9-5 所示为全部技术因素，并用 F_i（$1 \leq i \leq 14$）代表这些因素。根据软件特点，为每个因素分配一个从 0（不存在或对软件规模无影响）到 5（有很大影响）的值。然后，用下式计算技术因素对软件规模的综合影响程度 DI：

$$DI = \sum_{i=1}^{14} F_i$$

TCF 由下式计算：

$$TCF=0.65+0.01 \times DI$$

因为 DI 的值为 0～70，所以 TCF 的值为 0.65～1.35。

表 9-5　技术复杂性因子（TCF）

序号	F_i	技术因素
1	F_1	数据通信
2	F_2	分布式数据处理
3	F_3	性能标准
4	F_4	高负荷的硬件
5	F_5	高处理率
6	F_6	联机数据输入
7	F_7	终端用户效率
8	F_8	联机更新
9	F_9	复杂的计算
10	F_{10}	可重用性
11	F_{11}	安装方便
12	F_{12}	操作方便
13	F_{13}	可移植性
14	F_{14}	可维护性

3）计算功能点数（FP）。FP 由下式计算：

$$FP=UFP \times TCF$$

功能点数与所用的编程语言无关，因此功能点技术比代码行技术更合理。但是，在判断信息域特性复杂级别及技术因素的影响程度时，存在相当大的主观因素。

9.2.3　工作量估算

计算机软件估算模型使用由经验导出的公式来预测软件开发的工作量。工作量是软件规模（LOC 或 FP）的函数，工作量的单位通常是人月（pm）。

支持大多数估算模型的经验数据，都是从有限个项目的样本集中总结出来的。因此，没有一个估算模型能够适用于所有类型的软件和开发环境。

1981 年 Boehm 在《软件工程经济学》中首次提出了构造性成本模型（Constructive Cost Model，COCOMO）。1997 年 Boehm 等人提出的 COCOMO2 模型，是原始的 COCOMO 模型的修订版，它反映了十多年来在成本估计方面所积累的经验。

COCOMO2 给出了 3 个层次的软件开发工作量估算模型，这 3 个层次的模型在估算工作量时，对软件细节考虑的详尽程度逐级增加。这些模型既可以用于不同类型的项目，也可以用于同一个项目的不同开发阶段。下面分别介绍这 3 个层次的估算模型。

- 应用系统组成模型：这个模型主要用于估算构建原型的工作量，模型名字暗示在构建原型时大量使用已有的构件。
- 早期设计模型：这个模型适用于体系结构设计阶段。
- 后体系结构模型：这个模型适用于完成体系结构设计之后的软件开发阶段。

下面以后体系结构模型为例，介绍 COCOMO2 模型。该模型把软件开发工作量表示成代码行数（KLOC）的非线性函数，即

$$E = A \times \text{KLOC}^b \times f_i$$

其中：

1）E 是开发工作量（以人月为单位）。

2）A 是模型系数。

3）KLOC 是估计的源代码行数（以千行为单位）。

4）b 是模型指数。

5）f_i（$i=1\sim17$）是成本因素。

每个成本因素都根据它的重要程度和对工作量影响大小被赋予一定数值（称为工作量系数）。这些成本因素对任何一个项目的开发工作量都有影响，即使不使用 COCOMO2 模型估算工作量，也应该重视这些因素。Boehm 把成本因素划分成产品因素、平台因素、人员因素和项目因素 4 类。

表 9-6 所示为 COCOMO2 模型使用的成本因素及与之相联系的工作量系数。与原始的 COCOMO 模型相比，COCOMO2 模型使用的成本因素有下述变化，这些变化反映了在过去十几年中软件行业取得的巨大进步。

- 新增加了 4 个成本因素，它们分别是要求的可重用性、需要的文档量、人员连续性（人员稳定程度）和多地点开发。这个变化表明，这些因素对开发成本的影响日益增加。
- 略去了原始模型中的两个成本因素（计算机切换时间和使用现代程序设计实践）。现在，开发人员普遍使用工作站开发软件，批处理的切换时间已经不再是问题。而"现代程序设计实践"已经发展成内容更广泛的"成熟的软件工程实践"的概念，并且在 COCOMO2 工作量方程的指数 b 中考虑了这个因素的影响。

表 9-6　成本因素及工作量系数

成本因素		级别					
		甚低	低	正常	高	甚高	特高
产品因素	要求的可靠性	0.75	0.88	1.00	1.15	1.39	
	数据库规模		0.93	1.00	1.09	1.19	
	产品复杂程度	0.75	0.88	1.00	1.15	1.30	1.66
	要求的可重用性		0.91	1.00	1.14	1.29	1.49
	需要的文档量	0.89	0.95	1.00	1.06	1.13	

（续）

成本因素		级别					
		甚低	低	正常	高	甚高	特高
平台因素	执行时间约束			1.00	1.11	1.31	1.67
	主存约束			1.00	1.06	1.21	1.57
	平台变动		0.10	1.00	1.15	1.30	
人员因素	分析员能力	1.50	1.22	1.00	0.83	0.67	
	程序员能力	1.37	1.16	1.00	0.87	0.74	
	应用领域经验	1.22	1.10	1.00	0.89	0.81	
	平台经验	1.24	1.10	1.00	0.92	0.84	
	语言和工作经验	1.25	1.12	1.00	0.88	0.81	
	人员连续性	1.24	1.10	1.00	0.92	0.84	
项目因素	使用软件工具	1.24	1.12	1.00	0.86	0.72	
	多地点开发	1.25	1.10	1.00	0.92	0.84	0.78
	要求的开发进度	1.29	1.10	1.00	1.00	1.00	

- 某些成本因素（如分析员能力、平台经验、语言和工具经验）对生产率的影响（即工作量系数最大值与最小值的比率）增加了，另一些成本因素（如程序员能力）的影响减小了。为了确定工作量方程中模型指数 b 的值，原始的 COCOMO 模型把软件开发项目划分成组织式、半独立式和嵌入式三种类型，并指定每种项目类型所对应的 b 值（分别是 1.05，1.12 和 1.20）。COCOMO2 采用了更加精细的 b 分级模型，使用 5 个分级因素 W_i（$1 \leqslant i \leqslant 5$），其中每个因素都划分成从 0 到 5 的 6 个级别，b 的具体计算方法为：

$$b = 1.01 \times 0.01 \times \sum_{i=1}^{5} W_i \prod_{i=1}^{17} f_i$$

因此，b 的取值范围为 1.01～1.26。显然，这种分级模式比原始 COCOMO 模型的分级模式更精细、更灵活。

COCOMO2 使用的 5 个分级因素如下所述。

- 项目先例性：这个分级因素指出对于开发组织来说该项目的新奇程度。诸如开发类似系统的经验，需要创新体系结构和算法，以及需要并行开发硬件、软件等因素的影响，都体现在这个分级因素中。
- 开发灵活性：这个分级因素反映出为了实现预先确定的外部接口需求，即为了及早开发出产品而需要增加的工作量。
- 风险排除度：这个分级因素反映了重大风险已被消除的比例。在多数情况下，这个比例和指定了重要模块接口（即选定了体系结构）的比例密切相关。
- 项目组凝聚力：这个分级因素表明了开发人员相互协作时可能存在的困难。它反映了开发人员在目标和文化背景等方面相一致的程度，以及开发人员组成一个小组工作的经验。
- 过程成熟度：这个分级因素反映了按照能力成熟度模型度量出的项目组织的过程成熟度。

在原始的 COCOMO 模型中，仅粗略地考虑了前两个分级因素对指数 b 值的影响。

工作量方程中模型系数 a 的典型值为 3.0，在实际工作中应该根据历史经验数据确定一个适合本组织当前开发的项目类型的数值。

9.2.4 软件项目管理计划的组成

一个软件项目管理计划有三个主要的组成部分：要做的工作、做这个工作所用的资源以及为此需要付出的费用。

软件开发需要资源，所需的主要资源是开发该软件的人、软件运行的硬件和诸如操作系统、文本编辑器和版本控制工具这样的支持软件。

IEEE 标准 1058.1 中给出了软件项目管理计划的框架，如图 9-4 所示。

```
1   简介                              5.3   控制计划
 1.1  项目概述                          5.3.1  需求控制计划
  1.1.1  意图、范围和目标                 5.3.2  时间表控制计划
  1.1.2  设想和限制                      5.3.3  预算控制计划
  1.1.3  可交付项目                      5.3.4  质量控制计划
  1.1.4  时间表和预算概述                 5.3.5  报表计划
 1.2  项目管理计划的演化                  5.3.6  度量收集计划
2   参考材料                            5.4   风险管理计划
3   定义和缩略语                         5.5   项目打结计划
4   项目组织                          6   技术过程计划
 4.1  外部接口                          6.1   过程模型
 4.2  内部结构                          6.2   方法、工具和技术
 4.3  角色和责任                         6.3   基础结构计划
5   管理过程计划                         6.4   产品验收计划
 5.1  启动计划                        7   支持过程计划
  5.1.1  估算计划                        7.1   配置管理计划
  5.1.2  人员安置计划                     7.2   测试计划
  5.1.3  资源获取计划                     7.3   归档计划
  5.1.4  项目人员培训计划                  7.4   质量保证计划
 5.2  工作计划                          7.5   评审和审计计划
  5.2.1  工作活动                        7.6   问题解决计划
  5.2.2  时间表分配                       7.7   转包商管理计划
  5.2.3  资源分配                        7.8   过程提升计划
  5.2.4  预算分配                      8   附加计划
```

图 9-4　IEEE 项目管理计划框架

该标准由许多从事软件开发的主要公司的代表提出。输入信息来自工业界和大学，工作组和评审组的成员在提出项目管理计划方面具有多年的实践经验。

IEEE 项目管理计划为所有类型的软件产品而设计，它不强加特定的生命周期模型或描述特定的方法学。该计划主要是一种体制，内容可由每个公司根据特定的应用领域、开发小组或技术进行选用。

IEEE 项目管理计划框架支持过程提升。例如，该框架的许多章节反映了诸如配置管理和度量这样的 CMM 关键过程领域。

IEEE 项目管理计划框架适合于统一过程。例如，该计划的一节是关于需求控制的，而另一节是关于风险管理的，两者都是统一过程的主要方面。

另一方面，尽管 IEEE 标准声明 IEEE 项目管理计划对所有规模的软件项目都适用，但其中的一些章节与小型软件无关。

9.2.5 IEEE 软件项目管理计划

本节具体描述 IEEE 软件项目管理计划（SPMP）框架，以下编号对应图 9-4 中的条目。

---

1 简介。

1.1 项目概述。

1.1.1 意图、范围和目标。简要描述要交付的软件产品的意图和范围，以及项目目标，商业需要也包含在这一节中。

1.1.2 设想和限制。任何隐含在项目中的设想和限制都在这里说明，例如交付时间、预算、资源和要重用的制品。

1.1.3 可交付项目。列出需要交付给客户的所有事项，包括交付时间。

1.1.4 时间表和预算概述。该节提供整个时间表，包括整个预算。

1.2 项目管理计划的演化。计划不可能一下塑造成形。项目管理计划与其他计划一样，要求在经验的启发和客户公司及软件开发公司共同修改的基础下进行不断地更新。这一节中描述了修改计划的正规过程和机制，包括把项目管理计划本身纳入配置控制的机制。

2 参考材料。这里列出项目管理计划中的所有参考文档。

3 定义和缩略语。这个信息确保每个人以相同的方式理解项目管理计划。

4 项目组织。

4.1 外部接口。没有一个项目是在真空下构造的。项目成员需要与客户公司和自己公司的其他成员进行交互。另外，在大型的项目中会涉及转包商，必须制定项目和这些其他实体之间的行政管理和经营管理边界。

4.2 内部结构。这一节讨论开发公司自己的结构，例如，许多软件开发公司在公司范围的基础上分成两种类型的小组：开发小组致力于一个单独的项目，而支持小组提供诸如配置管理和质量保证等公司内部的支持功能。还必须清楚地定义项目小组和支持小组之间的行政管理和经营管理的边界。

4.3 角色和责任。对于每个项目功能，例如质量保证，以及对于每个活动，例如产品测试，必须确定个人的责任。

5 管理过程计划。

5.1 启动计划。

5.1.1 估算计划。这一节讨论估算项目周期和成本所使用的技术，以及跟踪这些估算的方法，如果需要的话，应在项目进展过程中进行调整。

5.1.2 人员安置计划。这一节列出项目需要的人员类型和数量，以及需要他们的时间周期。

5.1.3 资源获取计划。这一节讨论获取必要资源的方法，这些资源包括硬件、软件、服务合同和行政管理服务。

5.1.4 项目人员培训计划。这一节列出成功完成项目所需的所有培训。

5.2 工作计划。

5.2.1 工作活动。这一节详细说明必要时直到任务级的工作活动。

5.2.2 时间表分配。通常工作包是互相依赖的，且更依赖外部事件，例如，实现流在设计流之后，而在产品测试流之前。在这一小节里说明它们之间的相关性。

5.2.3　资源分配。给前面列出的各种资源分配合适的功能、活动和任务。

5.2.4　预算分配。在项目功能、活动和任务的等级上分解整个预算。

5.3　控制计划。

5.3.1　需求控制计划。开发软件产品时，需要不断地更改需求。这一节描述用来监视和控制需求变化的机制。

5.3.2　时间表控制计划。这一节列出测量进展的机制，并描述如果实际的进展落后于计划的进展时应采取的行动。

5.3.3　预算控制计划。花销不能超过预算的数额很重要。本节描述当实际的成本超过预算成本时监视的控制机制和所应采取的措施。

5.3.4　质量控制计划。这一节描述测量和控制质量的方法。

5.3.5　报表计划。为监视需求、时间表、预算和质量，需要实行报表机制。这一节讨论这些机制。

5.3.6　度量收集计划。不测量相关的度量是不可能管理开发过程的，这一节列出需要收集的度量。

5.4　风险管理计划。风险需要确定、分清优先次序、减轻和跟踪。这一节描述风险管理的所有方面。

5.5　项目打结计划。这一节描述一切项目完成需要采取的行为，包括人员的再分配和产品存档。

6　技术过程计划。

6.1　过程模型。这一节详细描述所使用的生命周期模型。

6.2　方法、工具和技术。这一节描述所使用的开发方法和编程语言。

6.3　基础结构计划。这一节详细描述硬件和软件的技术方面，应包含的事项有开发软件产品用到的计算系统（硬件、操作系统、网络和软件），以及将要运行软件产品的目标计算系统和使用的 CASE 工具。

6.4　产品验收计划。为确保完成的软件产品通过验收测试，必须提出验收标准，客户必须书面同意该标准，然后开发者确保真正地达到这些标准。这一节将讨论验收过程的这三个阶段产生的方式。

7　支持过程计划。

7.1　配置管理计划。这一节具体描述将制品置于配置管理下的方法。

7.2　测试计划。测试与软件开发的其他方面一样需要仔细计划。

7.3　归档计划。这一节描述所有种类的文档，不论在项目结束时是否交付给客户。

7.4　质量保证计划。本节围绕质量保证的所有方面，包括测试、标准和评审，进行讨论。

7.5　评审和审计计划。这一节描述诸如如何进行评审的细节。

7.6　问题解决计划。在开发软件产品的过程中，问题肯定会出现。例如，一个设计评审可能会发现分析流的严重错误，要求更改几乎完成了的制品。这一节描述处理这些问题的方式。

7.7　转包商管理计划。这一节适用于需要转包商提供工作产品时，选择和管理转包商的途径。

7.8　过程提升计划。这一节包含了过程提升策略的内容。

8 附加计划。对某些项目，计划里需要出现附加的部分。根据 IEEE 框架，它们出现在计划的最后。附加的部分可能包括保证计划、安全计划、数据变换计划、安装计划和软件产品交付后的维护计划。

9.3 软件项目团队管理

项目团队是软件项目中最重要的因素，成功的团队管理是软件项目顺利实施的保证。

9.3.1 软件项目团队管理概述

软件项目团队是具有共同目标、紧密协作的一个集体，包括：项目发起人、资助者、项目组（开发团队）、供应商、客户等。一般情况下，软件项目团队的特点是：临时性、团队成员的不稳定性、年轻化程度较高、是高度集中的知识型团队、成员的业绩不易量化考核。

软件项目团队管理就是采用科学的方法，对项目组织结构和项目全体参与人员进行管理，在项目团队中开展一系列科学规划、开发培训、合理调配、适当激励等方面的管理工作，使项目组织各方面的主观能动性得到充分发挥，同时促进高效的团队协作，以利于实现项目的目标。

软件项目的人力资源特征包括：
- 人既是最大的成本又是最重要的资源。
- 人力成本：尽量使人力资源投入最小。
- 人力资源：尽量发挥资源的价值，使人力资源的产出最大。

软件项目团队管理的主要内容包括：
- 项目组织的规划：确定项目中的角色、职责和组织结构。
- 团队人员获取：获得项目所需的人力资源（个人或集体）。
- 团队建设：提高团队成员个人为项目做出贡献的能力，提高团队作为集体发挥作用的能力。
- 团队日常工作管理：跟踪团队成员工作绩效，解决问题和冲突，协调变更事宜。
- 沟通管理：对在项目干系人之间传递项目信息的内容、方法和过程进行综合管理。保证项目干系人及时得到所需的项目信息。

在软件开发的过程中，团队开发是常见的操作方式。软件开发是一个相当复杂和烦琐的过程，需要有非常精密的思维才可以完成。软件开发过程中提倡团队协作的主要原因包括：
- 软件开发的过程复杂，特别是在一个较大型的软件项目中，一个人的力量和智慧显然是不够的。
- 团队操作在很大程度上可以实现优势互补。例如在开发软件的时候，一方面需要实现强大的功能，另一方面需要有良好的人机交互界面，这就需要团队成员各司其职，发挥各自特长。
- 团队合作在很大程度上培养了人与人之间的沟通和理解能力。团队中只有通过频繁地相互交流，团队成员在研发过程中遇到的困难才能最快、有效地得到解决。

9.3.2　项目组织的规划

软件开发需要通过项目组织的规划，来确定项目团队的角色，明确组织结构，分配人员职责，制订人员配置管理计划。

项目开发人员职责分配是为项目组织中的部门或个人分配职责，避免因责任不清而造成工作互相推诿、责任互相推卸的现象。责任分配矩阵是用来对项目团队成员进行分工，明确其角色与职责的有效工具。

图 9-5 和图 9-6 为责任分配矩阵举例。其中 WBS 是项目管理重要的专业术语之一，基本定义是以可交付成果为导向对项目要素进行的分组，它归纳和定义了项目的整个工作范围，每下降一层代表对项目工作的更详细定义。责任分配矩阵还可以用于更详细地定义团队成员与任务间的关系。

单位	WBS 任务				
	1.1	1.2	1.3	1.4	1.5
开发部门	R	RP			
测试部门			RP		
项目支持部门				RP	
硬件部门	P				
用户支持部门					RP
……					
注：R—负责者　P—执行者					

图 9-5　责任分配矩阵图 1

内容	A	B	C	D	E
单元测试	S	A	I	I	R
整合测试	S	P	A	I	R
系统测试	S	P	A	I	R
用户接受度测试	S	P	I	A	R
注：A—负责　P—参与　R—需要审查　I—需要输入　S—需要签字					

图 9-6　责任分配矩阵图 2

对于很小的项目，可以通过责任分配矩阵把职责直接分配给个人；对于较大的项目，责任分配矩阵可以划分出多个层级，先把职责分配给子团队或部门，然后再继续细分。如果需要详细描述角色的职责，也可使用文字叙述的方式，包括角色的职责、授权、能力和资格等信息。这样的文件可以称为岗位描述、角色——职责——授权表格等，对将来的项目有很好的参考价值。

9.3.3　团队建设和日常管理

项目团队建设有助于提高团队成员的技能，提升他们完成项目活动的能力，加强团队成员的信任感和凝聚力，以促进团队协作。项目团队日常管理是通过观察团队的行为、管理冲突、解决问题，以及评估团队成员的绩效，来促进项目的进展。

　　团队建设和日常管理包含人际关系和人的情感、动机等因素，所以不仅需要制度上的保障，还需要项目管理者具备较高"情商"，进行"人性化管理"。

　　项目的高压环境、责任模糊、技术上的不同观点等问题都可能引起团队成员之间的冲突。合适的团队建设与日常管理可以减少或避免成员之间的冲突，有助于提高创造力。团队建设在项目初期就应该对冲突管理进行计划，分析在项目的各阶段可能出现的冲突。每个项目产生冲突的情况和解决冲突的方法都有特殊性，因此不适合在整个企业层次上建立冲突管理的政策和程序。

练习和讨论

1. 软件工程项目管理包括哪些方面的管理内容？软件工程项目管理中最突出的问题是什么？
2. 软件开发模型有哪些？各自的特点是什么？
3. 一般软件项目有哪些风险？在风险管理中最重要的是什么？
4. 请阐述制定进度计划的工作流程。
5. 什么是项目过程度量？其方法有哪些？
6. 已知一个软件项目的记录，开发人员 6 人，其代码行数为 20.2KLOC，工作量 43pm，成本 314 000 美元，错误数 $N=64$，文档页数 1050 页。尝试计算开发该软件项目的生产率、平均成本、代码出错率和文档率。
7. 为了帮助项目管理人员、项目规划人员全面了解软件开发过程存在的风险，专家建议设计并使用各类风险检测表标识各种风险用于人员配备风险检测，内容如下：
   - 开发人员的水平如何；
   - 开发人员在技术上是否配套；
   - 开发人员的数量如何；
   - 开发人员是否能够自始至终地参加软件开发工作；
   - 开发人员是否能够集中全部精力投入软件开发工作；
   - 开发人员对自己的工作是否有正确的期望；
   - 开发人员是否接受过必要的培训；
   - 开发人员的流动是否能够保证工作的连续性。

   请根据以上风险评估标识，设计一种方法用于对软件开发过程中的人员配备风险进行检测。
8. 某软件公司的产品部门分成几个功能块组（feature team）。每个功能块组一般负责一个具体的功能模块，并由 10～50 人组成。根据功能模块的大小，功能块组可能被分成若干子功能块小组。最后每个功能块小组一般不超过 10 人，其中至少有一个程序经理（program manager）、几个开发人员和几个测试人员。
9. 请问微软这种小组结构属于哪一种？请介绍该结构的优缺点。

第 10 章

软件创新

学习目标

- 了解新技术对软件开发创新的影响
- 熟悉软件版本迭代的基本思想和机制
- 熟悉软件创新思维与基本原则
- 了解软件创新过程中存在的问题
- 了解典型的软件创新开发案例

软件技术是引领科技创新的核心力量之一。软件产业是我国构建全球竞争新优势、抢占新工业革命制高点的必然选择。目前，我国软件产业规模快速壮大，创新能力持续增强，并在移动支付、共享单车、自动驾驶等领域实现了突破。创新对于每个行业，包括软件行业，都是至关重要的。

10.1　新技术对软件创新开发的影响

10.1.1　深度学习

深度学习是机器学习中的一个分支，是当今 AI 领域最热门、最前沿的研究内容之一。它采用非线性多处理层来学习数据的多级特征的抽象表征，用反向传播（BP）算法对计算模型进行训练，通过有监督（supervised）或弱监督（weakly supervised）的特征学习和分层特征提取代替手工的特征获取。

深度学习提出了一种让计算机自动学习和获得模式特征的方法，并将特征学习融入建模过程中，减少了人为设计特征造成的不完备性。目前以深度学习为核心的某些机器学习应用，在满足特定条件的应用场景下，已经拥有很好的性能，比如谷歌的 AlphaGo。有关语音识别、对象识别、对象检测等技术的应用软件性能也因深度学习有了很大的提升。

10.1.2 5G 通信技术

在科技发展的过程中，通信技术给人们的生活带来了巨大的变革。1G 技术帮助人类实现了移动通信，2G 技术帮助人类实现了短信、手机上网、数字语音等，3G 技术帮助人类实现了基于图片的多媒体数据共享，4G 技术帮助人类实现了视频的快速发展和应用。5G 技术，即第 5 代蜂窝式移动通信网络，是继这些技术后的又一全新的移动通信技术。5G 技术拥有高速率（峰值传输速率达到 10Gbit/s）、低延时（端到端时延达到 ms 级）、节能、成本低、系统容量高（连接设备密度增加 10～100 倍，流量密度提升 1000 倍）的特点，可为大量设备提供连接，且能以大约 500km/h 的速度为用户提供稳定的体验。

5G 通信技术对软件创新开发具有深远的影响。从用户体验的角度看，人们对移动通信的需求趋向于个性化和层次化，原来因网速受限制的虚拟现实、超高清视频等应用的体验增强，新兴业务蓬勃发展。从行业应用的角度看，5G 具有更高的可靠性、更低的时延，能够满足智能制造、自动驾驶等行业应用的特定需求，拓宽融合产业的发展空间，支撑经济社会的创新发展。

10.1.3 大数据

移动互联网、物联网、社交网络、数字家庭、电子商务等系统应用中正源源不断地产生大数据。大数据对软件的创新主要集中在"分析过去、提醒现在、展望未来"。

例如，大数据广泛应用于商业领域，以实现精准营销，预测趋势，实现商业利益的最优与最大。它体现的价值为：1）利用大数据分析大量消费者的消费习惯，精准提供产品或服务；2）利用大数据做服务转型，做小而美模式。

在大数据时代，数据与软件密不可分，推动着软件创新。大数据时代下，可以更好、更精确地获取用户需求。此外，怎样防止数据的丢失与被盗，IT 技术又是如何对大数据进行存储和解析处理的，这些都是当前软件工程的热门研究课题。

10.1.4 云计算

云计算促进了计算机软件、硬件等开发部署模式的创新，成为承载各类应用的关键基础设施，并为大数据、物联网、人工智能等新兴领域的发展提供基础支撑。新技术的发展将信息技术重新梳理为"云、网、端"，其中，"云"是指云计算、大数据基础设施；"网"不仅包括原有的"互联网"，还拓展到"物联网"领域；"端"包括个人电脑、移动设备、可穿戴设备、传感器等，是数据的来源，也是软件系统提供的界面。

在经历了移动互联网带动的企业升级之后，物联网技术也激发了不同行业用户对云计算、大数据和企业管理服务的进一步需求，从而为软件系统的创新开发带来了更好的市场机遇。

10.2 软件产品的更新与迭代

一般而言，软件产品开发包括需求分析、产品设计、开发、测试等环节。一个软件产品的开发完成只是代表其生命周期的开始，软件的持续维护和更新才是一个软件具有生命力的关键。软件产品在更新或迭代前需要定义目标用户。以 B2C 生鲜电商社区产品为例，目标用户的大体画像为：用户的年龄在 25～45 岁；会做饭且收入水平中等或中等偏上；租房或者自己有住房，且住处有厨房；学历在专科及以上。

任何软件都是不完美的，都需要进行持续迭代。例如，Linux 内核每两三个月就会有新的版本供用户更新，平均每两年就会有一次重大版本的迭代。产品迭代过程通常包括以下几个阶段。

（1）从 0.0 到 1.0

一个产品从无到有，除了核心的、不可或缺的功能之外，其他所有的功能都可以暂且搁置。去掉所有和核心功能无关的想法，用最简单的方式获取首批目标用户，然后根据监测数据、使用时间、新用户增加量、增加的时间，老用户活跃的时间段、时长，使用最多的板块等进行分析，才能规划产品的 2.0 版本。

（2）从 1.0 到 2.0

有了第一批用户之后，往往一段时间内（例如一个月）就能看出产品在市场上的反应。这个时候需要产品经理和运营部门的市场敏锐度，在产品从 1.0 走到 2.0 的过程中，需要考虑如何让产品更便于使用，如何继续扩大用户量，如何提高产品的活跃度、下载量、订单转化率等。制定更新目标的过程中需要参考以下两条规则：

- 尽量不改变老用户的习惯，尤其是功能的位置、图标的样式和交互流程。
- 让新用户容易融入，从使用场景着手，保证软件的界面符合用户的习惯，并且新用户能快速上手。

（3）从 2.0 到 3.0

升级到 3.0 的时候，产品应该已经相对成熟，各大板块和功能已经不会再有很大的改变。不管用户数量有多少，至少此时的产品应当是一款用户认可的产品了。具体怎么样才能算作 3.0，不同的产品有不同的标准，以垂直社区电商为例，当达到 3.0 的时候，产品已经实现造血功能，不用靠资金投入来获得用户，也不用靠低价来促成订单。

（4）从 3.0 到 4.0

产品发展到这个阶段，需要基于数据进行设计和规划，此时更重要的往往是运营和技术，要处理的技术问题会比较多，例如并发和服务器的稳定性，以及如何把握住大量用户。而运营过程中有可能会发现产品完全没有按照预想的发展，需要做各种调整，甚至有可能是掉头式调整。在调整之前需要明确以下几点：

- 是否已经获取足够多的产品既定目标用户？
- 目标用户对产品的反应如何？
- 明确是"产品"出现不适应，还是使用"产品"的方法错了？

10.3　软件开发创新

软件开发创新涉及软件生产的各个环节和领域，包括理论与方法创新、管理与制度创新、过程和控制创新、技术与工具创新、文化创新、科技创新等。

10.3.1　商业模式创新原则

当前，不仅互联网公司与软件公司的边界已经模糊，而且许多传统产业的运行和竞争能力也与软件密切相关。软件两个字的含义不断演进，其创造的商业模式也在持续改变。现在的软件不再是一个单纯的产品，而是赋能的工具。软件可以是一个创造产业生态的平台，也可能催生出一些新的商业模式。

以智慧城市为例，如果智慧城市是一个软件公司主营的业务方向。作为传统的软件公司，该公司只需要为城市提供一套 IT 解决方案。为了推进智慧城市项目的建设，该公司需要作为战略合作者和运营商一起构建数字经济生态，利用整个城市的数据对城市进行运营管理，创造出数字空间的商业机会。这种转型之后，该软件公司的核心能力还是软件，但是外在的商业形态已经发生了巨大的变化。这种布局是软件企业发展的新模式，也是这个时代赋予软件企业的机会。

10.3.2　业务驱动原则

如果软件开发过程过多强调需求或者功能驱动，将功能划分后各自并行开发，则容易忽视"功能是为业务服务"的核心原则。因此，可以改变现有软件开发的驱动方式，从业务视角来驱动整个开发过程。相应的开发流程可以改变为：

- 通过深入分析用户的业务流程和工作目标，利用场景技术先创建出用户的业务模型。
- 基于业务模型分析实现这一业务目标的各个用户需求间的依赖关系，得出用户需求模型。
- 在用户需求模型的基础上分析各功能间的依赖关系，创建软件功能模型。

通过这一流程，软件需要开发实现的各个功能已经不再是独立功能，而是完成业务目标的功能集。

例如，某个用户提出要求增加报表功能。按照传统的开发方式，软件开发人员在了解了报表的呈现样式、各个字段的计算方式后，就可以启动开发。这样的开发结果，不但会带来这一功能需求不断变更的风险，而且更重要的是，用户会觉得开发者不够专业、不懂业务。如果采用业务驱动方式，开发者应该首先调研清楚下列问题：

- 用户为什么需要这张报表？
- 通过这张报表用户要得到什么信息？
- 报表数据对他们的业务有什么帮助？
- 报表中各字段之间有什么关系？
- 各字段的数据大小对他们的工作有什么影响？
- 用户了解这张报表的数据后，一般还要深入了解哪些数据信息？
- 这张报表的数据与哪些报表的数据之间有关联关系？

通过这一系列业务层面的分析，软件开发人员深入了解了业务，对要实现的报表功能很有信心，因为这个功能被赋予了非常强大的生命力和指导性意义，并尽最大可能降低了需求变更的频度。同时，这种业务驱动式开发也会无形中提升开发系统的核心竞争力。

10.3.3　开发模式匹配原则

RUP 开发模式是目前普遍被采用的开发方法，但是真正理解和掌握这一开发模式的项目经理并不多。有些人把 CMM 等同于开发模式，认为项目只要按照 CMM 过程进行开发，就符合 RUP 开发模式，这是一种不正确的观点。另外，并不是任何项目类型都适合应用 RUP 模式来开发。所以针对项目和企业开发实际，很多专家及学者在深入研究和创建开发模式。

因此，我们需要加强对 RUP 开发模式的学习，形成开发模式指导手册，然后通过宣讲、培训、审核和总结等步骤不断循环改进，让开发模式真正起到应有的效能。另外，需要根据项目的特点进行分类、归纳和总结，依据项目类型特点确定应采用的开发模式，并给出指导性意见。譬如，针对产品研发类项目、中小型解决方案类项目以及全新项目等不同类别的项目，应该采用不同的开发模式。

总之，开发模式是软件开发的基石，开发模式是否与项目特点相匹配将直接影响软件开发的进程。

10.3.4　UI/UE 先行原则

随着时代的发展，当前用户不再仅仅满足于系统功能的实现，而是更加关注系统的使用体验。比如展现的样式是否个性化、展现的方式是否多样化、展现的内容是否定制化、操作方式是否便捷化等。对于信息化应用系统来讲，用户体验已经成为越来越重要的内容，而且也越来越成为软件的核心竞争力之一。这就要求我们在开发方式上做出重大的调整和改进，在系统或产品开发前应针对行业用户特点，利用心理学、社会学等方面的知识，按照人体工学的设计原则先进行 UI/UE（User Interface / User Experience，用户界面 / 用户体验）设计，在最短的时间提供给用户一个能真实感受到的系统。

通过这一方式，不但能在开发前期更深入地了解用户需求，而且能避免项目后期大量的需求变更。

10.3.5　样式家族化原则

一个成熟的软件产品应有其内在的特色，有区别于其他产品的标志性内容。企业在开发软件系统时应该考虑到软件系统的样式家族化。用户使用企业的任何一款产品时，都能清晰地感受到企业风格，这对企业开发系统的整体声誉提升有着重大的战略意义。样式家族化主要指展现统一的图标样式、布局、操作、交互等。对产品用户而言，使用过企业的一个软件产品后，再使用其他系统时会感觉非常熟悉和亲切；对企业内部而言，项目产品家族化后，不但增强了软件的复用，提升了开发效率，而且将各个项目由于个体不同造成的系统差异性降低到最小。通过在企业的部门间整合资源、建立样式库等，可以使项目开发人员更加专注于业务实现。

10.3.6　组件化开发原则

在软件开发模式和方法上，如何从软件开发向软件生产转变，也就是如何从手工作坊式开发向流水线生产转变，是业界研究的重要内容之一。其中，能否转化的关键就是，是否有大量可复用的"零件"。按照工业化生产的概念和流程，工业化产品最终是通过组装完成的。对于软件行业，这一方式同样具有借鉴和指导意义，只是在生产的具体手段上有区别。对于某些软件部门来讲，可能已有十多年的软件开发经验，累计代码量达几千万或上亿行，但代码复用度、组件化组装生产程度可能并不是很高。对此，可以采用如下改进方式：

- 至少建立部门级的组件库，并建立完善的组件库管理规范。
- 在项目规划阶段，要增加软件复用规划，这里的复用包括很多种，例如代码复用、组件复用、文档复用等，尤其是组件复用规划。
- 在项目总结阶段，要对具有复用性的部分进行重点总结。将可复用需求抽取出来后，按照研发的思路将这一需求形成功能组件，以便后面的项目复用。

这样周而复始，随着组件库容量的不断增加，系统复用度也会不断提升，最终走向组件组装化生产过程。

10.3.7　核心竞争力培养原则

一个产品或系统是否具有强大的生命力，是否能在激烈的市场环境中始终占据领先的地位，一个重要的条件就是产品或系统是否具有核心竞争力。比如，iPhone 手机的核心竞争力是什么？一个是用户体验，另一个是开放的平台。在手机的基本功能上，它并没有什么特别之处，但就因为抓住了以上两点，在市场上具有了持续的生命力，为公司带来了可观的利润。再比如 IBM 公司，在软件领域，它在核心竞争力是其强大的业务咨询和系统规划能力。IBM 通过聚集各行各业的业务专家，以群体力量向用户展示了强大的业务咨询和系统策划能力，进而带动公司产品或系统的销售。针对目前国内软件企业的发展情况，可以从以下层面重点培育和培养软件系统的核心竞争力：

- 核心业务模型研究：核心业务模型是系统的基石，通过深入研究业务模型，实现系统的高扩展性、高适应性和高配置性。
- 核心处理算法研究：比如计费算法的研究、拓扑发现算法的研究等。通过核心算法的研究，不断提升系统的处理效率和算法的灵活性，使之不但能提升系统的整体运行性能，而且能加快系统的响应速度。
- 业务展现逻辑研究：应用用户体验的设计原则，在深入研究用户业务特点的基础上，在展现层面提升用户体验，比如系统可视化展现就是其中之一，从而提高系统的易用性和友好性。
- 系统搭建模式研究：可以采用内容管理产品或系统等，通过配置方式实现智能、灵活、高效的搭建。从根本上改变现有系统开发方式，更快完成系统建设，缩短实施时间，从而节省大量开发成本。

总之，在创新内容上应该始终以"谁将从创新中受益""是否对软件质量和生产率有根本提升"为导向；在创新思想上，以不断"超越自己"、追求"更高、更快、更强"为最高目标；在创新过程中，以"先僵化、再优化、最后固化"为行动原则。只有这样，我们的改进和创新才会有效力，才会产生最大的效益。

10.4　案例分析 1：智慧城市软件系统

智慧城市是新一代信息通信技术与城市经济社会发展深度融合，促进城市规划、建设、管理和服务智慧化的新理念和新模式，也是物理世界与数字世界相互映射、协同交互的城市新形态。建设智慧城市，是城市治理能力提升、民生服务保障、产业创新升级的重要驱动力量。在智慧城市中，物联网技术开始大量应用于前端感知与数据采集，5G 或 Wi-Fi 技术用于数据传输，云计算和大数据技术用于后端的数据存储、分析与挖掘。智慧城市软件系统的一些功能已经体现在我们的日常生活中，如市民卡、校园通、手机银行、电子政务等。目前，智慧城市软件系统的主要功能包括：智能交通、智慧教育、智慧旅游、智慧物流、智慧医疗、城市公共安全、城市环境管理、公共服务平台等方面。

物联网为城市提供感知能力，并使得这种感知更深入、更智能，通过环境感知、水位感知、照明感知、城市管网感知、移动支付感知、个人健康感知、交通感知，实现市政、民生和产业方面的智能化管理。为了实现感知，物联网使用大量的传感器，这些传感器采集到的必然是海量数据。一方面这些数据需要经过网络层向某些存储和处理设施集中，另一方面需要迅速、准确地实现对这些数据的分析、处理和挖掘，这就需要借助云计算强大的计算能力、存储能力。因此，物联网和传感器技术在智慧城市软件系统中发挥关键作用，但是智慧城市还需要用到云计算、大数据分析等技术，以优化资源利用，更好地为市民提供便利。

智慧城市软件系统是一个多应用、多行业、复杂系统组成的综合体。各个应用系统之间存在信息共享、交互的需求。现有的智慧城市软件系统一般以云计算数据中心为核心，打造独立于多个应用系统的公共云，通过各类不同的云（如市政云、交通云、教育云、安全云、社区云、旅游云）为各类上层应用提供支持，并且其架构能够进行后续扩展以支持其他更多的云，提供和满足更多的服务需求。智慧城市云计算模型架构如图 10-1 所示。

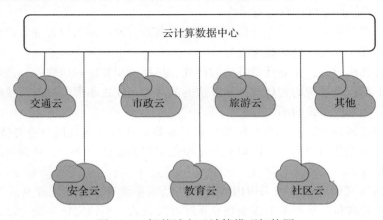

图 10-1　智慧城市云计算模型架构图

智慧城市还需要大数据分析相关技术的支持。智慧城市应具备全面感知和全面分析的能力，要能够采集、存储、清洗、分析乃至挖掘城市生活中所承载的大数据。智慧城市软件系统的大数据挖掘与分析可以为智慧城市的建设提供更为准确的依据。

目前智慧城市软件系统开发的难点主要有：

- 智慧城市的数据来源广泛、结构复杂、格式多样，而且产生频度不一，智慧城市软件系统需要通过有效的预处理手段保证数据的精确性、一致性、完整性，同时还要保证多源异构数据的时效性和可用性。
- 大数据的复杂性和计算要求使得单一的计算模式无法处理所有智慧城市软件系统的大数据分析与处理，必须根据业务特点、计算方式、数据特征、性能等方面的要求提出不同的计算模式。
- 分析和挖掘智慧城市中的大数据通常是对某未知领域或事物的探索过程，如何针对探索结果进行快速有效的利用，尽可能发挥其价值，是值得探讨的问题和挑战。
- 在大数据的背景下，需要统一存储海量的数据，这样会增加个人与企业数据泄露的危险，同时对于数据的可用性、完整性、稳定性和安全性也提出了更大的挑战。

10.5　案例分析 2：云课堂系统

1. 案例背景

因材施教是教学中一项重要的教学方法和教学原则，在教学中根据不同学生的认知水平、学习能力以及自身素质，教师选择适合每个学生特点的学习方法进行有针对性的教学，发挥学生的长处，弥补学生的不足，激发学生学习的兴趣，树立学生学习的信心，从而促进学生全面发展。

2018 年 4 月 13 日教育部印发的《教育信息化 2.0 行动计划》中明确指出："以人工智能、大数据、物联网等新兴技术为基础，依托各类智能设备及网络，积极开展智慧教育创新研究和示范，推动新技术支持下教育的模式变革和生态重构；构建智慧学习支持环境。加强智慧学习的理论研究与顶层设计，推进技术开发与实践应用，提高人才培养质量。大力推进智能教育，开展以学习者为中心的智能化教学支持环境建设，推动人工智能在教学、管理等方面的全流程应用，利用智能技术加快推动人才培养模式、教学方法改革，探索泛在、灵活、智能的教育教学新环境建设与应用模式。"

这一系列政策有效地促进了人工智能技术与课堂教学的结合，这种结合不再是单一系统的建设，而是具备环境全面感知、网络无缝互通、海量数据支撑、开放学习环境、师生个性服务等特征。

2. 现状与需求

传统的教学模式在很长一段时间内基本没有变化：学生早上来到学校与几十个同学一起坐在教室里，听老师讲解 45 分钟，休息 10 分钟后换一个老师，换一个话题，接着来。这样每天 6 到 8 个小时，所有的孩子读着同样的课本，解答同样的习题，背诵同样的诗文。这种模式存在如下几点问题：

- 学习效率低：每个学生的思维方式不一样，学习能力和进度不一样，教师往往"照本宣科"，难以顾及每一个学生，学习的效率其实是很低的。
- 被动式教育：传统的课堂教学模式难以调动学生的逻辑思考能力和问题分析能力，仅仅是被动接受各种信息。但是很多科学研究表明，学生如果用自己天性喜欢的方式来学习，则学得更快，知识在大脑里留下的印象也更加深刻。
- 无法及时反馈：任课教师无法兼顾每一个学生，对学生在学习中的进度无法及时了解，由于性格等原因，一些学生也很少向老师反馈学习疑惑。

随着人脸识别、行为分析、视频结构化等技术的快速发展，利用这些技术进行课堂数据的"伴随式"和"即时式"采集越来越成为一种趋势。这种 AI 课堂教学模式存在如下优点：

- 可量化：教师和学生在课堂中的一举一动都可以被统计并分析，准确地展现课堂中发生的各种活动，使从"主观感受"变为"客观数据"成为可能。
- 易管理：通过将师生行为和情绪量化为数据，可以清晰地发现问题学生（学习效率低、表情消极等），及时进行干预和引导。
- 精细化：以前由于教师精力有限难以深入了解每一个学生的学习情况，现在有了这些可以量化的报表就可以比较精确地、有针对性地开展教学。

3. 项目方案设计

以课堂为核心，该项目将人脸识别、行为分析、视频结构化、大数据技术与 AI 课堂教学进行深度融合。系统业务设计针对的用户为教师、学生、家长和学校管理者，以课堂为核心场景，运用最新的技术和产品，构建"教""学"和"管"三大类的应用，业务总体架构如图 10-2 所示，详细说明如下：

- 四种组合：根据不同的用户需求，可以将系统设备组合分为四大类，每大类对应不同的业务功能。
- 六种应用：打通考勤、录播、教学分析等应用壁垒，实现人脸考勤管理、可视化巡课督导、视频资源管理、伴随式课堂分析、班牌发布和信息查询功能，满足教师、学生、家长和管理者等多角色的需求。
- 四类用户：学校是以"教"与"学"为核心目的的相对封闭的生态系统，一切工作都围绕着提升学生综合素质、学习各类知识。教师、学生和校内管理者构成了校园运行的基本要件，同时随着家校互动越来越紧密，家长渴望及时了解子女学习成长的点点滴滴、及时帮助子女。

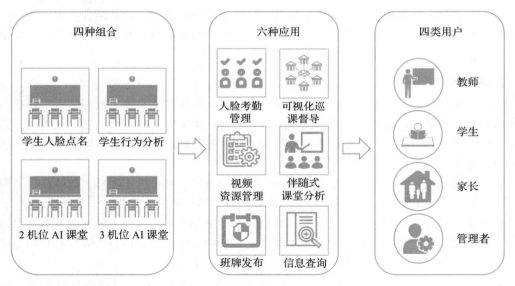

图 10-2　业务总体架构

4. 项目特色与创新

该项目使用了很多目前比较先进的技术，并且取得了很好的效果。

（1）先进的 AI Cloud 技术框架

该项目基于云边融合的、以视频为核心的智能物联网架构，通过边缘节点、边缘域和云计算中心的有机结合，满足"边缘感知、按需汇聚、分级应用、多层认知"的业务需求。边缘节点能够对采集的数据进行结构化分析提取，具备感知理解能力。融合 AI 智能算法后，该项目具备感知理解更精准、目标细节传输更高效、网络压力小、智能算法调度更灵活及业务响应更敏捷等特性。

（2）无感式学生人脸点名

该项目以人脸识别技术为基础，学生人脸抓拍设备在上课期间对学生进行扫描抓拍，课堂人脸比对服务器将扫描抓拍的图片与人脸库中的图片进行比对分析，自动得出考勤结果，整个过程无须人工参与，有效地解决代答、代签以及占用教学时间等问题。

（3）精准的师生行为分析

该项目利用人脸比对和视频结构化技术，可以实现 3 种教师行为、7 种学生行为识别与分析，这些可以作为学生成长的基础数据，奠定未来教育大数据的新起点。课堂行为分析服务器通过分析扫描抓拍的图片，可以识别分析出 3 种教师行为，分别为走下讲台、板书和多媒体讲授；可以识别分析出 7 种学生行为，分别为阅读、书写、听讲、举手、起立、趴桌子、玩手机。管理平台通过汇总分析这些数据，可以实现师生行为的统计、对比和趋势分析。

（4）丰富的场景业务应用

该项目可以实现多种业务应用，将人脸考勤管理、可视化巡课督导、视频资源管理、伴随式课堂分析、班牌发布和信息查询功能完整地整合在一起，满足了学校对于课堂的综合管理需求，保证了信息化建设投资的高利用率。

（5）高价值的业务数据

该项目通过专业的底层设备，可以精准地采集师生考勤数据（可结合图片、视频）、师生课堂行为数据（不同行为的精彩图片、各个行为的短视频）、学生专注度情况数据。这些数据可以对接到上层的家校通平台、在线教育平台、智慧校园平台，助力这些业务的不断深化。

（6）数据创新应用，进行课堂专注度分析

该项目利用人脸识别数据与丰富的学生行为数据，可以分析出每堂课中每位学生的专注度，还可以分析出班级的专注度指数，运用这些数据可以进行统计、对比、趋势和碰撞分析。

10.6　案例分析 3：虚实融合的舞台演艺系统

随着大数据、人工智能、虚拟现实、云计算等新一代信息技术的崛起，软件的形态已经发生了巨大的变化。与传统的软件不同的是，新软件扮演的已经不仅仅是应用系统的角色，而是成为驱动传统产业创新和融合的重要驱动力之一。比如，虚拟现实和人工智能技术已经开始在很多传统产业（如农业、交通、旅游演艺等）中得到成功应用，并为这些传统产业带来新的变革。

以旅游演艺为例，旅游演艺市场的开发有助于吸引大量游客，延长游客在旅游地或景区的逗留时间，从而产生住宿、餐饮、交通等多方面的溢出效益，带来高额商业利益。旅游演艺产品综合运用多种艺术表现手法，如舞蹈、歌曲、杂技、武术等，使演出氛围欢快热闹、喜闻乐见；充分利用声、光、电等高科技手段强化视听效果，激起观众兴趣，使其获得更多愉悦的体验；通过台上与台下的互动，增强观众的参与性。但是，当前的旅游演艺剧目严重依赖于创作前期的时序性设计和安排，无法在演出过程中实时和动态呈现。

虚实融合的舞台演艺系统能解决旅游演艺对创作前期的时序性设计依赖性强、演出过程中实时呈现控制手段匮乏的问题，并探索了一种虚实融合文娱表演的新形式。

虚实融合的舞台演艺系统主要包括：观演空间静态感知子系统、观演空间动态感知子系统和观演空间感知投影子系统，如图 10-3 所示。

- 观演空间静态感知子系统。针对真实演出场景中光学特性复杂多变、三维重建质量难以满足排演编辑与控制需求的问题，虚实融合的舞台演艺系统采用动态自适应全向光编码策略，通过场景局部反射率迭代估计与全向混合编码思想解决局部空间模式自适应调整问题，实现三维静态场景的快速、鲁棒重建。针对演出环境存在的多目标遮挡问题，该系统采用融合点云空间局部特征的多维特征对应点约束配准方法，对不同视角下获取的散乱点云数据进行匹配，提高空间三维重建质量。该系统的三维扫描硬件系统由编码光发射模块、全景相机模块、信号处理与控制模块三部分组成，实现大范围演出环境的三维扫描与建模。该系统在虚拟环境中构造面向实际应用的观演空间声、光等多源数据仿真模型，并根据舞台中各物理设备之间的空间位置与互联关系，实现了观演空间真实感动态仿真。

- 观演空间动态感知子系统。针对大尺度舞台上多目标演员难以实时、精准定位的问题，虚实融合的舞台演艺系统通过采用标定算法得到各摄像头拍摄的图像空间到物理观演空间的映射关系，通过目标演员在多摄像头中的多视点图像求解演员三维位置信息。使用超宽带数据与运动传感器加速度数据，辅助校正基于多视点图像的定位结果，实现目标演员精准定位。针对观演空间中存在的演员表观相似、快速运动、相互遮挡与舞台光照变化剧烈等问题，该系统基于演员表观特征与运动预测的数据关联方法，构建了各目标演员在表演时段内的位置序列，实现多目标演员对象的鲁棒实时跟踪。针对演员手势复杂、动作多样等导致的关键表演动作识别困难问题，该系统基于多视点图像的手势鲁棒识别与基于动态图像序列的演员动作精准识别技术，实现了目标演员关键动作的鲁棒、精准感知。观演空间动态感知子系统包括：多视点图像与多源数据的多目标演员精准定位模块、实时跟踪模块、动作细粒度识别模块等，实现对观演空间中演员的动态感知与理解。

- 观演空间感知投影子系统。针对光照变化剧烈的舞台环境下投影面尺度大、形状不规则问题，虚实融合的舞台演艺系统基于三维重建的异形立体投影面自适应感知投影技术，实现复杂光照条件下静态异形立体投影面的实时、准确几何校正与配准。针对真实演出环境中光照变化剧烈、投影面形状不规则且位置可变问题，该系统采用动态内容投射区域匹配策略及内容自适应渲染控制策略，实现高冗余度的投射内容实时动态生成和动态异形立体投影面的几何校正与配准。拟研发一套由观演空间感知投影子系统，包括：虚拟投射环境优化模块、虚拟投射综合策略模块、感知投影硬件设备，实现多层动态内容在异形立体投影面的自适应感知投影。

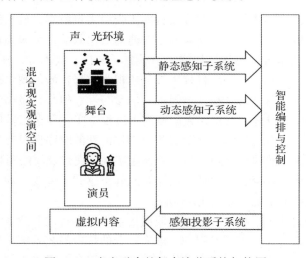

图 10-3　虚实融合的舞台演艺系统架构图

练习和讨论

1. 调查城市"共享单车"项目的实施情况，讨论背后的商业模式和目前的主要挑战。

2. 试分析城市"共享单车"项目是否会涉及新技术；如果涉及新技术，请讨论可能会涉及哪些新技术。

3. 参考本章内容，简述某一个国际化软件企业的发展、所采用的商业模式、所拥有的主要软件知识产权以及产品和技术等。

4. 试分析如果将一个用 C++ 语言编写的软件用 Java 语言实现后发布，是否侵犯版权。

5. 团队作业：组织 4～6 人组成项目小组，一起讨论并选定一个软件项目，要求项目涉及新技术，完成项目的领域知识调研，并对项目的创新性进行分析。

第11章

软件工程与社会

学习目标

- 了解软件系统安全和隐私的重要性
- 了解软件开发合同
- 理解知识产权问题
- 了解软件用户和开发者的道德问题
- 思考软件产业对经济发展的积极作用

随着整个社会越来越依赖计算机、网络和软件,我们在遭遇计算机系统故障(通常是有问题的软件引起的)和滥用时也变得越来越脆弱。总的来讲,尽管社会从计算机软件系统的使用上获得了大量好处,大大促进了社会的发展和进步,但计算机化也给全社会带来了一些未曾预见的严重问题,例如计算机犯罪和软件系统安全问题、软件知识产权问题、软件系统不可靠性问题、数据泄露和隐私问题等。所有这些问题促进了计算机伦理学的发展。

隐私保护是计算机伦理方面最早的课题。随着计算机信息管理系统的普及,越来越多的计算机从业者能够接触到各种各样的保密数据,包括个人信息和企业业务数据等。对隐私的侵犯已经引发了大量的诉讼。

病毒、蠕虫、木马、黑客,已经成为新闻中的热点。针对软件系统的病毒对社会的潜在危害远远不止网络瘫痪、系统崩溃这么简单,如果一些关键性的系统(如医疗、消防、飞机、卫星等)发生故障,其后果会直接威胁人们的生命安全。近年来,人们不得不花费大量的时间和金钱来挽回恶意黑客和病毒制造者造成的损失。

随着计算机和软件技术的发展,新的犯罪形式(如电子资金诈骗、ATM诈骗、非法入侵和访问等)开始出现。《中华人民共和国刑法》对计算机犯罪的界定包括:非法侵入计算机信息系统罪,非法获取计算机信息系统数据、非法控制计算机信息系统罪,提供侵入、非法控制计算机信息系统程序、工具罪,破坏计算机信息系统罪,网络服务渎职罪,拒不履行信息网络安全管理义务罪,非法利用信息网络罪,帮助信息网络犯罪活动罪等。

知识产权是创造性智力成果的完成人或商业标志的所有人依法所享有的权利的统称。软件和文件的易复制性和易传播性令剽窃变得轻而易举,极大地损害了软件从业者的利益,不利于行业的发展。软件盗版问题也是一个全球化问题，大量计算机用户都在已知或不知的情况下使用着盗版软件。我国已于 1991 年宣布加入保护版权的《伯尔尼公约》，并于 1992 年修改了版权法，将软件盗版界定为非法行为。

对于软件开发者来说，他们对于软件系统的设计和开发负有重大的责任。不可靠的软件每年会让社会损失数以亿计的财富。因此软件开发者不仅需要具备专业能力，还要有强烈的道德责任感。

11.1　计算机安全

广义的计算机安全是指包含硬件、软件和网络的整体安全，单独讨论某一部分的安全是没有意义的。计算机安全问题不仅限于计算机硬件的"物理安全"，更主要的是指"逻辑安全"。计算机安全本身所体现出来的多元性、严重性和壁垒性都是造成其影响因素众多的原因，计算机病毒、系统设计和网络结构会对计算机网络安全造成影响，网络管理机制的不健全和黑客的攻击行为等也是影响计算机网络安全的重要因素。软件工程本身是一项宏大的工程，旨在为人类发展提供便捷与革新，但构建软件系统的同时却容易因为设计的疏忽引发巨大的安全问题。软件工程对社会安全的影响随着软件工程应用的扩大显得尤为突出。

就目前而言，虽然技术能够在一定程度上对计算机网络安全进行保护，但其在具体应用过程中所表现出来的弊端也是不可忽略的。在未来，对计算机网络安全内容的探讨需要更加深入，例如构建出更好的硬件支撑平台，加强安全技术的主动防御性能等。

11.1.1　计算机安全问题与措施

计算机安全涉及保障其所包含信息的保密性、完整性和可靠性的措施，也可以泛指涉及防止系统滥用、意外事故和故障的措施。保障计算机安全的措施实质上是一把双刃剑，它具有两面性：

- 正面 1：它可以保护个人隐私。
- 反面 1：它也会被用来监视合法用户，严重损害个人隐私。
- 正面 2：它有助于防止恶意滥用计算机，如侵入、病毒以及其他有害行为。
- 反面 2：它也会极大地阻碍紧急事件的应对。
- 正面 3：它可以大大减少合法用户的担忧。
- 反面 3：它也会严重削弱合法用户保护自己免遭损害的能力，特别是用户界面差、设计不合理的系统。

上述每组相互对立的情况表明了在数据保密性、完整性、用户易用性和监控等方面的建设性使用和破坏性使用的两种可能性。在现实世界中，人性中的贪婪、欺骗、恶意和好奇心都是客观存在的，也是无法避免的，因此提高安全性的措施是必要的。值得注意的是，提高安全性的同时也会带来一些问题。例如：对于开发者来说，加大了开发和维护系统的难度；从时间和成本的角度考虑，显著增加了安全管理的投入。

为保障计算机安全（面向网络中的软件系统安全），需要考虑的主要有以下几个方面：

- 系统安全设计和运行。我们需要考虑与系统的设计和运行相关的各种问题。比如，系统安全的要求是否真正反映了社会的真实需求，实际系统是否真正设计实施了系统安全的要求。我们希望能设计出好的系统，以便在不良事件发生时系统能够遏制或解除这些问题，或者至少可以有善后措施。与系统安全设计相关的较为重要的问题包括系统职责、用户身份认证和授权等。

- 系统安全管理。即使系统设计得很好，但如果缺乏健全的管理，也会出现安全问题。我们在管理上需要能及时识别和消除各种系统缺陷、配置缺陷和程序缺陷，对紧急事件做出快速反应，例如大规模持续入侵或其他对计算机系统的攻击。另外，需要识别潜在的系统滥用情况，例如内部人员私自出售敏感信息。

- 应用加密技术。加密技术是一种传统的保障通信秘密的方法。现在，它已成为解决诸多有关安全问题的一种不可或缺的方法。例如，无法伪造的数字证书、以加密形式传输密钥、身份认证、数字签名、不可篡改的时间戳，以及一经合法发出就不可当成伪造信息加以拒收的信息等。加密技术层出不穷，应该根据系统实际需要选择合适的加密手段。

- 授权与访问控制。在实际的系统开发中，需要明确如何进行授权和访问控制。如果用户不知道计算机的程序、数据等正在做什么，那么授权和访问控制的价值就非常有限，也是十分危险的。因此，可靠的、防欺骗的授权方式对确保身份的真实性非常必要。在某些系统环境中，合法用户滥用权限的可能性甚至大于外部入侵。这些滥用可能是部分特权用户和超级用户所为，利用系统的缺陷达到非法目的。系统访问控制应该尽可能严密，一般根据最小化权限原则，并只允许那些真正符合良好行为标准的用户进行访问。

- 计算机病毒。计算机病毒的形式包括特洛伊木马（如定时炸弹、逻辑炸弹、邮件炸弹等）、自我繁殖的病毒、蠕虫等。旧病毒的推陈出新和新病毒的层出不穷是当今的重要现象。杀毒软件的作用也是有限的，通常病毒刚传播出去的时候，杀毒软件根本无法识别它是病毒。近年来，有些病毒又出现了自我更新的新特征，可以借助于网络进行变种更新，从而隐藏自己。

除了为以上几个方面提供安全措施，从长远来说还需要做的是：

- 提供具有更全面、更可靠安全保障的系统。这些系统要便于使用和管理，能够代表真实需要的安全策略。
- 制定更全面的专业标准。
- 加强计算机和软件相关领域的伦理学和价值观教育。
- 培养更有学识、更富责任心的人员，包括软件设计师、程序员、系统管理员等。

总的来说，现在人们对计算机系统缺陷和安全对策的意识比之前大大增强了。回顾过去可以发现，计算机的安全性得到了稳步发展，但与此同时，黑客和窃听授权的滥用者也与日俱增。而且，内部人员滥用的机会及其获利也在不断增加。因此保障计算机和软件系统安全的道路还很漫长。

11.1.2　计算机安全事件实例

互联网时代下的安全是复杂且意味深长的，网络安全、软件安全、数据安全等新兴的安全问题在时代发展下迸发出来，给社会带来不容忽视的影响。

耳熟能详的安全事件往往跟黑客有关。黑客是一个中文词语，源自英文 Hacker。Hacker 一词最初是指热心于计算机技术、水平高超的计算机专家，尤其是程序设计人员。其中，一部分群体通过攻击系统漏洞获取数据，再把信息兜售至黑市牟利，被称为"黑帽子"黑客。

一部分群体将检测出的 bug 提交至报告平台进行公布，提醒或者迫使企业注重用户的数据安全，被称为"白帽子"黑客。因为数据有着极其容易复制的特性，窥视数据、复制数据都可以非常隐蔽地进行，使得目前数字化系统对于"闯入者"的认定极为困难。

【案例】从美国石油管道被黑客劫持，看勒索病毒离我们的生活有多远（来自新浪财经，2021 年 5 月 10 日）

2021 年 5 月 7 日，美国最大的燃油输送管线遭遇黑客的网络攻击被迫关停，导致美国东海岸 45% 的汽油、柴油等燃料供应受到影响，美国联邦调查局确认管道运输公司 Colonial 的网络被勒索软件感染。在这类攻击中，黑客通常通过加密数据锁死网络，然后勒索赎金。疑似黑客攻击方、自称为 DarkSide 的组织在其网站上发布声明称其目标是"赚钱"。8 日该公司发布声明称，在遭遇勒索软件攻击后，他们主动切断了某些系统的网络连接，这使得所有管道运输暂停。

受此次事件影响，美国汽油期货价格一度上涨 4.2% 至每加仑⊖ 2.217 美元，为 2018 年 5 月以来最高。此外，美国取暖油期货价格也跳升至 2020 年 1 月以来的高点。国际油价方面，美国 WTI 原油期货价格上涨 1.08% 至 65.59 美元 / 桶，布伦特原油期货上涨 1.1% 至 69.03 美元 / 桶。截至目前，Colonial 方面并未透露是否已经支付赎金，而输油管线何时恢复运营也尚不可知。有知情者表示，黑客索要的赎金或高达数百万美元虚拟币。而即便受害公司按照要求支付了赎金，出于安全也仍然需要关停运营实施维护，同时造成巨大损失。

勒索软件是一种流行的木马病毒，通过骚扰、恐吓甚至采用绑架用户文件等方式，使用户数据资产或计算资源无法正常使用，并以此为条件向用户勒索钱财。这类用户数据资产包括文档、邮件、数据库、源代码、图片、压缩文件等多种文件。赎金形式包括真实货币、比特币或其他虚拟货币。

【案例】Uber 用户信息泄露事件（来自搜狐网，2017 年 11 月 22 日）

Uber 在 2016 年 10 月遭受了一场大型网络攻击，导致 5700 万乘客和司机的信息泄露。黑客掌握了超过 5000 万名乘客的姓名、邮箱地址和电话号码信息，以及超过 700 万名司机的同类信息，同时约 60 万名美国司机的驾照号码也被泄露。

在美国石油管道黑客劫持事件中，计算机系统崩溃带来的后果是直接且严重的。而类似 Uber 用户信息泄露这样的事件现在比较普遍。一些软件新技术的发展更是加剧了这种现象。例如，数据挖掘技术很容易发现敏感信息。数据挖掘是指从大量数据中提取隐含的、先前不知道的有用知识的过程。数据挖掘技术从一开始就是面向日常生活应用而提出来的，已经在金融数据分析、电信、交通、零售等商业领域以及生物学数据分析、数据仓库和数据库预处理、挖掘复杂数据类型、基于图的挖掘、可视化工具和特定领域知识方面获得了广泛应用。开发人员和相关技术人员在使用该技术时，必须要有尊重个人和团体私密信息的观念。

《中华人民共和国刑法》第 6 章第 285、286、287 条对于计算机犯罪的内容和量刑做了详细规定，包括公民隐私权、商业秘密、信息安全等方面。对涉及公民隐私权信息的举报投诉要迅速查清来源予以纠正，否则网站运营商和管理人员有可能承担刑事法律责任。从各个国家和地区实行的法规可以看出，隐私权是每个国家保障公民基本人权的一项重要内容，维护社会正常的生活秩序所必需的条件就是每个公民的隐私得到很好的尊重。

⊖　美制加仑（usgal），1 usgal≈3.785 L。

11.2   软件工程与法律

法律是建立于人与人、人与社会、人与自然的社会秩序。人们在享受着信息时代便利的同时，许多新生的法律问题也开始进入人们的视野。在"法治中国"的背景下，更需要重视软件行业中涉及法律的方方面面。

11.2.1   信息时代下的《民法典》

随着互联网、大数据、人工智能等信息技术的发展，互联网与经济社会各领域的深度融合已成为不可阻挡的时代潮流，在根本上改变着人类的经济活动和社会生活。2020 年 5 月28 日，第十三届全国人民代表大会第三次会议表决通过了《中华人民共和国民法典》（以下简称《民法典》），自 2021 年 1 月 1 日起施行。《民法典》被称为"社会生活的百科全书"，是新中国第一部以法典命名的法律，在法律体系中居于基础性地位，也是市场经济的基本法。《民法典》顺应时代发展要求，对信息时代的法律应对勾勒了基本框架。

就网络世界而言，数据是信息的载体，而信息是数据的内容。数据来源于对各类具有利用价值的信息的收集与处理。但是如果数据不能与国家秘密、商业秘密以及个人信息相脱离，对数据的买卖或者授权使用就不能正常进行。《民法典》专章规定了隐私权和个人信息保护，对侵害隐私权的情形以及个人信息的范围进行了列举。其明确了收集、处理个人信息的合法、正当、必要原则以及具体规则，以及信息处理者不得泄露或者篡改其收集、存储的个人信息的义务；明确了自然人对于其个人信息查询、复制、异议、更正的权利，以及对于处理者违法或者违反约定处理其个人信息的删除权。

信息时代通过互联网进行交易，从事商品买卖、提供和接受各类服务已成为社会生活的常态。为应对这一时代变化，《民法典》对于电子合同的特殊规则进行了规范：

1）明确将以电子数据交换、电子邮件等方式能够有形地表现所载内容，并可以随时调取查用的数据电文，视为合同的书面形式；

2）对以数据电文形式进行意思表示的到达生效规则进行了特别规定；

3）在合同成立上，对实践中争议颇多的电子合同成立时间进行了明确；

4）对于电子合同的履行时间，区分合同标的进行了规定。

《民法典》对电子合同的规定，使电子合同的适用范围突破了电子商务的限制，扩展到了提供新闻信息、音视频节目、出版以及文化产品等内容方面的服务，从而使得通过互联网的交易遍及社会经济生活的全方位。

互联网开辟了信息流通的"高速公路"，使得人格权的商业化利用的广度和深度大大加强，随之而来的是侵权行为的样态愈加复杂，尤其是在人格权领域，通过互联网的传播侵害他人名誉权、隐私权、肖像权，泄露他人个人信息等更为轻易，而且人格权损害一经发生，很容易随着互联网上信息的高度流通而快速放大，造成不可挽回的后果。《民法典》将人格权独立成编，全面强化对人格权的保护，有力呼应了新时代人民群众对于保护人格尊严的强烈需求。

11.2.2   软件开发合同

在软件开发过程中，客户与企业之间容易引起法律纠纷。软件开发合同比一般的合同更为复杂，其可能涉及多种编程语言和开发工具等相应的专业问题，是客户与企业之间最重要的一份文件。造成其复杂性的主要原因有以下两点。

（1）技术上准确预测软件开发周期的困难

企业管理人员认为软件开发延期，最主要的原因是项目经理早期计划不充分，其次是应急预案制定不足，而软件开发技术人员则认为客户需求变更和技术复杂程度是最主要的原因。

对软件开发延期的不同看法主要来源于企业管理人员对软件和软件开发技术人员的认识不够充分。软件开发技术服务合同前期的商务谈判过程和决策在某种程度上决定了软件开发的成败。为了在商业谈判中取得订单，企业管理人员有时候会承诺更短的开发周期和更少的成本，使参与软件开发的技术人员的数量和技术水准得到限制。

对于软件开发过程中可能出现的问题，即使是开发经验丰富的软件开发人员也无法预测。软件行业中有很多评估工作量的理论和方法，但很多因素依旧无法准确量化，同时还需要考虑到团队的凝聚力。因此准确确定开发周期大多还是依靠开发团队的历史数据和经验估算，技术上很难实现。

为了减少软件开发延期的发生，企业各个角色应当做好自己的职能。项目经理应当在软件早期的商务谈判中向企业的管理人员充分说明开发周期的复杂性以争取宽裕的开发时间；企业管理人员应当在商务谈判中与律师协商，妥善安排有关开发周期的合同约定，例如在软件开发的合同中，各个阶段的时间限制不能作为确定合同违约行为的依据，只能作为合同描述内容的参考。

（2）准确掌握软件开发需求的困难

行业背景和专业知识的差异会影响分属不同行业的客户和软件开发人员对软件开发需求清单中文字表述内容的理解，从而导致认知偏差。这种偏差涉及软件底层功能的部分时还有可能及时弥补，但如果涉及整个软件模块或架构的调整，可能会给软件开发工作造成致命的影响。

开发前期，软件公司会与客户进行反复沟通确认需求清单内容。但是在软件开发的过程中，开发人员有可能会忽略与客户沟通的中间成果。需求说明书、软件产品架构设计说明书、软件用例等文件都单纯地成为开发人员之间内部沟通协调的文件，而忽略开发人员与客户之间进行确认的过程。开发初期通过软件用例进行沟通最有可能消除客户与开发人员对软件需求理解的歧义。因此，在从开发合同中的需求清单到最终完成开发、交给客户验收的过程中，软件开发人员与客户应当沟通确认中间成果，避免对需求清单的理解产生歧义。

在软件开发过程中，软件经常会面临移动目标问题，即客户在开发过程中不断提出新的功能要求，或者更换需求。多种原因导致出现这种情况，其中部分原因是客户不明确自身业务需求，以及客户在长周期的开发过程中了解更多同行业更为成熟的做法和经验后提出新的功能需求。为了保障企业利益，减少与客户间的矛盾，明确权责，可在软件开发协议中约定需求变更的程序和条件，当需求变更使开发进度变长和工作量变大时，可要求延长开发时间或者增加开发费用；当需求变更对开发过程影响不大时，则不延长开发时间和增加费用。

11.2.3 知识产权

知识产权是指公民、法人或者其他组织团体在科学技术方面或文化艺术方面，对创造性的劳动所完成的智力成果依法享有的专有权利。

计算机软件可通过软件著作权和软件专利保护其应有权利，其中软件著作权保护代码不被抄袭，软件专利保护方法不被盗用。软件著作权停留在代码层面，如果其他软件的开发人员根据同样的思路重新编写软件（例如采用不同的编程语言），就可以避开侵权风险。而软件专利申请描述的是软件的构思（例如技术方案的形式），并不涉及如何表达、采用何种语言。他人一旦使用该构思就可能构成侵权，故软件专利的保护力度比软件著作权强。

现实中有不少关于软件著作权的纠纷问题。例如，某一个开发者受甲方的委托开发一款软件，经过需求分析和设计实现等过程后软件成型了，甲方也支付了对应的软件开发费用，并在合同中承诺未来收入的 10% 将作为维护费用支付给乙方。从软件工程的角度来说，到这一步，双方的合作并没有出现较大的问题，然而接下来甲方决定实施将软件推广给同行来实现互利互惠的策略。此时问题发生了，如果委托合同中仅约定了使用权而非完整的著作权，则甲方的软件推广行为就超出了使用权的范围，从而构成对软件开发者的侵权。所以为了避免这种纠纷，应当要求双方在合同中明确委托方仅享有软件的使用权还是全部著作权。

【案例】任天堂对盗版网站侵权案胜诉，获赔 210 万美元（来自腾讯新闻，2021 年 6 月 2 日）

2021 年 5 月，任天堂对盗版网站 RomUniverse 侵权一案获得胜诉，目前该盗版网站已经关闭，运营者还需要向任天堂赔偿 211.5 万美元。任天堂表示，十多年来，RomUniverse 上面有数千款任天堂的盗版游戏，并且已经分发了数十万份。此外 RomUniverse 网站还对用户出售高级付费账户，允许这些高级付费账户无限制下载盗版游戏，高级付费账户为该网站的主要收入来源。

2019 年 9 月，任天堂就 RomUniverse 盗版侵权的情况向美国加州联邦法院提起诉讼。2020 年双方经过沟通后，RomUniverse 网站运营者同意关闭该网站。但任天堂还要求 RomUniverse 网站运营者赔偿 1500 万美元以上的游戏版权和商标费用。法院认为任天堂没有明确表明其受到无法挽回的伤害，而且 RomUniverse 网站也已经关闭，没有进一步对任天堂造成侵权威胁。最终，经过法院酌情判决，RomUniverse 网站运营者需要按每部 3.5 万美元的价格，赔偿 49 部受版权保护的游戏作品，共计 171.5 万美元，同时赔偿所有侵权作品的商标费用 40 万美元。最终网站运营者需支付版权赔偿和商标赔偿费用共计 211.5 万美元。

人们现在所生活的信息时代，音乐、小说、软件、科技论文、著作等有知识产权的数字化作品可以非常容易地在因特网上发布、复制、传播，几乎不需要成本，导致知识产权或智力劳动成果难以受到应有的尊敬和保护。在这种形势下，以信息/知识为代表性社会经济特征的各个国家和国际社会组织都特别强调保护知识产权。国际知识产权组织以公约、协定及各国的法律体系保护和厘定知识产权。

我国一直都很重视有关知识产权的法律法规建设。1984 年 3 月 12 日第六届全国人民代表大会常务委员会第四次会议通过《中华人民共和国专利法》；1990 年 9 月 7 日第七届全国人民代表大会常务委员会第十五次会议通过了《中华人民共和国著作权法》。从此，我国在知识产权保护法律法规建设方面取得了长足的发展。我国于 2001 年和 2002 年分别出台了《中华人民共和国计算机软件保护条例》和《计算机软件著作权登记办法》，并于 2001 年修正了《中华人民共和国著作权法》，增添了软件开发过程中与著作权产生矛盾的细则的处理方法。目前大多数国家都是通过著作权法来保护软件知识产权的，然而由于软件属于高新科技范畴，对软件知识产权的保护法律还需要不断完善。对于我国来说，知识产权保护工作尤为重要，关系国家治理体系和治理能力现代化，关系国家高质量发展，关系人民生活幸福，关系国家对外开放大局，关系国家安全。全面建设社会主义现代化国家，必须从国家战略高度和进入新发展阶段要求出发，全面加强知识产权保护工作，促进建设现代化经济体系。

【案例】开放源代码运动

在全球知识产权保护的行动中，以尊重知识产权为前提的开放源代码运动的声音越来越响：自由、开放、共享、合作是他们的精神理念。开放源代码运动的倡导者理查德·斯托曼（Richard Stallman）把传统的软件保护模式从版权专有（copyright）＋专有软件许可证（proprietary of software license）变为了版权开放（copy left）＋通用公共许可证（general public license），建立了一种与专有软件不同的许可证制度。在这种模式下，软件不仅得到充分的开发和应用，并通过开放得到不断补充和完善。

11.3　软件工程与道德

很多新引发的社会问题会使许多用户和开发者陷入道德困境。例如是否应该复制盗版软件已经成为新的社会问题。另外还有一些旧的道德问题在新情况下会被引发产生变种。有些道德困境是所有用户都会面临的，有些是只有软件开发专业人员需要面对的。其中许多问题，还没有形成被公众广泛接受的规则或社会惯例，更不用说有成熟的法律来应对，因此这些问题构成了新的灰色地带。

计算机技术从形式上改变了人与人之间的关系以及交流方式，用瞬时的、非纸质的交流代替人的接触并使之非人格化。各种存储设备让我们能够存储大量的信息，但在获取那些信息以及使用或滥用那些信息时，又引发了新的关于隐私、信任和保密方面的道德问题。计算机技术可以通过制造对现实的虚幻感，来掩盖行为的真实性，而这种现象有时会对人有着强烈的诱惑性，比如入侵一个计算机系统。另一方面，由于软件的复杂性和不可靠性产生了新的不确定性，那些控制着复杂系统的人以及设计和生产这些系统的人因此要面对该不确定性带来的一系列道德选择问题。

11.3.1　用户的道德问题

软件复制的便利性让计算机和软件用户几乎每天都面临着道德问题，只是大部分人并不会注意到并思考这些问题。对于软件复制的蔓延有几种辩解的说辞，有人说是因为知名正版的软件包太过昂贵，更有甚者说因为别人都在用软件复制。但是实际上复制软件是一种偷窃行为，是对软件开发者知识产权的明显侵犯。作为用户需要思考以下问题：

- 该怎样保护软件开发者的权利以保证维持产业创新？
- 所有的软件复制行为是否都是错的？
- 当法律没有明确规定并且整个行业在道德规范方面还没有完全达成共识的时候，每个软件使用者又该怎么做？

黑客以及计算机病毒的制造者带来许多难以解决的道德问题。其道德问题可能有：

- 如果黑客仅仅是开了个无害的玩笑，是否要认定为偷窃和欺诈？
- 什么情况下高科技的玩笑行为会成为严重的犯罪？
- 黑客几乎总是在未经允许的情况下进入别人的系统，是否所有的黑客行为都应被视为不道德的？
- 一个负责任的人得知别人在从事黑客活动时该做什么？

信息技术发展得如此之快，目前的法律法规政策还难以跟上其发展速度，两者之间往往有一个滞后期。人们的道德水准对社会的稳定运行和社会的健康发展构成了基本的要素。如何在信息社会弘扬道德常识，唤醒人们的健康道德生活意识，促使人们养成良好的道德生活与工作习惯是每个人必须认真研究并付诸实践的事情。

从计算机伦理学角度建议遵守如下要求：

- 不应使用计算机去伤害别人。
- 不应干扰别人的计算机工作。
- 不应窥探别人的文件。
- 不应使用计算机进行偷窃。
- 不应使用计算机作伪证。
- 不应使用或复制没有付款的软件。
- 不应未经许可而使用别人的计算机资源。
- 不应盗用别人的智力成果。
- 应该考虑所编的程序的社会后果。
- 应该以深思熟虑和慎重的方式来使用计算机。

现代信息技术使得通信交流方便易行，且成本低廉，借助无线通信网络，信息交流随时随地可以进行。本地发生的事件，可以瞬间传遍全球的每个角落。所以说现代社会中，道德具有国际化的社会影响力并影响着其社会文化事业和经济的发展。

11.3.2　软件开发者的道德问题

软件的迅速普及，也引起社会对于从事这方面工作的人才的道德要求的广泛关注。为规范软件工程师的职业道德规范，IEEE-CS（美国电气和电子工程师学会计算机协会）和 ACM（美国计算机学会）联合发布了《软件工程职业道德规范和实践要求》。这些准则提示了软件工程师更广泛地考虑谁将会受到工作影响；去检查是否以应有的尊重对待他人；去推测如果公众被恰当地告知，那么他们将怎样审视软件工程师所做的决定；去分析一个软件工程师最低影响力是多少；去考虑是否自己的作为够得上软件工程师的理想的职业行为。

在我国应推动大专院校、政府机关和行业协会制定适合本国国情的软件工作者道德伦理标准和规范，加强对软件从业人员者的职业道德教育，特别要对软件高级人才进行道德和伦理方面的教育。

【案例】不可靠的软件系统

软件系统的问题导致了波音公司的载人飞船首飞失败。北京时间 2019 年 12 月 20 日 19 时 36 分，美国波音公司的新一代载人飞船 Starliner "星际客机"自卡纳维拉尔角发射升空，执行该飞船的第一次飞行测试任务，即 OFT（Orbital Flight Test，轨道飞行测试）。按照计划，飞船在这次无人试飞中将与国际空间站对接。然而，在运载火箭工作结束后，飞船出现故障，最终无法与国际空间站对接，并于北京时间 12 月 22 日 20 时 58 分提前返回地面。在 2020 年 2 月 28 日，波音公司承认，该公司测试载人飞船星际客机软件系统的程序存在严重缺陷，在测试阶段只是将整个飞行过程分成了几个小单元分别进行测试，但没有对飞船进行完整的、端到端的集成测试（覆盖从发射、国际空间站对接、着陆的全流程）。

上述软件系统的错误和不可靠性产生了许多道德难题。负责系统开发的专业技术人员需要直面以下难题：

- 若一个系统因为程序的一个差错而发生故障或者完全瘫痪，甚至危及生命，应当由谁来负责，是最初的程序员、系统设计者、软件销售商，还是其他人？

- 一个软件开发者最终要向谁负责，自己所在的公司、同事、客户，还是对社会？
- 计算机软件具有高度复杂性，而软件设计者是关键人物。但软件本身又无任何规律可循，彻底验证检测程序的正确性就变得尤为重要。如果没有进行"彻底"的测试，这个软件系统真的可以被信赖吗？

计算机和软件开发专业人员也很容易遇到关于隐私权的道德问题，例如：

- 存储在云平台的个人信息是否会对隐私权构成威胁？
- 在保证隐私的前提下，如何能保证数据是准确无误、未被篡改的？
- 要不要使用那些以其他目的收集的信息，要不要购买那些通过非法途径获取的个人信息，要不要开放一些有风险的权限等。

人工智能发展也正产生计算机领域的道德伦理问题，例如：

- 是否真的应该把用机器代替人类做更多工作当作目标？
- 人类制造出一个充满"智慧"的机器是否会对人类智慧造成冲击？
- 在没有完全解决软件系统的不可靠性之前，能否把自己的生命安全交托给人工智能系统？

在软件系统造成的风险中，首先要考虑的应该是人的因素。因为所有的软件系统都是由人设计开发的，人的因素在其中起着至关重要的作用。计算机技术的迅猛发展，给人类带来利益和帮助的同时也带来了可以预见的和难以预见的危害、灾难，或者给一部分人带来利益的前提是用另一部分人的危险处境作为交换。

作为设计开发软件产品、直接为顾客进行服务的软件设计者有着巨大的压力，在开发各种软件时，更要注意提高软件的安全可靠性。不管什么系统，总是会有漏洞，而设计者能做的就是把漏洞减至最少，或提早发现漏洞并及时修补。

软件设计者一般都具有很扎实的专业理论和技能，但是由于软件的复杂性和计算机技术本身的性质，决定了不存在"完美"的软件系统。与此同时，企业掌握了大量技术机密、用户数据，专业技术人员很容易接触到这些信息。因此需要制定一套行之有效的规则，来有效地制约那些可以触及数据的人，避免信息泄露。

计算机软件专业人员在每天的工作中都会面临各种道德问题。软件设计者们对软件负有重要责任，因而他们对系统的任何改变都需要认真进行测试评估。为了软件产业的长远发展，无论是软件设计者还是他人，都必须认识到计算机技术发展造成的社会问题，以及产生计算机化的社会原因和社会环境，用道德规范自己的言行，恪守职业操守，加强社会责任感，从而更好地实现个人人生价值。

11.4 软件工程与经济

随着社会的不断进步和经济的日益发展，计算机科学技术、软件开发及网络技术飞速发展，计算机已成为人们日常工作、生活中不可或缺的重要组成部分。计算机技术已被广泛应用到不同行业、领域中，对新时期经济的发展产生了积极的影响，不断促进社会经济的发展。

在经济信息化发展的影响下，人们逐渐意识到计算机科学技术的重要性。软件工程的不断进步是经济持续增长的重要前提，能够不断优化提高投资的回报率，实现经济效益最大化，从而不断增强国家的经济实力。同时，在经济全球化的浪潮中，全球市场竞争日渐激烈，需要不断优化改革已有的技术。在竞争与发展的过程中，社会经济也会受到积极影响，走上长远的发展道路。

11.4.1　软件产业对经济发展的影响

从大的方面来说，软件工程可以推动国民经济结构变革，促进信息产业的快速发展。目前软件产业在国民经济中的地位和作用大幅上升，对整个社会经济都具有很大的拉动作用。

在现代社会中，软件应用于多个方面。典型的软件有电子邮件、嵌入式系统、人机界面、办公套件、操作系统、编译器、数据库、游戏等。同时，各个行业几乎都有计算机软件的应用，如工业、农业、银行、航空、政府部门等。这些应用促进了经济和社会的发展，也提高了工作效率和生活效率。

在农业方面，农业信息化通过计算机和软件与农业机械结合，实现农业工作的自动指挥和控制（定位、定量和定时），即现代化的精准农业，以指导农业生产和经营管理。我国正在积极推进农业的信息化建设，具体包括：农业生产过程智能化、数字化、管理信息化和服务网络化。随着农业信息化的展开，其对农业效率提升作用也逐渐显现出来。其次，在工业产品中，除了通过嵌入式软件大幅度提高产品功能、增加产品附加值以外，企业还可以通过各种管理软件、财务软件管理企业，通过提高企业管理效率大大节约管理成本。在其他产业以及政府部门中，铁路航空调度、国家统计（经济普查、人口增长统计等）、政府政务系统等也大大提高了社会运转效率，有力地降低了成本。

从劳动力就业的角度来看，软件产业可以解决中国大量劳动力的就业问题。此外，大力发展软件行业，培养软件人才，鼓励软件企业发展，可以大量吸引外资，开拓海外市场。

现今中国正处于经济转型和产业升级阶段，由廉价劳动力为主的生产加工模式向提供具有自主知识产权、高附加值的生产和服务模式转变，其中信息技术产业是经济转型和产业升级的支柱和先导，是信息化和工业化"两化融合"的核心。软件产业是信息技术产业的核心组成部分，是网络安全之盾、经济转型之擎、数字社会之基，是制造强国和网络强国建设关键支撑。随着经济转型、产业升级进程的不断深入，传统产业的信息化需求将会不断激发，市场规模逐年提升。与此同时，伴随着人力资源成本的上涨，以及提高自主核心竞争力的双重压力，应用软件和专业化服务的价值将更加凸显。

11.4.2　软件对人类经济生活的影响

软件已经渗透至现代生活的方方面面，不仅为人们提供了便利、高效的服务，同时也带来了丰富、随手可得的娱乐活动，人们的生活离不开形形色色的软件。因此软件工程在现代生活中扮演了重要的角色。软件行业中包含了客观的经济发展空间，并已有很大一部分被嗅觉敏锐的互联网企业抢占先机，将发展机会转化为经济效益。

接下来，以电子商务为例说明软件对人类经济生活的深远影响。

从在线商店购物者的角度来看，电子商务似乎很简单：浏览电子目录、选择商品、然后付费。各种商品、服务显示在顾客的浏览器窗口中。在浏览器窗口后面，这些电子商务网站使用 Cookie 作为识别每个购物者的唯一方法，使用顾客的唯一号码把顾客选择的物品存储在一个服务器数据端，使用各种软件技术来跟踪购买者的选择、收集付款信息、尽力保护顾客隐私以及防止银行卡号码泄露。

从企业角度来看，因特网降低了成本、提高了顾客满意度和销售额以及快速得到销售和业绩的反馈信息。因为公司不再需要开设实体店铺，不需要不必要的中间环节，可以使用网上付款，能够更精确地生产和定价等。

对用户来讲，因特网上发布了各种产品和服务信息，检索速度快而便利，用户可以随时随地进行购物，还可以方便地进行商品比较，选择性价比高的商品，省时省钱。

从不利的方面来看，网站可以借助一些软件技术暗中收集顾客浏览和反映购买习惯的数据，甚至顾客使用的信用卡号码可能被窃取并被非法使用。实际上，越来越多的企业在报告中指出它们的用户数据遭受非法访问，数以千计的信用卡号码被窃取。

从上述例子中可以看出，软件正在给人类经济生活带来翻天覆地的变化。另一方面，对大量企业来说，软件的影响也不容忽视。

首先，软件改变了传统企业的经营环境和信息环境。在传统企业经营管理过程中，主要通过口口相传的方式来传达相关的信息指令，信息的准确度受到严重的影响。同时，由于工作时间、工作效率的制约，信息传播的速度也比较慢，严重影响企业经济的发展。而软件工程和计算机相关技术的应用使这一问题得到了有效的解决，企业可以利用高科技渠道打破时空的限制来传播信息数据，这样就能够高效、快速地把各种商业信息传递给企业的领导层，迅速为制定相关的决策提供重要的依据，能够在一定程度上提高企业的核心竞争力。同时，软件的应用改变了生产企业已有的现状，企业通过不断促进生产技术的优化更新，极大地提高了生产效率，加快了各种商业信息传播的速度，为企业的长远发展提供了重要可靠的信息环境。

其次，软件使商业活动更具安全性。在传统商业活动中，生产商、客户之间达成交易、签订合同主要通过电话交流、面谈这类途径。在面谈过程中，交易双方对彼此并没有过多的了解，缺少对方的详细资料，只有谈判桌上的言语来往，交易双方的信用等方面得不到应有的保障，具有较大的商业风险性。同时，传统交易活动的主要形式是书面形式、钱物交换，在这一交易过程中经常出现重要商业信息被泄露的问题，存在较大的安全隐患，严重影响企业的生存发展。随着计算机科学技术、软件开发、网络信息技术日渐完善，在全球范围内得到了广泛的应用，电子商务活动不断增多。在电子商务环境下，交易双方的各种信息变得更加透明，商业信息也不容易被泄露，交易双方之间能够建立一种长期、稳定的合作关系，为交易活动的顺利开展提供了有力的保障。为此，在日常活动中，需要充分利用各种主客观因素，优化利用各种技术手段，保证网络商业活动的顺利进行。

最后，软件提高了产业的集中度。随着软件工程及计算机科学技术的不断应用，信息传播途径有了更多的选择，生产商、客户之间能够直接对话，大大减少了企业的运营成本，有效解决了传统企业管理过程中存在的沟通不畅问题，能够确保商业信息的正确传递。在直观的交流过程中，客户的客观需求一直以来都是企业关注的焦点，企业能够通过客户了解社会市场的动态变化，据此不断优化产品。而在相关交流的过程中，客户也能更加深入、全面地了解企业生产的产品。这样企业便能在激烈的市场竞争中占据主导地位，能够很好地应对社会市场经济各方面的挑战，有利于企业长远的发展。同时，在软件开发和计算机技术不断发展的过程中，同类企业之间的竞争日渐激烈，企业必须注重自身科技水平的提高，优化内部结构，不断提高核心竞争力，这样才能够在优胜劣汰的环境中获得长存，最终实现企业产业的高度集中，充分发挥企业产业具有的集群效应、规模经济效应。

当今时代，大数据、人工智能、云计算等软件技术快速发展，软件工程在各个领域中都推动着生产力的发展和经济的增长。总体上来说，软件工程对经济产生了积极的影响，软件工程领域的相关知识和技术推动着我国经济社会的持续健康发展。与此同时，软件工程也会造成一些不可忽视的社会问题，因此我们仍需要在软件工程研究上更进一步，趋利避害，使软件工程为社会经济和社会发展做出更大的贡献。

练习和讨论

1. 当前的软件著作权法保护存在哪些问题？
2. 试分析盗版软件是如何影响经济的。
3. 2019 年，从漏洞数量看，Android 系统以 414 个漏洞位居产品漏洞数量榜首，因此我们所面临的 Android 应用漏洞是非常严峻的。请查找资料并指出常见的 App 安全问题有哪些。
4. 很多人工智能系统，包括深度学习，需要大量的数据来训练学习算法。数据已经成了 AI 时代的"新石油"。然而如果在深度学习过程中使用大量的敏感数据，这些数据可能会在后续被披露出去，对个人隐私产生影响。请考虑可以采用怎样的措施来缓解这种情况。
5. 渥太华大学教授科尔提出："大数据系统只是算法，它并不懂得法律，如果它根据数据判定这些人不适合申请贷款或工作，就会在法理上违反无罪推定原则。"请说明你对这句话的理解。
6. 对于互联网软件安装过程中常见的软件捆绑问题，其危害有哪些？可能会违反何种法律？

第12章

软件相关的国家标准和国际标准

学习目标
- 熟悉软件工程相关的国家标准
- 熟悉软件工程相关的国际标准

12.1 软件工程国家标准

（1）基础标准

GB/T 1526—1989　信息处理 数据流程图、程序流程图、系统流程图、程序网络图和系统资源图的文件编制符号及约定

GB/T 11457—2006　软件工程术语

GB/T 14085—1993　信息处理系统 计算机系统配置图符号及约定

（2）生命周期管理标准

GB/T 8566—2007　信息技术 软件生存周期过程

（3）文档化标准

GB/T 8567—2006　计算机软件文档编制规范

GB/T 9385—2008　计算机软件需求规格说明规范

（4）质量与测试标准

GB/T 9386—2008　计算机软件测试文件编制规范

GB/T 12504—1990　计算机软件质量保证计划规范

GB/T 15532—1995　计算机软件单元测试

GB/T 16260—1996　信息技术 软件产品评价 质量特性及其使用指南

（5）其他标准

GB/T 12505—1990　计算机软件配置管理计划规范

GB/T 13502—1992　信息处理 程序构造及其表示的约定

GB/T 14079—1993   软件维护指南
GB/T 14394—2008   计算机软件可靠性和可维护性管理
GB/T 16680—1996   软件文档管理指南

12.2　软件工程国际标准

ISO 3535:1977	格式设计表和布局图
ISO 5806:1984	信息处理 – 单命中决策表规范
ISO 5807:1985	信息处理 – 数据、程序和系统流程图、程序网络图以及系统资源图表用的文档符号和约定
ISO/IEC 6592:2000	信息处理 – 基于计算机的应用系统的文档编制指南
ISO 6593:1985	信息处理 – 按记录组处理顺序文件的程序流
ISO/IEC 8631:1989	信息处理 – 程序结构和它们的表示的约定
ISO 8790:1987	信息处理系统 – 计算机系统配置图符号和约定
ISO 8807:1989	信息处理系统 – 开放系统互连 –LOTOS– 基于观察行为的暂时排序的形式描述技术
ISO/IEC 9126-1:2001	软件工程 – 产品质量 – 第 1 部分：质量模型
ISO/IEC TR 9126-2:2003	软件工程 – 产品质量 – 第 2 部分：外部度量
ISO/IEC TR 9126-3:2003	软件工程 – 产品质量 – 第 3 部分：内部度量
ISO/IEC TR 9126-4:2004	软件工程 – 产品质量 – 第 4 部分：使用中的质量度量
ISO 9127:1988	信息处理系统 – 顾客软件包的封面信息和用户文档
ISO/IEC TR 9294:1990	信息技术 – 软件文档管理指南
ISO/IEC 10746-1:1998	信息技术 – 开放分布式处理 – 参考模型：综述
ISO/IEC 10746-2:1996	信息技术 – 开放分布式处理 – 参考模型：基本原则
ISO/IEC 10746-3:1996	信息技术 – 开放分布式处理 – 参考模型：体系结构
ISO/IEC 10746-4:1998	信息技术 – 开放分布式处理 – 参考模型：体系结构语义
ISO/IEC 11411:1995	信息技术 – 软件状态转换的人类通信表示形式
ISO/IEC 12119:1994	信息技术 – 软件包 – 质量要求和测试
ISO/IEC TR 12182:1998	信息技术 – 软件分类
ISO/IEC 12207:1995	信息技术 – 软件生存周期过程
ISO/IEC 13235-1:1998	信息技术 – 开放分布式处理 – 贸易功能 – 第 1 部分：规范
ISO/IEC 13235-3:1998	信息技术 – 开放分布式处理 – 贸易功能 – 第 3 部分：使用 OSI 目录服务的贸易功能规定
ISO/IEC 14102:1995	信息技术 –CASE 工具评价和选择指南
ISO/IEC 14143-1:1998	信息技术 – 软件度量 – 功能规模度量 – 第 1 部分：概念定义
ISO/IEC 14143-2:2002	信息技术 – 软件度量 – 功能规模度量 – 第 2 部分：用于 ISO/IEC 14143-1:1998 的软件规模度量方法的符合性评价
ISO/IEC TR14143-3:2003	信息技术 – 软件度量 – 功能规模度量 – 第 3 部分：功能规模度量方法的验证
ISO/IEC TR14143-4:2002	信息技术 – 软件度量 – 功能规模度量 – 第 4 部分：参考模型

ISO/IEC TR14143-5:2004	信息技术 – 软件度量 – 功能规模度量 – 第 5 部分：使用功能规模度量时功能域的确定
ISO/IEC TR 14471:1999	信息技术 – 软件工程 – CASE 工具采用指南
ISO/IEC 14568:1997	信息技术 –DXL: 树形结构化图表用的图形交换语言
ISO/IEC 14598-1:1999	信息技术 – 软件产品评价 – 第 1 部分：综述
ISO/IEC 14598-2:2000	信息技术 – 软件产品评价 – 第 2 部分：策划和管理
ISO/IEC 14598-3:2000	信息技术 – 软件产品评价 – 第 3 部分：开发者用的过程
ISO/IEC 14598-4:1999	信息技术 – 软件产品评价 – 第 4 部分：采购者用的过程
ISO/IEC 14598-5:1998	信息技术 – 软件产品评价 – 第 5 部分：评价者用的过程
ISO/IEC 14598-6:2001	信息技术 – 软件产品评价 – 第 6 部分：评价模块的文档编制
ISO/IEC 14750:1999	信息技术 – 开放分布式处理 – 接口定义语言
ISO/IEC 14752:2000	信息技术 – 开放分布式处理 – 计算交互的协议支持
ISO/IEC 14753:1999	信息技术 – 开放分布式处理 – 接口参考和联编
ISO/IEC 14756:1999	信息技术 – 基于计算机的系统的性能的度量和等级
ISO/IEC TR 14759:1999	软件工程 – 样板和原型 – 软件样板和原型模型及其用法的分类
ISO/IEC 14764:1999	信息技术 – 软件维护
ISO/IEC 14769:2001	信息技术 – 开放分布式处理 – 类型库功能
ISO/IEC 14771:1999	信息技术 – 开放分布式处理 – 命名框架
ISO/IEC 15026:1998	信息技术 – 系统和软件完整性级别
ISO/IEC TR 15271:1998	信息技术 –ISO/IEC 12207 指南
ISO/IEC 15288:2002	系统工程 – 系统生存周期过程
ISO/IEC 15414:2002	信息技术 – 开放分布式处理 – 参考模型 – 企业语言
ISO/IEC 15437:2001	信息技术 – 增强型 LOTOS
ISO/IEC 15474-1:2002	信息技术 –CDIF 框架 – 第 1 部分：综述
ISO/IEC 15474-2:2002	信息技术 –CDIF 框架 – 第 2 部分：建模和可扩展性
ISO/IEC 15475-1:2002	信息技术 –CDIF 传输格式 – 第 1 部分：语法和编码通则
ISO/IEC 15475-2:2002	信息技术 –CDIF 传输格式 – 第 2 部分：语法 SYNTAX.1
ISO/IEC 15475-3:2002	信息技术 –CDIF 传输格式 – 第 3 部分：编码 ENCODING.1
ISO/IEC 15476-1:2002	信息技术 –CDIF 语义元模型 – 第 1 部分：基本原则
ISO/IEC 15476-2:2002	信息技术 –CDIF 语义元模型 – 第 2 部分：公共要求
ISO/IEC 15504-1:2004	信息技术 – 过程评估 – 第 1 部分：概念和词汇
ISO/IEC 15504-2:2003	信息技术 – 过程评估 – 第 2 部分：执行评估
ISO/IEC 15504-3:2004	信息技术 – 过程评估 – 第 3 部分：执行评估的指南
ISO/IEC 15504-4:2004	信息技术 – 过程评估 – 第 4 部分：用于过程改进和过程能力评定的指南
ISO/IEC TR15504-5:1999	信息技术 – 过程评估 – 第 5 部分：评估模型和指示符指南
ISO/IEC TR 15846:1998	信息技术 – 软件生存周期过程 – 配置管理
ISO/IEC 15909-1:2004	软件系统工程 – 高级 Petri 网 – 第 1 部分：概念，定义和图形标注法
ISO/IEC 15910:1999	信息技术 – 软件用户文档编制过程

ISO/IEC 15939:2002	软件工程 – 软件度量过程
ISO/IEC 16085:2004	信息技术 – 软件生存周期过程 – 风险管理
ISO/IEC TR 16326:1999	软件工程 –ISO/IEC12207 在项目管理领域的应用指南
ISO/IEC 18019:2004	软件和系统工程 – 应用软件用户文档的设计和编制指南
ISO/IEC 19500-2:2003	信息技术 – 开放分布式处理 – 第 2 部分：通用 ODP 间协议（GIOP）/ 互联网 ODP 间协议（IIOP）
ISO/IEC 19760:2003	软件工程 –ISO/IEC 15288 的应用指南
ISO/IEC 19761:2003	软件工程 –COSMIC-FFP– 一种功能规模度量方法
ISO/IEC 20926:2003	软件工程 –IFPUG 4.1 未调整的功能规模度量方法 – 计算实践手册
ISO/IEC 20968:2002	软件工程 – Mk II 功能点分析 – 计算实践手册
ISO/IEC 90003:2004	软件工程 – ISO 9001：2000 在计算机软件领域的应用指南

12.3 软件工程文档撰写国家标准

在软件的生存周期中，一般地说，通常产生以下一些软件文档：可行性研究报告、开发计划、软件需求规格说明书、接口需求规格说明、概要设计说明书、详细设计说明书、数据库（顶层）设计说明、用户操作手册、测试计划、测试报告、软件配置管理计划、软件质量保证计划、开发进度月报、项目开发总结报告、软件产品规格说明及软件版本说明等。本书将给出其中几个常用的基本文档模板，供读者参考。

12.3.1 可行性研究报告

1. 引言
（1）编写目的
阐明编写可行性研究报告的目的，指明读者对象。
（2）项目背景
- 所建议开发的软件系统的名称；
- 本项目的任务提出者、开发者、用户及实现该软件的计算中心或计算机网络；
- 该软件系统同其他系统或其他机构的基本的相互来往关系。
（3）定义
列出文档中所用到的专门术语的定义和缩写词的原文。
（4）参考资料
列出有关资料的作者、标题、编号、发表日期、出版单位或资料来源，可包括：
- 项目经核准的计划任务书、合同或上级机关的批文；
- 与项目有关的已发表的资料；
- 文档中所引用的资料，所采用的软件标准或规范。
2. 可行性研究的前提
说明对所建议的开发项目进行可行性研究的前提，如要求、目标、假定、限制等。
（1）要求

说明对所建议开发的软件的基本要求，例如：
- 功能；
- 性能；
- 输出如报告、文件或数据，对每项输出要说明其特征，如用途、产生频度、接口以及分发对象；
- 输入说明系统的输入，包括数据的来源、类型、数量、数据的组织以及提供的频度；
- 处理流程和数据流程用图表的方式表示出最基本的数据流程和处理流程，并辅之以叙述；
- 在安全与保密方面的要求；
- 同本系统相连接的其他系统；
- 完成期限。

（2）目标
- 人力与设备费用的节省；
- 处理速度的提高；
- 控制精度或生产能力的提高；
- 管理信息服务的改进；
- 决策系统的改进；
- 人员工作效率的提高等。

（3）条件、假定和限制
- 进行系统方案选择比较的期限；
- 建议开发软件运行的最短寿命；
- 经费来源和使用限制；
- 法律和政策方面的限制；
- 硬件、软件、运行环境和开发环境的条件和限制；
- 可利用的信息和资源；
- 建议开发软件投入使用的最迟时间。

（4）可行性研究方法

说明这项可行性研究将是如何进行的，所建议的系统将是如何评价的。摘要说明使用的基本方法和策略，如调查、加权、确定模型、建立基准点或仿真等。

（5）决定可行性的主要因素

3. 对现有系统的分析

（1）处理流程和数据流程

（2）工作负荷

（3）费用支出

例如，人力、设备、空间、支持性服务、材料等项开支。

（4）人员

列出所需人员的专业技术类别和数量。

（5）设备

（6）局限性

说明现有系统存在的问题以及为什么需要开发新的系统。

4. 所建议技术可行性分析

（1）对系统的简要描述

（2）处理流程和数据流程

（3）与现有系统比较的优越性

（4）采用建议系统可能带来的影响

- 对设备的影响：说明新提出的设备要求及对现存系统中尚可使用的设备须做出的修改；
- 对现有软件的影响：说明为了使现存的应用软件和支持软件能够同所建议系统相适应。而需要对这些软件所进行的修改和补充；
- 对用户的影响：说明为了建立和运行所建议系统，对用户单位机构、人员的数量和技术水平等方面的全部要求；
- 对系统运行的影响：说明所建议系统对运行过程的影响，例如：用户的操作规程；运行中心的操作规程；运行中心与用户之间的关系；源数据的处理；数据进入系统的过程；对数据保存的要求，对数据存储、恢复的处理；输出报告的处理过程、存储媒体和调度方法；系统失效的后果及恢复的处理办法；
- 对开发环境的影响；
- 对运行环境的影响；

对经费支出的影响，扼要说明为了所建议系统的开发，设计和维持运行而需要的各项经费开支。

（5）技术可行性评价

包括：

- 在限制条件下，功能目标是否能达到；
- 利用现有技术，功能目标能否达到；
- 对开发人员数量的和质量的要求，并说明能否满足；
- 在规定的期限内，开发能否完成。

5. 所建议系统经济可行性分析

（1）支出

对于所选择的方案，说明所需的费用。如果已有一个现存系统，则包括该系统继续运行期间所需的费用：

- 基建投资，包括采购、开发和安装下列各项所需的费用，例如：房屋和设施；数据通信设备；环境保护设备安全与保密设备；操作系统的和应用的软件；数据库管理软件；
- 其他一次性支出，包括下列各项所需的费用，例如：研究（需求的研究和设计的研究）；开发计划与测量基准的研究；数据库的建立；检查费用和技术管理性费用；培训费、旅差费以及开发安装人员所需要的一次性支出；人员的退休及调动费用等；
- 经常性支出，列出在该系统生命期内按月或按季或按年支出的用于运行和维护的费用，包括：设备的租金和维护费用；软件的租金和维护费用；数据通信方面的租金和维护费用；人员的工资、奖金；房屋、空间的使用开支；公用设施方面的开支；保密安全方面的开支；其他经常性的支出等。

（2）效益

对于所选择的方案，说明能够带来的收益，这里所说的收益，表现为开支费用的减少或避免、差错的减少、灵活性的增加、动作速度的提高和管理计划方面的改进等，包括：

- 一次性收益，说明能够用人民币数目表示的一次性收益，可按数据处理、用户、管理和支持等项分类叙述，例如：开支的缩减包括改进了的系统的运行所引起的开支缩减，如资源要求的减少，运行效率的改进，数据进入、存储和恢复技术的改进，系统性能的可监控，软件的转换和优化，数据压缩技术的采用，处理的集中化 / 分布化等；价值的增升包括由于一个应用系统的使用价值的增升所引起的收益，如资源利用的改进，管理和运行效率的改进以及出错率的减少等；其他如从多余设备出售回收的收入等；
- 经常性收益，说明在整个系统生命期内由于运行所建议系统而导致的按月的、按年的能用人民币数目表示的收益，包括开支的减少和避免；
- 不可定量收益的，逐项列出无法直接用人民币表示的收益，如服务的改进、由操作失误引起的风险的减少、信息掌握情况的改进、组织机构给外界形象的改善等。有些不可捉摸的收益只能大概估计或进行极值估计（按最好和最差情况估计）。

（3）收益 / 投资比

（4）投资回收周期

（5）敏感性分析

敏感性分析是指一些关键性因素，如系统生存周期长短、系统工作负荷量、处理速度要求、设备和软件配置变化对支出和效益的影响等的分析。在敏感性分析的基础上做出的选择当然会比单一选择的结果要好一些。

6. 社会因素可行性分析

（1）法律因素

如合同责任、侵犯专利权、侵犯版权等问题的分析。

（2）用户使用可行性

例如，从用户单位的行政管理、工作制度等方面来看，是否能够使用该软件系统；从用户单位的工作人员的素质来看，是否能满足使用该软件系统的要求等，都是要考虑的。

7. 其他可供选择的方案

逐个阐明其他可供选择的方案，并重点说明未被推荐的理由。

8. 结论意见

结论意见可能是：

- 可着手组织开发；
- 需待若干条件（如资金、人力、设备等）具备后才能开发；

- 需对开发目标进行某些修改；
- 不能进行或不必进行（如技术不成熟，经济上不合算等）；
- 其他。

12.3.2　开发计划

1. 引言

（1）编写目的

阐明编写开发计划的目的，指明读者对象。

（2）项目背景

可包括：

- 待开发的软件系统的名称；
- 本项目的任务提出者、开发者、用户及实现该软件的计算中心或计算机网络；
- 该软件系统同其他系统或其他机构的基本的相互来往关系。

（3）定义

列出本文档中用到的专门术语的定义和缩写词的原文。

（4）参考资料

可包括：

- 本项目经核准的计划任务书和合同、上级机关的批文；
- 属于本项目的其他已发表的文件；
- 本文件中各处引用的文件、资料，包括所要用到的软件开发标准。列出这些文件资料的标题、文件编号、发表日期和出版单位，说明能够得到这些文件资料的来源。

2. 项目概述

（1）工作内容

简要说明项目的各项主要工作，介绍所开发软件的功能、性能等。若不编写可行性研究报告，则应在本节给出较详细的介绍。

（2）条件与限制

阐明为完成项目应具备的条件、开发单位已具备的条件以及尚需创造的条件。必要时还应说明用户及分合同承包者承担的工作、完成期限及其他条件与限制。

（3）产品

- 程序，列出需移交给用户的程序的名称、所用的编程语言及存储程序的媒体形式，并通过引用相关文件，逐项说明其功能和能力；
- 文档，列出应交付的文档。

（4）运行环境

应包括硬件环境、软件环境。

（5）服务

阐明开发单位可向用户提供的服务，如人员培训、安装、保修、维护和其他运行支持。

对于上述这些应交出的产品和服务，逐项说明或引用资料说明验收标准。

（6）验收标准

3. 实施计划

（1）任务分解

任务的划分及各项任务的负责人。

（2）进度

对于需求分析、设计、编码实现、测试、移交、培训和安装等工作，给出每项工作任务的预定开始日期、完成日期及所需资源，规定各项工作任务完成的先后顺序以及表征每项工作任务完成的标志性事件（即"里程碑"）。

（3）预算

逐项列出本开发项目所需要的劳务（包括人员的数量和时间）以及经费的预算（包括办公费、差旅费、机时费、资料费、通信设备和专用设备的租金等）和来源。

（4）关键问题

说明可能影响项目的关键问题，如设备条件、技术焦点或其他风险因素，并说明对策。

（5）人员组织及分工

对于项目开发中需要完成的各项工作，从需求分析、设计、实现、测试直到维护，包括文件的编制、审批、打印、分发工作，用户培训工作，软件安装工作等，按层次进行分解，指明每项任务的负责人和参加人员。

（6）交付期限

（7）专题计划要点

说明本项目开发中需制订的各个专题计划（如分合同计划、开发人员培训计划、测试计划、安全保密计划、质量保证计划配置管理计划、用户培训计划、系统安装计划等）的要点。

12.3.3　需求规格说明书

1. 引言

（1）编写目的

阐明编写需求说明书的目的，指明读者对象。

（2）项目背景

主要包含：

- 待开发的软件系统的名称；
- 本项目的任务提出者、开发者、用户及实现该软件的计算中心或计算机网络；
- 该软件系统同其他系统或其他机构的基本的相互来往关系。

（3）定义

列出文档中所用到的专门术语的定义和缩写词的原文。

（4）参考资料

例如：

- 项目经核准的计划任务书、合同或上级机关的批文；
- 项目开发计划；
- 文档所引用的资料、标准和规范。列出这些资料的作者、标题、编号、发表日期、出版单位或资料来源。

2. 任务概述

（1）目标

叙述该项软件开发的意图、应用目标、作用范围以及其他应向读者说明的有关该软件开发的背景材料。解释被开发软件与其他有关软件之间的关系。如果本软件产品是一项独立的软件，而且全部内容自含，则说明这一点。如果所定义的产品是一个更大的系统的一个组成部分，则应说明本产品与该系统中其他各组成部分之间的关系，为此可使用一张方框图来说明该系统的组成和本产品同其他各部分的联系和接口。

（2）运行环境

例如，操作系统：Microsoft Windows 2000 Advanced Server 等。

支持环境：IS5.0 等。

数据库：Microsoft SQL Server 2000 等。

（3）条件与限制

列出进行本软件开发工作的假定和约束，如经费限制、开发期限等。

3. 数据描述

（1）静态数据

（2）动态数据

包括输入数据和输出数据。

（3）数据库介绍

给出使用数据库的名称和类型。

（4）数据词典

（5）数据采集

4. 功能需求

（1）功能划分

（2）功能描述

5. 性能需求

（1）数据精确度

说明对该软件的输入、输出数据精度的要求，可能包括传输过程中的精度。

（2）时间特性

如响应时间、更新处理时间、数据转换与传输时间、运行时间等。

（3）适应性

在操作方式、运行环境、与其他软件的接口以及开发计划等发生变化时，应具有的适应能力。

6. 运行需求

（1）用户界面

如屏幕格式、报表格式、菜单格式、输入输出时间等。

（2）硬件接口

（3）软件接口

说明该软件同其他软件之间的接口、数据通信协议等。

（4）故障处理

7. 其他需求

如可使用性、安全保密、可维护性、可移植性等。

12.3.4　概要设计说明书

1. 引言

（1）编写目的

阐明编写概要设计说明书的目的，指明读者对象。

（2）项目背景

应包括：

- 待开发软件系统的名称；
- 该软件系统与其他系统的关系；
- 列出此项目的任务提出者、开发者、用户以及将运行该软件的计算站（中心）。

（3）定义

列出本文档中所用到的专门术语的定义和缩写词的原文。

（4）参考资料

列出有关资料的作者、标题、编号、发表日期、出版单位或资料来源，可包括：

- 项目经核准的计划任务书、合同或上级机关的批文；
- 项目开发计划；
- 需求规格说明书；
- 测试计划（初稿）；
- 用户操作手册（初稿）；
- 文档所引用的资料、采用的标准或规范。

2. 任务概述

（1）目标

（2）运行环境

简要地说明对本系统的运行环境（包括硬件环境和支持环境）的规定。

（3）需求概述

（4）条件与限制

3. 总体设计

（1）处理流程

（2）总体结构和模块外部设计

（3）功能分配

表明各项功能与程序结构的关系

本条用一张如下的矩阵图说明各项功能需求的实现同各块程序的分配关系：

项目关系：

项目	程序 1	程序 2	⋯	程序 n
功能需求 1	√			
功能需求 2		√		
⋮				
功能需求 n		√		√

4. 接口设计

（1）外部接口，包括用户界面、软件接口与硬件接口

（2）内部接口，模块之间的接口

5. 数据结构设计

（1）逻辑结构设计

给出本系统内所使用的每个数据结构的名称、标识符以及它们之中每个数据项、记录文卷和系的标识、定义、长度及它们之间的层次的或表格的相互关系。

（2）物理结构设计

给出本系统内所使用的每个数据结构中的每个数据项的存储要求、访问方法、存取单位、存取的物理关系（索引、设备、存储区域）、设计考虑和保密条件。

（3）数据结构与程序的关系

6. 运行设计

（1）运行模块的组合

（2）运行控制

（3）运行时间

7. 出错处理设计

（1）出错输出信息

用一览表的方式说明每种可能的出错或故障情况出现时，系统输出信息的形式、含意及处理方法。

（2）出错处理对策

如设置后备、性能降级、恢复及再启动等。说明故障出现后可能采取的变通措施，包括：

- 后备技术说明准备采用的后备技术，当原始系统数据万一丢失时启用的副本的建立和启动的技术，例如周期性地把磁盘信息记录到磁带上去就是对于磁盘媒体的一种后备技术；
- 降效技术说明准备采用的后备技术，使用另一个效率稍低的系统或方法来求得所需结果的某些部分，例如一个自动系统的降效技术可以是手工操作和数据的人工记录；
- 恢复及再启动技术说明将使用的恢复再启动技术，使软件从故障点恢复执行或使软件从头开始重新运行的方法。

8. 安全保密设计

9. 维护设计

说明为了系统维护的方便而在程序内部设计中作出的安排，包括在程序中专门安排用于系统的检查与维护的检测点和专用模块。

12.3.5　详细设计说明书

1. 引言

（1）编写目的

阐明编写详细设计说明书的目的，指明读者对象。

（2）项目背景

应包括：

- 待开发软件系统的名称；
- 本项目的任务提出者、开发者、用户和运行该程序系统的计算中心。

（3）定义

列出文档中所用到的专门术语的定义和缩写词的原文。

（4）参考资料

列出有关资料的作者、标题、编号、发表日期、出版单位或资料来源，可包括：

- 项目的计划任务书、合同或批文；
- 项目开发计划；
- 需求规格说明书；
- 概要设计说明书；
- 测试计划（初稿）；
- 用户操作手册（初稿）；
- 文档中所引用的其他资料、软件开发标准或规范。

2. 总体设计

（1）需求概述

（2）软件结构

例如给出软件系统的结构图。

3. 程序描述

逐个模块给出以下的说明：

（1）功能

说明该程序应具有的功能，可采用 IPO 图（即输入——处理——输出图）的形式。

（2）性能

说明对该程序的全部性能要求，包括对精度、灵活性和时间特性的要求。

（3）输入项目

给出对每一个输入项的特性，包括名称、标识、数据的类型和格式、数据值的有效范围、输入的方式、数量和频度、输入媒体、输入数据的来源和安全保密条件等。

（4）输出项目

给出对每一个输出项的特性，包括名称、标识、数据的类型和格式、数据值的有效范围、输出的形式、数量和频度、输出媒体、对输出图形及符号的说明、安全保密条件等。

（5）算法

详细说明本程序所选用的算法，具体的计算公式和计算步骤。

（6）程序逻辑

详细描述模块实现的算法，可采用标准流程图、PDL、N-S 图、PAD 图、判定表等描述算法的图表。

（7）接口

用图的形式说明本程序所隶属的上一层模块及隶属于本程序的下一层模块、子程序，说明参数赋值和调用方式，说明与本程序相直接关联的数据结构（数据库、数据文卷）。

（8）存储分配

根据需要，说明本程序的存储分配。

（9）限制条件

说明本程序运行中所受到的限制条件。

（10）测试要点

给出测试模块的主要测试要求。

12.3.6 测试计划

1. 引言

（1）编写目的

阐明编写测试计划的目的，指明读者对象。

（2）项目背景

包括如下内容：

- 测试计划所从属的软件系统的名称；
- 该开发项目的历史，列出用户和执行此项目测试的计算中心，说明在开始执行本测试计划之前必须完成的各项工作。

（3）定义

列出测试计划中所用到的专门术语的定义和缩写词的原意。

（4）参考资料

列出有关资料的作者、标题、编号、发表日期、出版单位或资料来源，可包括：

- 项目的计划任务书、合同或批文；
- 项目开发计划；
- 需求规格说明书；
- 概要设计说明书；
- 详细设计说明书；
- 用户操作手册；
- 本测试计划中引用的其他资料、采用的软件开发标准或规范。

2. 任务概述

（1）目标

（2）运行环境

（3）需求概述

（4）条件与限制

陈述本项测试工作对资源的要求，包括：

- 设备所用到的设备类型、数量和预订使用时间；
- 软件列出将被用来支持本项测试过程而本身又并不是被测软件的组成部分的软件，如测试驱动程序、测试监控程序、仿真程序、桩模块等；
- 人员列出在测试工作期间预期可由用户和开发任务组提供的工作人员的人数。技术水平及有关的预备知识，包括一些特殊要求，如倒班操作和数据输入人员。

3. 计划

（1）测试方案

说明确定测试方法和选取测试用例的原则。

（2）测试项目

列出组装测试和确认测试中每一项测试的内容、名称、目的和进度。

（3）测试准备

（4）测试机构及人员

测试机构名称、负责人和职责。

4. 测试项目说明

按顺序逐个对测试项目做出说明：

（1）测试项目名称及测试内容

（2）测试用例

- 输入：输入的数据和输入命令；
- 输出：预期的输出数据；
- 步骤及操作；
- 允许偏差：给出实测结果与预期结果之间允许偏差的范围。

（3）进度

（4）条件

给出测试对资源的特殊要求，如设备、软件、人员等。

（5）测试资料

列出本项测试所需的资料，如：

- 有关本项任务的文件；
- 被测试程序及其所在的媒体；
- 测试的输入和输出举例；
- 有关控制此项测试的方法、过程的图表。

5. 评价

（1）范围

说明所完成的各项测试说明问题的范围及其局限性。

（2）准则

说明用来判断测试工作是否能通过的评价尺度，如合理的输出结果的类型、测试输出结果与预期输出之间的容许偏离范围、允许中断或停机的最大次数。

12.3.7 用户操作手册

1. 引言

（1）编写目的

阐明编写手册的目的，指明读者对象。

（2）项目背景

应包括项目的来源、委托单位、开发单位和主管部门。

（3）定义

列出手册中所用到的专门术语的定义和缩写词的原文。

（4）参考资料

列出有关资料的作者、标题、编号、发表日期、出版单位或资料来源，可包括：

- 项目的计划任务书、合同或批文；
- 项目开发计划；
- 需求规格说明书；
- 概要设计说明书；
- 详细设计说明书；
- 测试计划；
- 手册中引用的其他资料、采用的软件工程标准或软件工程规范。

2. 软件概述

（1）目标

（2）功能

（3）性能

- 数据精确度：包括输入、输出及处理数据的精度；
- 时间特性：如响应时间、处理时间、数据传输时间等；
- 灵活性：在操作方式、运行环境需做某些变更时软件的适应能力。

3. 运行环境

（1）硬件

列出软件系统运行时所需的硬件最小配置，如：

- 计算机型号、主存容量；
- 外存储器、媒体、记录格式、设备型号及数量；
- 输入、输出设备；
- 数据传输设备及数据转换设备的型号及数量。

（2）支持软件

- 操作系统名称及版本号；
- 语言编译系统或汇编系统的名称及版本号；

- 数据库管理系统的名称及版本号；
- 其他必要的支持软件。

4. 使用说明

（1）安装和初始化

给出程序的存储形式、操作命令、反馈信息及其含义、表明安装完成的测试实例以及安装所需的软件工具等。

（2）输入

给出输入数据或参数的要求：

- 数据背景，说明数据来源、存储媒体、出现频度、限制和质量管理等；
- 数据格式，长度、格式基准、标号、顺序、词汇表、省略和重复、控制；
- 输入举例。

（3）输出

给出每项输出数据的说明：

- 数据背景；
- 说明输出数据的去向、使用频度、存放媒体及质量管理等；详细阐明每一输出数据的格式，如首部、主体和尾部的具体形式；
- 数据格式；
- 举例。

（4）出错和恢复

给出：

- 出错信息及其含义；
- 用户应采取的措施，如修改、恢复、再启动。

（5）求助查询

说明如何操作。

5. 运行说明

（1）运行表

列出每种可能的运行情况，说明其运行目的。

（2）运行步骤

按顺序说明每种运行的步骤，应包括：

- 运行控制；
- 操作信息：运行目的；操作要求；启动方法；预计运行时间；操作命令格式及说明；
- 输入输出文件；

给出建立或更新文件的有关信息，如：文件的名称及编号；记录媒体；存留的目录；文件的支配，说明确定保留文件或废弃文件的准则，分发文件的对象，占用硬件的优先级及保密控制等；

- 启动或恢复过程。

6. 非常规过程

提供应急或非常规操作的必要信息及操作步骤，如出错处理操作、向后备系统切换操作以及维护人员须知的操作和注意事项。

7. 操作命令一览表

按字母顺序逐个列出全部操作命令的格式、功能及参数说明。

8. 程序文件（或命令文件）和数据文件一览表

按文件名字母顺序或按功能与模块分类顺序逐个列出文件名称、标识符及说明。

9. 用户操作举例

选择典型的一个或几个用户操作，进行举例说明。

练习和讨论

1. 请说明常用的软件工程国家标准有哪些。

2. GB/T 8566-2007 编号的是什么软件工程国家标准？

3. 有哪些常见的软件工程文档撰写国家标准？

4. 需求规格说明书一般包含哪些内容？

5. 请说明概要设计和详细设计说明书的区别和联系。

6. 用户操作手册一般包含哪些内容？

7. 可行性研究的目的有哪些？

参考文献

[1] BROOKS F P, Jr. 人月神话（32 周年中文纪念版）[M]. UMLChina 翻译组，汪颖，译. 北京：人民邮电出版社，2007.

[2] WEINBERG G M. The psychology of computer programming [M]. New York: Van Nostrand Reinhold, 1971.

[3] BAKER F T. Chief programmer team management of production programming [J]. IBM systems journal, 1972, 11(1): 56-73.

[4] CONSTANTINE L L. Work organization: paradigms for project management and organization [J]. Communications of the ACM, 1993, 36(10): 35-43.

[5] GAMMA E, HELM R，JOHNSON R, VLISSIDES J. 设计模式可复用面向对象软件的基础（典藏版）[M]. 李英军，马晓星，蔡敏，等译. 北京：机械工业出版社，2019.

[6] CHRISTEL M G, KANG K C. Issues in requirements elicitation [R]. Carnegie-Mellon Univ Pittsburgh Pa Software Engineering Inst, 1992.

[7] 软件维护 [EB/OL].(2020-07-01) [2022-09-04]. https://baike.baidu.com/item/%E8%BD%AF%E4%BB%B6%E7%BB%B4%E6%8A%A4/9853828?fr=aladdin.

[8] 王素芬. 软件工程与项目管理 [M]. 西安：西安电子科技大学出版社，2010.

[9] 高鹏. 计算机软件系统维护管理存在的问题及对策 [J]. 电子技术与软件工程，2019(5)：133.

[10] 丁剑洁. 基于度量的软件维护过程管理的研究 [D]. 西安：西北大学，2006.

[11] 于士文. 敏捷软件开发方法在软件维护中的应用研究 [D]. 长沙：湖南大学，2006.

[12] 刘光洁，雷玉广. 软件工程与项目案例教程 [M]. 北京：清华大学出版社，2012.

[13] 朱少民，韩莹. 软件项目管理 [M]. 2 版. 北京：人民邮电出版社，2016.

[14] 孟祥旭. 人机交互基础教程 [M]. 2 版. 北京：清华大学出版社，2012.

[15] 钱乐，赵文耘，牛军钰. 软件工程导论 [M]. 2 版. 北京：清华大学出版社，2013.

[16] 李帜，林立新，曹亚波. 软件工程项目管理——功能点分析方法与实践 [M]. 北京：清华大学出版社，2005.

[17] 周苏，等. 项目管理与应用 [M]. 北京：机械工业出版社，2015.

[18] SCHACH S R. 软件工程：面向对象和传统的方法：第 8 版 [M]. 邓迎春，韩松，等译. 北京：机械工业出版社，2011.

[19] 彭明盛. 智慧的地球：下一代领导人议程 [Z]. 2008.

[20] 房汉廷. 5G 技术将对传媒业产生七大颠覆式创新 [Z]. 2020.

[21] 美国白宫行政办公室. 大数据：抓住机遇，保存价值 [N]. 史晓波，编译. 科技日报，2014-07-19.

[22] 吴晓波. 腾讯传（1998—2016）[M]. 杭州：浙江大学出版社，2017.

[23] 周一青，潘振岗，翟国伟，等. 第五代移动通信系统 5G 标准化展望与关键技术研究 [J]. 数据采集与处理，2015(4): 714-724.

[24] EETOP. 5G 的技术原理 [EB/OL]. (2019-07-11). https://www.sohu.com/a/326132935_458015.

[25] 名贤集. 软件开发创新 [EB/OL]. (2014-03-31). https://blog.csdn.net/QQ282030166/article/details/22656695.

[26] 拜纳姆，罗杰森. 计算机伦理与专业责任 [M]. 李伦，金红，曾建平，等译. 北京：北京大学出版社，2010.

[27] 冯继宣. 计算机伦理学 [M]. 北京：清华大学出版社，2011.

[28] 李福亮，唐晟炜. 智慧城市实战攻略——移动互联与大数据时代的城市变革 [M]. 北京：电子工业出版社，2017.

[29] 戈德博尔. 软件质量保障原理与实践 [M]. 周颖，廖力，周晓宇，等译. 北京：科学出版社，2010.

[30] JONES C. 软件工程通史 (1930—2019) [M]. 李建昊，傅庆东，戴波，译. 北京：清华大学出版社，2017.

[31] 许家珆，白忠建，吴磊. 软件工程——理论与实践 [M]. 北京：高等教育出版社，2009.

[32] 张海藩，吕云翔. 软件工程 [M]. 北京：人民邮电出版社，2013.

[33] SCHMIDT R F. 软件工程架构驱动的软件开发 [M]. 江贺，李必信，周颖，等译. 北京：机械工业出版社，2016.

[34] 邹欣. 构建之法 [M]. 北京：人民邮电出版社，2017.

[35] PRESSMAN R S. 软件工程实践者的研究方法：第 8 版 [M]. 郑人杰，马素霞，等译. 北京：机械工业出版社，2016.

[36] 郑人杰，马素霞，等. 软件工程概论 [M]. 3 版. 北京：机械工业出版社，2020.

[37] BROOKS F P, Jr. 人月神话（40 周年中文纪念版）[M]. UMLChina 翻译组，汪颖，译. 北京：清华大学出版社，2015.

[38] PATTON J. 用户故事地图 [M]. 李涛，向振东，译. 北京：清华大学出版社，2016.

[39] COHN M. Scrum 敏捷软件开发 [M]. 廖靖斌，吕梁岳，等译. 北京：清华大学出版社，2010.

[40] DOUGLASS B P. 敏捷系统工程 [M]. 张新国，谷炼，译. 北京：清华大学出版社，2018.